高职高专制药技术类专业系列规划教材

生物化学

主　编　郭成栓

副主编　袁秀平　张成芬　赵　丽

参　编　（以姓氏拼音为序）

包　良　陈辉芳　刘晓珊

汪清美　朱　丹　王　裕

重庆大学出版社

内容提要

本书是高职高专制药技术类系列规划教材,编写时遵循"以就业为导向,以能力为本位,以发展技能为核心"的职业教育培养理念,主要满足制药、药学及生物技术等专业教学的需要。内容共分14章,包含了绪论、静态生物化学、动态生物化学及基因工程等内容。本书内容的组织和编排上按照人们的认知规律,首先编写静态生物化学内容,然后是动态生物化学的内容,条理非常清晰。每一章节都有案例导入、课堂活动、知识链接、课后习题栏目,形式多样,以便于提高学习效果,具有较强的实用性,能够满足高职不同专业、不同层次教学用书的需要。

本书可供高职高专生物、制药、化工、农学等相关专业师生使用,也可供相关从业者参考。

图书在版编目(CIP)数据

生物化学/郭成栓主编.—重庆:重庆大学出版
社,2016.1(2024.8重印)
高职高专制药技术类专业系列规划教材
ISBN 978-7-5624-9576-5

Ⅰ.①生… Ⅱ.①郭… Ⅲ.①生物化学—高等职业教
育—教材 Ⅳ.①Q5

中国版本图书馆 CIP 数据核字(2015)第 298389 号

高职高专制药技术类专业系列规划教材
生物化学
主 编 郭成栓
副主编 袁秀平 张成芬 赵 丽
策划编辑:袁文华

责任编辑:陈 力 涂 昀   版式设计:袁文华
责任校对:关德强   责任印制:赵 晟

*

重庆大学出版社出版发行
出版人:陈晓阳
社址:重庆市沙坪坝区大学城西路 21 号
邮编:401331
电话:(023)88617190 88617185(中小学)
传真:(023)88617186 88617166
网址:http://www.cqup.com.cn
邮箱:fxk@cqup.com.cn(营销中心)
全国新华书店经销
重庆市正前方彩色印刷有限公司印刷

*

开本:787mm×1092mm 1/16 印张:16.5 字数:412 千
2016 年 1 月第 1 版   2024 年 8 月第 6 次印刷
印数:8 501—9 500
ISBN 978-7-5624-9576-5 定价:42.00 元

高职高专制药技术类专业系列规划教材

编委会

（排名不分先后，以姓氏拼音为序）

陈胜发　房泽海　符秀娟　郭成栓　郝乾坤

黑育荣　洪伟鸣　胡莉娟　李存法　李荣誉

李小平　林创业　龙凤来　聂小忠　潘志恒

任晓燕　宋丽华　孙　波　孙　昊　王惠霞

王小平　王玉姝　王云云　徐　洁　徐　锐

杨军衡　杨俊杰　杨万波　姚东云　叶兆伟

于秋玲　袁秀平　翟惠佐　张　静　张　叶

赵珍东　朱　艳

高职高专制药技术类专业系列规划教材

参加编写单位

（排名不分先后，以单位拼音为序）

安徽中医药大学　　　　　　　　　　江苏农牧科技职业学院

安徽中医药高等专科学校　　　　　　江西生物科技职业技术学院

毕节职业技术学院　　　　　　　　　江西中医药高等专科学校

广东岭南职业技术学院　　　　　　　乐山职业技术学院

广东食品药品职业学院　　　　　　　辽宁经济职业技术学院

海南医学院　　　　　　　　　　　　陕西能源职业技术学院

海南职业技术学院　　　　　　　　　深圳职业技术学院

河北化工医药职业技术学院　　　　　苏州农业职业技术学院

河南牧业经济学院　　　　　　　　　天津渤海职业技术学院

河南医学高等专科学校　　　　　　　天津生物工程职业技术学院

河南医药技师学院　　　　　　　　　天津现代职业技术学院

黑龙江民族职业学院　　　　　　　　潍坊职业学院

黑龙江生物科技职业学院　　　　　　武汉生物工程学院

呼和浩特职业学院　　　　　　　　　信阳农林学院

湖北生物科技职业学院　　　　　　　杨凌职业技术学院

湖南环境生物职业技术学院　　　　　重庆广播电视大学

淮南联合大学　　　　　　　　　　　淄博职业学院

前　言

　　生物化学是生物学与化学交叉融合形成的一门研究手段多样、研究范围广泛、研究意义深远的学科,是制药、药学及生物技术等专业的专业基础课和专业核心课,也是具有较强实践性的学科。生物化学作为一门新兴的学科,新理论发展迅速,同时与理论发展相伴随的新技术也不断涌现,为了引入新的内容,以满足制药、生物、药学等专业教学的需要,特编写此书。

　　本书在编写时遵循"以就业为导向,以能力为本位,以发展技能为核心"的职业教育培养理念,内容编写遵循"必需,够用"的原则,根据就业岗位的技能需要,在内容编排上首先满足制药专业技能培养需要,通过本课程的学习,使学生掌握制药所需的相关生化技能及理论知识,同时也考虑到其他专业就业及技能培养的需要。

　　本书在内容的组织和编排上按照人们的认知规律,首先编写糖类、脂类、蛋白质、核酸、酶、维生素与辅酶的结构、功能、性质以及提取、分离、纯化、检测等静态生化内容,静态生化的内容主要是为后面生物氧化、糖代谢、脂代谢、核酸代谢、蛋白质代谢、物质代谢调控以及基因工程等动态生物化学内容的学习打下基础。内容这样编排,不仅条理清晰,而且由于不同专业对静态生化和动态生化教学侧重点及学时不同,便于不同专业教学时进行取舍。

　　为了凸显生物化学具有较强实践性的特点,本书每一章均采用理实一体的编写策略,即理论部分与实训部分结合编写,从而使大家在学习过程中更容易理解理论知识在生产生活中的具体应用,以增加大家的学习兴趣,反过来这些具体的实训项目也可以加深和促进大家对理论知识的认识和理解。此外,书中每一章节都有案例导入、课堂活动、知识链接、课后习题栏目。案例导入通过与该章节内容具有密切相关性且与生产生活密切相关的案例来调动大家学习的兴趣和激发大家的求知欲望;课堂活动通过提问环节来活跃课堂气氛,让学生带着问题学习,激发大家的学习欲望;知识链接可以扩大大家的知识面;课后习题则可以加深大家对于所学知识的理解和巩固。

　　本书共分14章,第1章绪论和第13章物质代谢的调控由郭成栓(广东食品药品职业学院)编写,第2章糖类化学及第3章脂类化学由赵丽(河南牧业经济学院)编写,第4章蛋白质化学由张成芬(淄博职业学院)编写,第5章核酸化学由袁秀平(杨凌职业技术学院)编写,第6章酶由陈辉芳(广东岭南职业技术学院)编写,第7章维生素与辅酶及第8章生物氧化由朱丹(安徽中医药高等专科学校)编写,第9章糖代谢由汪清美(信阳农林学院)编写,第10章脂代谢由王裕(潍坊职业学院)编写,第11章蛋白质代谢由刘晓珊(广东食品药品职业学院)编写,第12章核酸代谢及第14章基因工程由包良(呼和浩特职业学院)编写。

由于编者水平有限,编写仓促,不足之处在所难免,恳请各位读者批评指正!

编　者

2015 年 10 月

目 录 CONTENTS

第1章 绪 论

【学习目标】
➤ 掌握生物化学的定义及其研究内容。
➤ 熟悉生物化学在生产生活中的应用。
➤ 了解生物化学的历史及其发展趋势。

【知识点】
生物化学定义;生物化学的研究内容;生物化学的应用;生物化学的历史及其发展趋势。

案例导入

什么是生物化学

自然界的生物形形色色、种类繁多、千差万别,那么这些生物有没有共性呢? 著名的诺贝尔奖获得者亚瑟·肯伯格在哈佛大学医学院建校 100 周年时说:"所有的有生命体都有一个共同的语言,这个语言就是化学。"生物体内无时无刻不在发生着化学反应,我们把生物体内进行的化学反应称为生物化学。生物化学是生物学与化学交叉形成的一门科学,主要研究生物体的化学组成和生命过程中的化学变化规律。

1.1 生物化学概述

生物化学的定义如下所述。

1903 年德国科学家 Neuberg 首次使用"生物化学"一词,标志着生物化学学科的正式确立。生物化学是以生物体为研究对象,运用化学、物理或生物学的原理和方法,了解生物体的物质组成、结构以及物质和能量在体内的化学变化过程;同时研究这些化学变化与生物的生理机能和外界环境的关系,从分子水平探讨生命现象本质的一门学科。生物化学是一门新兴的介于生物学与化学之间的交叉学科;同时也是一门研究手段多样、研究范围广泛、研究意义深远的学科。

1.2　生物化学的研究内容

1.2.1　构成有机体的物质基础

生物化学的一个主要内容是研究组成生物体的物质的化学组成、分子结构、理化性质及生理功能。在对这部分内容进行研究时,往往是从相对静止的角度把这些物质孤立起来进行研究,不涉及它们的变化以及相互转化,也就是我们俗称的静态生物化学。

组成生物体的物质归根结底是由元素组成的,但在地球上存在的 92 种天然元素中,只有 28 种元素在生物体内被发现。其中 C、H、O 和 N 这 4 种元素,是组成生命体最基本的元素。这四种元素约占了生物体总质量的 99% 以上。

C、H、O、N、P、S 及微量元素组成了自然界所有的生命物体的基本物质:水、无机离子、生物小分子和生物大分子。其中生物小分子包括维生素、激素、辅酶、有机酸、色素等;生物大分子则包括糖、脂、核酸和蛋白质四类物质。组成生物体的这些物质种类繁多、结构复杂、功能各异,是生命现象的物质基础。

1.2.2　物质代谢及其调节

生物化学的另一个主要内容是研究生物体的新陈代谢,即组成生物体的物质在生命活动过程中所进行的化学变化。研究生物体的物质代谢及其代谢调控是生物化学的中心内容,也就是我们俗称的动态生物化学。

新陈代谢是生物体通过同化、异化过程和外界进行的物质与能量交换,这是生物体与非生物体,生命与非生命在运动形式上的根本区别。

生命体一旦出现就需要生长、发育,生长需要的养料需从外界获得,然后经过体内的消化和吸收,将从外界获得的物质分解为简单的化学物质,然后生物体根据自身的需要合成蛋白质、核酸、脂肪、糖类等化学物质。那么这些物质是怎样合成的? 它们的运动规律是什么? 这就是所谓的物质代谢问题。在物质代谢的同时需要大量的能量,这些能量是怎样生成的,又是以什么样的形式相互转化的? 能量代谢具有哪些特点? 这些重要的问题就是生物化学的另一项主要研究内容。

1.2.3　物质结构、物质代谢与生理功能的关系

研究由生命物质构成的体内器官、组织、细胞等在生命活动中的整体功能,以及相互之间的协调和调控,称为功能生化,是生物化学的重要组成部分。生物体尤其是人体具有各种各样

的生理功能,如视觉、听觉、肌肉收缩、神经传导、腺体分泌、生物合成等。这些生理功能的正常发挥与构成生物体物质的结构及生物体内的物质代谢具有密切的联系,如果构成生物体的物质结构及生物体内的物质代谢出现异常,那么生物体的整体生理功能就会发生紊乱,器官、组织、细胞之间就不能正确地进行协调和调控。

1.3 生物化学的应用

1.3.1 生物化学在药学中的应用

药学的研究对象是应用于人体疾病的预防、诊断、治疗的药物。而生物化学作为药学各专业的重要专业基础学科,为药学研究与新药研发提供了理论基础、技术和方法,因而进一步促使药学得到了新的发展。

1)生物化学是药学的基础

生物化学作为一门基础学科,与药学联系紧密,为药物化学、药理学、药代动力学、药剂学等药学学科提供了基础理论,在此基础上生物化学与药学又进一步交叉、融合、渗透而形成和衍生了一批新的学科:生化药学、生化药理学、分子药理学等,从而为药学学科的进一步发展奠定了坚实的理论基础,同时也成为当前药学学科发展的先导。

2)生物化学指导新药的设计和开发

药物设计是新药研究的重要内容,是研究和开发新药的重要手段和途径。生物化学为新药开发提供了新的理论、技术和方法,为新药的合理设计提供了依据,减少了寻找新药的盲目性,提高了新药发现的概率。目前生物化学在新药的设计和开发中的应用主要集中在以下5方面。

①酶与药物设计:将酶作为靶标来进行酶抑制剂的设计(如磺胺类药物及磺胺增效剂的设计、乙酰胆碱酯酶抑制剂的设计等)。

②受体与药物设计:受体介导的靶向药物设计及受体与药物结合的构象分析是新药设计中常用的方法。

③药物代谢转化与前体药物设计:根据药物转化途径及其中间体的药理活性的改变设计前体药物,使其经代谢转化后才显示药理作用,从而更能发挥药理作用。

④生物大分子的结构模拟与新药设计:利用蛋白质工程技术改造具有明显生物功能的天然蛋白质分子,以蛋白质的结构规律及生物功能为基础,通过分子设计和基因修饰对蛋白质进行定向改造,设计出更加符合人类需要的活性蛋白。

⑤药物基因组学与新药设计:研究遗传变异如何影响每个病人对药物的反应性,即研究药物作用、吸收、代谢、转运、清除等基因差异。

3)生物化学在制药工业中的应用

生物化学的实验方法及技术在制药工业中应用广泛:如利用重组 DNA 技术进行基因克

隆、定向改造生物的基因结构,生产自然界所没有的重组基因工程药物及重组蛋白类药物(如重组胰岛素、重组生长素,重组细胞因子以及工程酶);利用酶的催化作用进行一些生物自身无法完成的反应(如没有相应的催化酶、非生物反应环境),进而生产出人类所需要的产品(手性药物的拆分等);利用生物化学方法提取、分离、纯化药物(如利用盐溶、盐析、有机溶剂沉淀、层析、结晶及重结晶等方法对药物进行提取、分离及纯化);利用生物化学分析方法进行药物质量控制(如利用电泳法检测蛋白质药物的纯度,微量凯氏定氮法测定含氮药物的氮含量,酶法测定酶类药物的酶活力)。由此可见利用生物化学技术生产的生物药物种类越来越多,同时应用生物化学及相关生物技术对传统制药技术进行改造已成为行业技术进步的主力军。

> **知识链接**
>
> 　　生化药物是生物药物的重要组成部分,一般是指从生物体提取,生物-化学半合成或用现代生物技术制得的生命基本物质。包括氨基酸、多肽、蛋白质、酶、辅酶、多糖、核苷酸、脂和生物胺等,以及它们的衍生物、降解物及大分子的结构修饰物等。

1.3.2　生物化学在其他学科上的应用

　　生物化学除了应用在药学以外,还广泛应用于医学、工业、农业以及环保等领域。如利用酶类药物或根据酶的活力大小来进行疾病的诊断、治疗等;将酶及代谢调控用于食品加工、酿造、新材料、新能源的开发与研制;利用生化技术进行工业污染的治理;利用转基因技术进行育种、生物病虫害防治;利用代谢调控技术保证产品储存等。总之研究生物化学的目的就是为了控制生命的过程,从而为人类的健康及工农业生产服务。

1.4　生物化学的历史及其发展趋势

1.4.1　古代生物化学

　　我国历史悠久,劳动人民很早就在不自觉地运用生物化学知识来改造和改善人们的生活,其中发展最快和应用最广泛的是发酵和医药行业。

　　早在4000年前我国劳动人民已经发明了用粮食酿酒技术,酿酒所用的酵母称为曲,又称媒,与现在的"酶"通用。周朝已经掌握了制酱和制醋技术。商朝已经能够制饴,饴是米经过麦芽的作用而制成的麦芽糖酱。酿酒、制醋、制酱、制饴都是发酵工业的一部分,其实质都是利用微生物产生的特殊催化剂所催化的化学反应。

　　在医药方面,最早在春秋战国时期,《左传》记载人们已知道用"曲"增进消化能力,治疗胃病,东周时期《庄子》记载因海藻含碘,故可用于治疗"瘿病",即甲状腺病,与现代科学疗法相同。唐代孙思邈已用动物的肝脏治疗夜盲症,用羊的甲状腺治疗地方性甲状腺肿,用牛乳、豆类、谷皮等防治脚气病。

除了发酵和医药,生物化学在其他一些方面也得到了广泛的应用。如我国保存最早的中医著作《黄帝内经·素问》已将食物分为"谷、畜、果、菜"四大类,初步提出了营养学说。北魏贾思勰所著的我国最早的一部完整的古农书《齐民要术》中已经掌握生产豆腐的工艺。由此可见,在此时期我国劳动人民积累了丰富的生物化学知识,为生物化学的发展作出了突出的贡献。

1.4.2 近代生物化学

近代生物化学阶段,生物化学得到了快速的发展。欧洲 17 世纪工业的兴起推动了生物化学的快速发展,在此期间出现了很多伟大的科学家,并为生物化学的发展作出了重要的贡献。1777 年法国科学家 Lavoisier 研究"生物体内的燃烧",指出此类"燃烧"耗氧并排出二氧化碳,证明动物体温形成是食物在体内"燃烧"的缘故,否定了当时盛极一时的燃素学说。1828 年德国化学家 Wohler 在实验室里用氰酸铵合成了尿素,在实验条件下,使无机物变成了有机物,证明了有机物也可以被合成,从而破除了当时盛行的生命起源的"活力论"。1833 年,法国化学家 Anselme Payen 发现了第一个酶,即淀粉酶,开启了酶学研究的历史。1840 年,德国科学家 Liebig 将食物分为糖、脂、蛋白质类,提出"代谢"一词,最先写出两本生物化学相关专著,为近代生物化学的发展作出了突出的贡献。1869 年瑞士生物学家 Miescher 发现了核酸,为正式开启核酸的研究工作打下了基础,后人称他是生物化学之父。1897 年德国科学家 Buchner 兄弟证明了无细胞的酵母提取液也具有发酵作用,可使糖类转变成乙醇及二氧化碳,为生物化学及酶学的发展打下了坚实的基础。1903 年,德国科学家 Neuberg 首次提出"Biochemistry"一词,又称"生理化学",现译为"生物化学",简称"生化",标志着生物化学学科的正式确立。1937 年英国科学家 Krebs 发现了糖代谢过程中重要的循环——三羧酸循环,奠定了物质代谢的基础,标志着动态生物化学的研究取得了重大进展,并获得了 1953 年诺贝尔奖。1944 年美国科学家 Avery 通过肺炎链球菌转化实验证实了 DNA 是生物的遗传物质。1949 美国科学家 Pauling 指出镰刀形红细胞性贫血是一种分子病,并于 1951 年提出蛋白质存在二级结构,获得了 1954 年诺贝尔奖。

在此期间我国科学家吴宪提出了利用分光光度法测定血糖及蛋白质的变性学说,为生物化学的发展也作出了突出的贡献。

1.4.3 现代生物化学

20 世纪 50 年代以后,生物化学得到了深入的发展。1953 年美国科学家 Watson 与英国科学家 Crick 提出 DNA 分子的双螺旋结构模型,随后又提出了遗传信息传递的中心法则,标志着生物化学的研究深入到了分子生物学时期,此后生物化学的研究对象也主要集中到蛋白质和核酸两类生物大分子。1969 年 Arber,Smith 和 Nathans 在核酸限制酶的分离与应用方面作出突出贡献,为基因工程的研究及开展提供了可能。1972 年美国斯坦福大学的 Berg 在体外将猿猴病毒 SV40 的 DNA 和 λ 噬菌体的 DNA 分别进行了限制性内切酶的酶切消化,然后再用 T4 DNA 连接酶将两种消化片段连接起来,获得了包括 SV40 和 λDNA 的重组杂交 DNA 分子,证明任何来源的 DNA 都可以相互重组,为外源 DNA 的重组提供了重要的理论基础。1973 年美国科学家 Cohen 等用核酸限制性内切酶 *Eco*R I,首次基因重组成功,开创了基因工程的新时代。1983 年美国科学家 Barbara McClintock 发现可以移动的基因,说明基因可以游动,从而改变了人们一直认为基因是不能移动的这一认识。1989 年加拿大科学家 Altman 和美国科学家 Cech 发现了 RNA 也具有催化活性,拓展了酶的概念及研究范围。1992 年美国科学家 Mullis 发明了聚合酶链式反应技术,为 DNA 的体外复制及基因的克隆提供了一种简便、快捷、高效的方法。1990 年 10 月国际人类基因组计划正式启动,主要由美、日、德、法、英、中等国的科学家共同参与,并于 2001 年完成了人类基因组草图测序。除了上述事件,在此期间其他很多科学家也做出了许多开创性的工作,大约有 40 位科学家因在生物化学领域的贡献而获得诺贝尔奖,占生理学或医学奖的一半和化学奖的三分之一以上。因此这段时间也被称为生物化学的发展期。

在此期间,我国科学家也对生物化学的发展作出了一定的贡献:1965 年,首先人工合成出具有生物学活性的牛胰岛素;1973 年,测定了猪胰岛素的空间结构;1983 年,完成酵母丙氨酸 tRNA 的人工合成;随后相关人员开展了植物收缩蛋白,生物膜结构与功能及蛋白质合成后的转运、人类 3 号染色体上 3 000 万碱基对的序列测定等相关研究工作。

1.4.4　生物化学的发展趋势

1)结构生物化学的研究

生物功能是由生物大分子的结构决定的,研究各种生物大分子的结构、功能及其结构与功能之间的关系成为未来生物化学发展的一大热点。未来人们可以把生物大分子的结构信息转换成计算机语言,从而与生物信息学结合起来进行相关内容的研究。研究这些对于疾病的发病机制、疾病的预防、疾病的诊断以及疾病的治疗都具有重要的意义,特别是对合理药物设计具有更重要的意义。

2)基因组学及蛋白质学的研究

基因组学是研究生物体内全部基因组的科学。包括结构基因组学(整个基因组的遗传图谱、物理图谱、测序)、功能基因组学(认识、分析整个基因组所包含的基因、非基因序列及其功能)和比较基因组学(不同物种,人种整个基因组的比较,增强对各个基因组功能及发育相关性的认识)。人类目前虽然已经绘制出了人类基因组图谱并完成了结构基因组学的相关研究内容,但是生命的奥秘还远没有被揭示,功能基因组学和比较基因组学的相关研究内容仍需科学家们继续探索。

蛋白质组学是研究细胞内全部蛋白质的组成及其活动规律的科学。生物体内 mRNA 由于存储和翻译调控以及翻译后加工的存在,并不能直接反应蛋白质的表达水平;此外蛋白质特有的自身活动规律,如蛋白质的修饰加工、转运定位、结构形态、代谢转化、蛋白质与其他生物大分子的相互作用等,均无法从基因组水平上的研究获知,因此仅仅对基因组进行研究是远远不够的,对生物功能的主要体现者或执行者——蛋白质的表达模式和功能模式的进一步研究就成为生物化学发展的必然。

3）生物体代谢调控的研究

代谢调控（包含基因组学和蛋白质组学的相关内容）是生物体不断进行的一种基本活动，是在生物体各种组织及细胞的共同作用下完成的。对生物体自身代谢调控的研究不仅可以阐明生物体内新陈代谢调节的分子基础，揭示其自我调节的规律，有助于揭示生命之谜，而且可以用于工业体系，使生物体能够高效率、自动化生产药物等产品。

4）生物膜的研究

生物膜与膜生物工程是现代生物科学的重大发展方向之一，它对阐明生物能量转换、信息识别传递和物质转移等诸多生命现象具有重大意义。新陈代谢的调节控制、遗传变异、生长发展、细胞癌变等也与生物膜息息相关。21世纪对生物膜的结构、功能、人工模拟与人工合成的研究将是重点课题之一。

• 本章小结 •

1. 生物化学是以生物体为研究对象，运用化学、物理或生物学的原理和方法，了解生物体的物质组成、结构以及物质和能量在体内的化学变化过程；同时研究这些化学变化与生物的生理机能和外界环境的关系，从分子水平探讨生命现象本质的一门学科。

2. 生物化学的研究内容包括：构成有机体的物质基础；新陈代谢及其调节；物质结构，物质代谢与生理功能的关系。

3. 生物化学在药学中的应用有：药学研究的基础；指导新药的设计与开发；在制药工业中的应用。

4. 生物化学的研究历史包括：古代生物化学、近代生物化学及现代生物化学。

5. 生物化学的发展趋势：结构生物化学的研究；基因组学及蛋白质组学的研究；生物体代谢调控的研究；生物膜的研究。

 复习思考题

一、名词解释

生物化学

二、选择题

1. 生物化学诞生于（　　）年。

　A. 1852　　　　　　B. 1903　　　　　　C. 1912　　　　　　D. 1954

2. 关于生物化学叙述错误的是（　　）。

　A. 生物化学是生命的化学　　　　　B. 生物化学是生物与化学

　C. 生物化学是生物体内的化学　　　D. 生物化学的研究对象是生物体

3. DNA双螺旋结构模型创立于（　　）年。

A. 1903   B. 1926   C. 1953   D. 1981

4. 我国生物化学家吴宪作出贡献的领域是(　　　)。

    A. 蛋白质变性及血液分析   B. 生物分子合成

    C. 酶的催化学说提出   D. 免疫化学

5. 我国科学家首先合成出的具有生物活性的生物分子是(　　　)。

    A. 酶   B. 牛胰岛素   C. 抗原   D. 细胞生长因子

三、判断题

1. 生物化学与普通化学的根本区别是研究对象不同,生物化学以生物体为研究对象。

                                                                (　　　)

2. 生物化学是生物学与化学交叉形成的一门学科。   (　　　)

四、问答题

1. 什么是生物化学,其研究对象和目的是什么?

2. 生物化学在药学研究中有哪些作用?

第2章 糖类化学

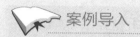【学习目标】

➤ 掌握糖类的概念及单糖的化学性质。

➤ 熟悉糖类的分类及常见寡糖、多糖的组成、结构及性质。

➤ 了解糖类的生物学功能。

【知识点】

糖类的概念、分类、组成、功能、性质。

案例导入

什么是糖类

　　生活中,大家一想到糖,也许就会流口水。为什么呢? 因为通常从感官上来说糖类是甜的,但是,是不是所有的糖类都是甜的呢? 答案显然是否定的,有些糖类,如多糖并不具有甜味。那反过来讲,是不是甜的物质就一定是糖类? 答案也是否定的,有些有甜味的物质并不是糖类。既然不能从感官上对糖类进行描述并准确定义,那到底什么是糖类呢?

2.1 糖类概述

2.1.1 糖的定义

　　糖类是自然界中分布最广、数量最多的重要天然化合物,从细菌到高等动物的机体都含有糖类化合物。糖、脂肪、蛋白质是生物体代谢中不可缺少的成分。

　　大多数糖类物质由碳、氢、氧三种元素组成,通常用$(CH_2O)_n$或$C_n(H_2O)_m$的通式来表示它们的结构,故也称碳水化合物。但并非所有的糖类都具有 $C_n(H_2O)_m$ 的通式,如鼠李糖($C_6H_{12}O_5$)及脱氧核糖($C_5H_{10}O_4$)不符合上述通式。而另一些符合该通式的化合物如甲醛(CH_2O)、乳酸($C_3H_6O_3$)、乙酸($C_2H_4O_2$)等却不是糖类。严格地讲这个名称并不科学,但因其沿用已久,目前通常被用来表示简单和复杂的糖类及其有关物质的总称。

从结构上分析糖类均为多羟基醛、酮及其衍生物。因此糖类是多羟基醛或多羟基酮及其聚合物和其衍生物的总称。

2.1.2 糖的分类

根据糖类水解的情况可将糖类分为 4 类。

1)单糖

单糖是不能水解成为更小分子的多羟基醛酮及其衍生物。根据分子中含有醛基还是酮基分为醛糖和酮糖;根据分子中含有的碳原子数目又分为丙糖(三碳糖)、丁糖(四碳糖)、戊糖(五碳糖)、己糖(六碳糖)、庚糖(七碳糖)等。

2)寡糖

寡糖是能水解成 10 个以下单糖的糖类。水解时可产生 2 分子单糖的称为双糖或二糖,如麦芽糖、蔗糖;产生 3 分子的单糖称为三糖等。

3)多糖

多糖是能水解产生 10 个以上单糖分子的糖类。如淀粉、纤维素、肝糖。

4)糖复合物

糖类与蛋白质、脂质等共价连接形成糖蛋白、蛋白聚糖和糖脂、脂多糖等,总称为复合糖或糖复合物。

2.1.3 糖的功能

1)氧化供能

糖是动物饲料的主要成分,也是动物机体正常情况下的主要供能物质。动物体内能量的 70% 来自糖的分解代谢。在糖代谢中,1 g 葡萄糖完全氧化分解可释放能量约 15.7 kJ,其中约 40% 转化成 ATP,以供动物体生理活动所需。氧化分解供能是糖的主要功能。

2)结构物质

如糖蛋白、蛋白多糖是生物膜、神经组织等的组成成分,脱氧核糖、核糖是构成 DNA 和 RNA 的组成部分。

3)合成其他物质的原料

糖分解代谢过程中的中间成分,在一定条件下可转变为三脂酰甘油,也可转变为某些非必需氨基酸。

4)信息物质

糖与脂类、蛋白质组成的糖的复合物,如糖脂、糖蛋白、蛋白多糖是细胞膜、神经组织、结缔组织的主要成分,其糖链部分还参与细胞间识别及信息传递。

此外,某些酶、激素、免疫球蛋白及大部分凝血因子等的化学本质也均属于糖蛋白。

知识链接

　　糖在生物体内发挥着重要的作用,不可或缺,但是如果吃糖过多,除了有可能长胖及患上糖尿病等风险外,还可能对我们的外在形象有很大的影响。吃糖过多会造成体内的蛋白质过度糖基化,使胶原蛋白失去弹性,失去光泽,从而使皮肤颜色变黄,产生皱纹。所以日常生活中为了身体健康和良好的外在形象不能过多摄取糖类。

2.2　单糖

2.2.1　单糖概述

　　具有一个自由醛基或酮基,以及有两个以上羟基的糖类物质称为单糖。含有醛基称为醛糖,含有酮基的称为酮糖。根据所含碳原子的数目多少,可将单糖分为三碳糖、四碳糖、五碳糖、六碳糖等。其中最重要的是五碳糖和六碳糖。

2.2.2　单糖的结构

　　葡萄糖是最重要的单糖之一,纯的葡萄糖经元素组成及相对分子质量测定,确定其分子式为 $C_6H_{12}O_6$。葡萄糖既存在开链连接,也存在六元环半缩醛结构,这两种结构可以在溶液中互相转变,天然情况下环状占绝大多数(图2.1)。

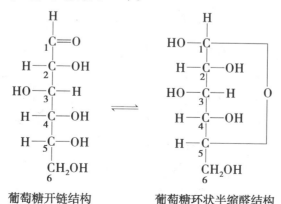

葡萄糖开链结构　　　　葡萄糖环状半缩醛结构

图 2.1　葡萄糖的结构

2.2.3 单糖的性质

单糖是多羟基醛或多羟基酮,因此它既具有醇羟基的性质,也具有羰基的性质。又因为分子中的各种功能之间相互影响,单糖还发生一些特殊的反应。

1)异构反应

醛糖与酮糖在碱催化下很容易发生重排,经过烯二醇中间体进行。如葡萄糖可以转化为甘露糖和果糖(图2.2)。

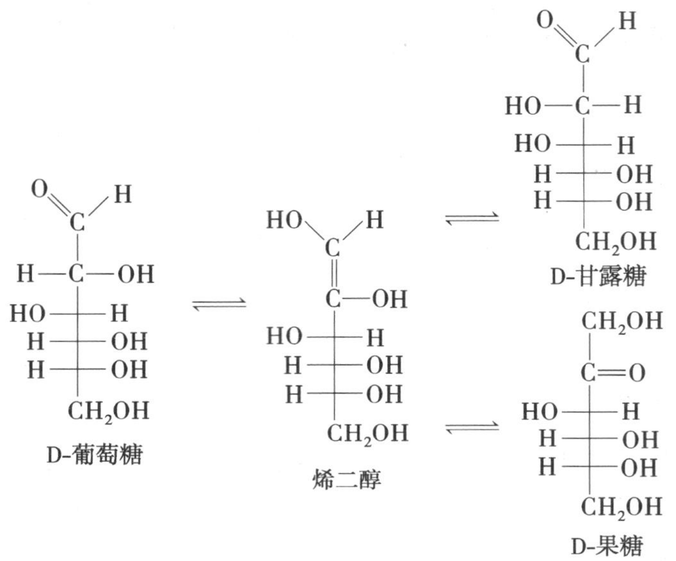

图 2.2　葡萄糖的异构反应

2)氧化反应

在一定条件下单糖可以被氧化。氧化条件不同氧化产物也就不同。在酸性条件下,单糖不会产生差向异构化。溴水是一个酸性试剂,可选择地氧化醛糖的醛基成羧基而不影响羟基。如葡萄糖可以被氧化为葡萄糖酸(图2.3)。同样条件下,酮糖与溴水不起反应,因此利用溴水可鉴别醛糖和酮糖。

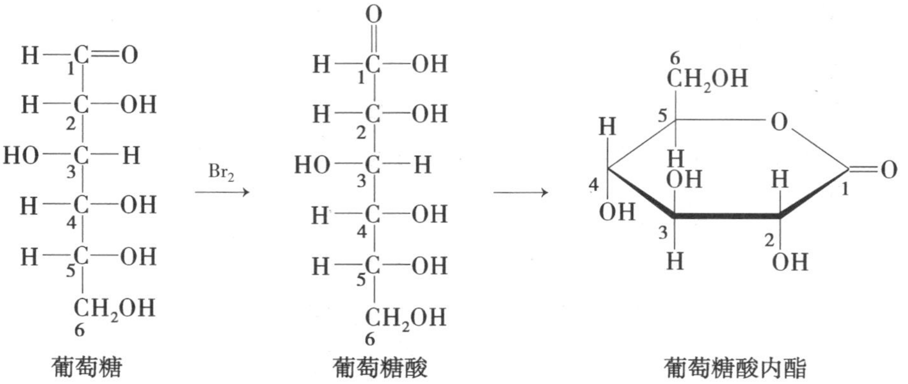

图 2.3　葡萄糖与溴水的氧化反应

稀硝酸是较强的氧化剂,当醛糖与稀硝酸作用时,不仅醛基被氧化成羧基,而且碳链另一端的伯醇基也被氧化成羧基,生成糖二酸。如葡萄糖可以被氧化为葡萄糖酸(图2.4),经过适当方法还原,可以还原为葡萄糖醛酸,可以作为解毒剂。

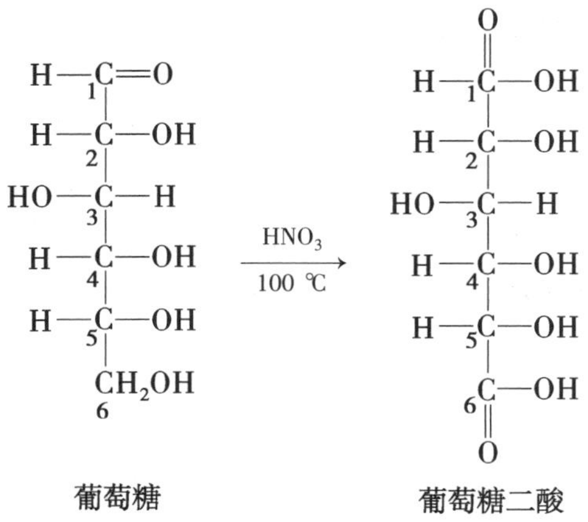

葡萄糖　　　　　　　　　　葡萄糖二酸

图 2.4　葡萄糖与硝酸的氧化反应

🔍⋯⋯ **课堂活动**

葡萄糖酸钠是医药上常用的药物,是否可以利用葡萄糖作为原料来进行生产?

3) 还原反应

单糖可被还原为糖醇。例如,葡萄糖还原生成山梨醇,甘露糖还原后生成甘露醇,果糖还原后得到山梨醇和甘露醇(图2.5)。

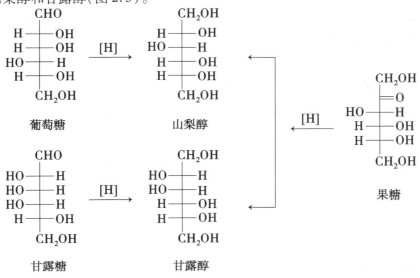

葡萄糖　　　　　山梨醇　　　　　　　　　果糖

甘露糖　　　　　甘露醇

图 2.5　单糖的还原反应

山梨醇在食品、医药、日化等行业都有广泛的应用,可以作为甜味剂、保湿剂及防腐剂等。除此之外还具有多元醇的营养优势,即低热值、低糖、防龋齿等。

4)成苷反应

环状糖的半缩醛羟基比其他羟基活泼,可以与其他分子的羟基、氨基或亚氨基脱水缩合而生成失水产物,缩醛或缩酮称为糖苷,也称为配糖体。如葡萄糖与甲醇反应生成葡萄糖苷,失水时形成的键称为苷键(图 2.6)。

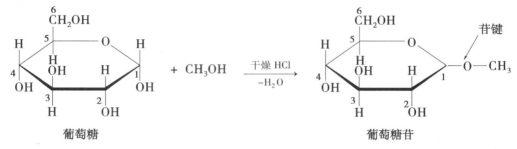

图 2.6　葡萄糖的成苷反应

5)成酯反应

糖分子中所有—OH 均能发生酯化作用,形成羧酸酯或磷酸酯等。如葡萄糖与醋酐反应生成葡萄糖五乙酸酯(图 2.7)。

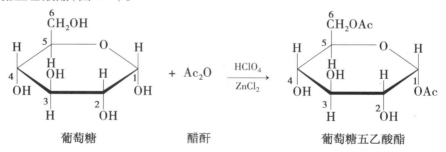

图 2.7　葡萄糖的成酯反应

2.3　寡糖

2.3.1　麦芽糖

麦芽糖是由两分子葡萄糖彼此以 α-1,4 糖苷键相连而成的还原糖(图 2.8)。它存在于麦芽中,麦芽中的淀粉酶将淀粉水解而生成麦芽糖。人体中淀粉被淀粉酶水解生成麦芽糖,再经麦芽糖酶水解生成 D-葡萄糖,所以麦芽糖是淀粉水解过程的中间产物。

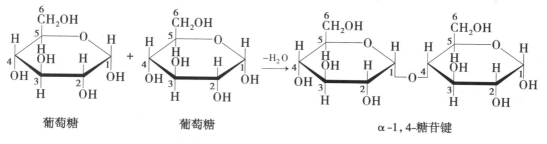

图 2.8　两分子葡萄糖缩合成一分子麦芽糖

2.3.2 　蔗糖

蔗糖是由 α-D-葡萄糖的 C_1-和 β-D-果糖的 C_2 通过 1,2-糖苷键连接而成的二糖(图 2.9),分子中不再含有半缩醛羟基,所以没有还原性。

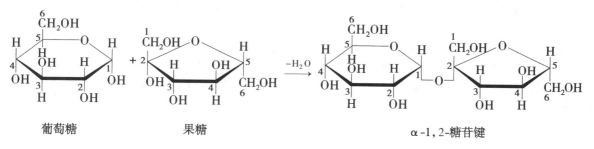

图 2.9　一分子葡萄糖和一分子果糖缩合成一分子蔗糖

2.3.3 　乳糖

乳糖是由半乳糖和葡萄糖以 β-1,4 糖苷键结合而成(图 2.10),葡萄糖含游离半缩醛基,在溶液中可以形成醛基,因此乳糖是还原糖。

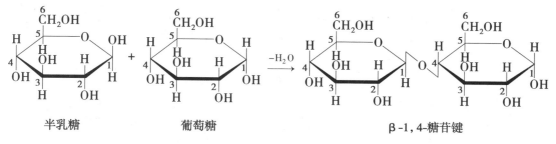

图 2.10　一分子半乳糖和一分子葡萄糖缩合成一分子乳糖

2.4 多糖

2.4.1 均多糖

多糖是许多单糖分子结合而成的聚合物,组成多糖的单糖可以相同,也可以不同,以相同为常见,称为均多糖(或同多糖),例如淀粉、纤维素、糖元都是由葡萄糖组成。

1)淀粉

淀粉是绿色植物进行光合作用的产物,主要储存在种子和根部,是人类膳食中碳水化合物的主要来源。淀粉可分为直链淀粉和支链淀粉,其含量与来源有关。直链淀粉(约占淀粉的20%)可溶解于热水而不成糊状,称为糖淀粉。支链淀粉(约占80%)在热水中膨胀而呈糊状,称为胶淀粉。因此淀粉是由直链淀粉和支链淀粉两部分组成的混合物。

直链淀粉是由 1 000 个以上 α-D-葡萄糖失水缩合而成,分子量一般为 30 000 ~ 50 000,也有大至 2 000 000 的,随其来源不同而不同。直链淀粉的结构是以 α-D-葡萄糖为结构单位通过 α-1,4 苷链结合而成的链状结构。

支链淀粉是由多达百万个 α-D-葡萄糖失水缩合而成,分子量为 1 000 000 ~ 6 000 000。被淀粉酶水解也生成麦芽糖。支链淀粉是由几百条短链所组成,每条短链由 20 ~ 25 个 α-D-葡萄糖分子以 α-1,4 苷键连接而成,短链与短链之间以 α-1,6 苷键连接起来。这些众多的短链纵横交错,所以支链淀粉要比直链淀粉结构复杂且大得多(图 2.11)。

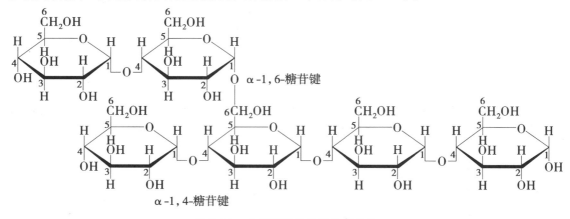

图 2.11 支链淀粉分子的局部结构

淀粉在酶或稀酸作用下,逐步水解生成糊精及麦芽糖等一系列中间产物,最后得到葡萄糖,水解过程如下。淀粉和糊精遇碘溶液可产生不同颜色,此种颜色加热时消失,放冷又重新出现(图 2.12)。

水解:淀粉 → 紫色糊精 → 红糊精 → 无色糊精 → 麦芽糖 → 葡萄糖
遇碘:蓝色　　紫红色　　　红色　　　无色　　　　无色　　　无色

图 2.12 淀粉水解遇碘的颜色反应

淀粉主要用作食物,也可作制葡萄糖酿酒的原料,医药上用作配制散剂和片剂的原料。糊精能溶于冷水,水溶液有黏性,可作黏合剂及纤维(如纤维、布匹)的上胶剂。糊精比淀粉易于消化,是优良的幼儿食物。

2)纤维素

纤维素是植物细胞的主要组分,是自然界分布最广的多糖,占木材干重的 50% ,棉纤维中约 90% ,滤纸 100% 。一般植物中为 10% ~20% ,亚麻约 80% 。此外动物中也发现有动物纤维素。

纤维素为非还原性多糖,纤维素是由 β-1,4-糖苷键结合而成的高聚物,是具有不同形态的固体纤维状物质,不溶于水,无味,不溶于一般有机溶剂。在酸性条件下可水解得到纤维二糖。

纤维素酶可以水解纤维素,是食草动物能够消化食物的关键酶,也是帮助人体肠胃蠕动,消化食物所必不可少的物质。

纤维素大量用于造纸、纺织等。另外通过化学改性制得许多廉价易得的工业原料。

3)糖原

糖原又称动物淀粉。主要贮存于动物的肝脏和肌肉中,因此有肝糖原和肌糖原之分。在动物体内,一部分葡萄糖被消化,提供活动能量;一部分以糖原形式储存在动物的各种组织之内。需要时,糖原又分解为葡萄糖,以供动物新陈代谢的需要。

糖原在结构上与支链淀粉相似,但分支更多,每 3 ~4 个葡萄糖单元就有一个分支,12 ~18 个葡萄糖单元就有一个端基,平均分子量 100 万 ~400 万。糖原溶于热水,溶液在室温下与碘反应呈紫红色或红褐色。

2.4.2 杂多糖

动植物体内另外还有许多种多糖,它们在动植物的形态构成或生理活动中起着重要的作用,它们的分子结构也多未确定。从它们的水解产物和其他一些化学方法研究的结果来看,它们大多数由不同的单糖或单糖衍生物所组成,单糖或单糖衍生物之间也是由苷键连接。这样的一些多糖称为杂多糖。

1)果胶质

果胶质是一类结构未定的多糖类化合物,其化学组成随来源不同而异。它存在于植物细胞间层,使细胞黏合在一起。果胶质包括原果胶、可溶性果胶及果胶酸等多糖。

原果胶存在于尚未成熟的水果及植物的茎、叶,是可溶性果胶与纤维素缩合而成的高分子化合物,它坚硬而不溶于水。可溶性果胶是果胶酸的全甲酯,而果胶酸则主要是由很多半乳糖醛酸通过 1,4-苷键连接起来的多糖。

水果在成熟时变软,就是原果胶受酶的作用水解成可溶性果胶的缘故。植物的落叶、落花、落果、落铃就是由于植物成熟、衰老时产生了某些酶使果胶质逐步水解,使植物某些部位的细胞松脱,产生离层所致。

2)甲壳素

甲壳素又名壳蛋白、甲壳质,是许多低等动物虾、蟹、昆虫等外壳的重要成分。自然界每年生成的甲壳质有 10 亿吨之多。

3）粘多糖

粘多糖存在于动物体内的许多结缔组织中,如韧带、滑液等,是组织间质及腺体所分泌的黏液成分。粘多糖常与蛋白质结合成粘蛋白。粘多糖中的结构单位一般不止一种,如氨基己糖、己醛糖酸及其他己糖等。有的粘多糖还有硫酸酯结构,因而有酸性。

• 本章小结 •

1. 糖类化合物是多羟基醛、多羟基酮或多羟基醛和多羟基酮的缩合物。

2. 糖类化合物分为单糖、低聚糖和多聚糖三大类。其中单糖按羰基类型分醛糖和酮糖;按所含碳原子数分为丙糖、丁糖、戊糖和己糖。低聚糖主要是二糖,多聚糖主要有淀粉、糖原、纤维素等。糖类可以作为能源物质、结构物质、信息物质以及合成其他物质的原料。

3. 单糖的化学性质:单糖具有异构、氧化、还原、成苷及成酯反应。

4. 常见的寡糖有麦芽糖、蔗糖及乳糖等。

5. 多糖根据组成不同分为均多糖和杂多糖。均多糖主要有淀粉、纤维素及糖原等;杂多糖主要包括果胶、甲壳素及粘多糖等。

 复习思考题

一、名词解释

1. 糖类　　2. 单糖　　3. 寡糖　　4. 多糖　　5. 糖苷键

二、选择题

1. 下列对糖类的叙述正确的是(　　)。

    A. 都可以水解　　　　　　　　　　　　B. 都符合 $C_n(H_2O)_m$ 的通式

    C. 都含有 C、H、O 3 种元素　　　　　　D. 都有甜味

2. 下列双糖中,不具有还原性的是(　　)。

    A. 麦芽糖　　　　B. 海藻糖　　　　　C. 乳糖　　　　　　D. 纤维二糖

3. 含有 α-1,4-糖苷键的是(　　)。

    A. 麦芽糖　　　　B. 蔗糖　　　　　　C. 乳糖　　　　　　D. 纤维素

4. 用班氏试剂检验尿糖是利用葡萄糖的(　　)性质。

    A. 氧化性　　　　B. 还原性　　　　　C. 成酯　　　　　　D. 成苷

5. 环状葡萄糖分子中最活泼的羟基是(　　)。

    A. C-1　　　　　B. C-2　　　　　　C. C-3　　　　　　D. C-5

6. 没有还原性的糖是(　　)。

    A. 葡萄糖　　　　B. 半乳糖　　　　　C. 乳糖　　　　　　D. 蔗糖

7. 下列不符合支链淀粉概念的说法是(　　)。

    A. 组成单位为 α-D-葡萄糖　　　　　　B. 不溶于水,能溶于热水

    C. 遇碘显红色　　　　　　　　　D. 没有还原性

8. 葡萄糖和果糖形成的糖苷是(　　)。

  A. 蔗糖　　　　B. 麦芽糖　　　　C. 纤维二糖　　　　D. 异麦芽糖

三、判断题

1. 所有的单糖都具有还原性。　　　　　　　　　　　　　　　　　(　　)

2. 糖类是生物体最重要的能源物质。　　　　　　　　　　　　　　(　　)

四、问答题

1. 简述糖类的生物学功能。

2. 简述单糖的理化性质。

3. 简述多糖的分类。

4. 假如有3瓶失去标签的无色透明液体,分别为葡萄糖溶液、蔗糖溶液和淀粉溶液,怎样用实验的方法将它们鉴别出来?

实训 2.1　糖的还原作用

一、实训目的

掌握测定糖类还原性的原理及其方法。

二、实训原理

许多糖类由于分子中含有自由的醛基及酮基,故在碱性溶液中能将铜、铁等金属离子还原,同时糖类本身被氧化成糖酸及其他衍生物。糖类这种性质常被利用于检测糖的还原性及还原糖的定量测定。

本实验进行糖类的还原作用的试剂为斐林试剂和本尼迪克特试剂。它们是含铜离子的碱性溶液,能使还原糖氧化而本身被还原成红色或黄色的氧化亚铜沉淀。

三、实训仪器和试剂

(1)仪器

试管及试管架、竹试管架、水浴锅、电炉。

(2)试剂

①斐林试剂

试剂 A:称量 34.5 g 五水硫酸铜溶于 500 mL 蒸馏水中。

试剂 B:称取 125 g 氢氧化钠和 137 g 酒石酸钾钠溶于 500 mL 蒸馏水中。用前将 A、B 溶液等量混合。

②本尼迪克特试剂:将 85 g 柠檬酸钠及 50 g 无水碳酸钠溶于 400 mL 水中,加热溶解。另将 8.5 g 硫酸铜溶于 50 mL 热水。将硫酸铜溶液缓缓倾入柠檬酸钠-碳酸钠溶液中,边加边搅拌,如有沉淀可过滤。(此溶液可长期使用)

③其他:1% 葡萄糖溶液、1% 果糖溶液、1% 蔗糖溶液、1% 麦芽糖溶液、1% 淀粉溶液。

四、实训方法和步骤

取 5 支试管,分别加入 2 mL 斐林试剂,再向各试管分别加入 1% 葡萄糖、1% 果糖、1% 蔗糖溶液、1% 麦芽糖溶液、1% 淀粉溶液各 1 mL。置水浴中加热数分钟,取出,冷却观察各管溶液的变化。另取 5 支试管,用本尼迪克特试剂重复上述实验。

五、实训注意事项

①生成氧化亚铜沉淀的颜色之所以不同是由于在不同条件下产生的沉淀颗粒大小不同引起的,颗粒越小呈黄色,越大则呈红色。

②斐林试剂的 A、B 溶液用前才能混合。

六、思考题

斐林试剂及本尼迪克特试剂法检验糖的原理是什么?

第3章 脂类化学

📖 【学习目标】
➢ 掌握脂类的概念、分类、脂肪酸的结构及特性。
➢ 熟悉脂类的功能及理化性质。
➢ 了解甘油、磷脂、类固醇和萜的结构、功能及性质。

📖 【知识点】
　　脂类的概念、分类、功能及理化性质;脂肪酸的定义、结构、分类、特性及理化性质;油脂和蜡、磷脂、糖脂、胆固醇及萜类概述。

案例导入

食用油放久了为什么会有难闻的气味

　　生活中,我们一定都见过久放的食用油,会产生难闻的"哈喇"味,那么食用油为什么会产生难闻的味道呢? 原来这是油脂变质的表现,专业名称为"油脂酸败",其原因是油脂因水解而产生游离脂肪酸以及脂肪酸进一步氧化分解所引起的变质现象。油脂酸败的原因一般有两种:其一为生物性的,即动植物残渣和微生物的酶类所引起的水解过程;其二则属于化学变化,即在空气、日光和水的作用下,发生水解及不饱和脂肪酸的自身氧化。这两种过程往往是同时发生的。

3.1　脂类概述

3.1.1　脂类的定义

脂类是易溶于非极性溶剂而难溶于水的生物小分子,它是脂肪酸与醇类所形成的化合物、萜类、类固醇及其衍生物的总称。脂类具有化学多样性,可以分为脂类和类脂。脂肪即甘油三酯,由甘油和脂肪酸构成。

3.1.2　脂类的分类

脂类根据其化学结构主要分为单纯脂、复合脂和衍生脂三大类。

1)单纯脂

单纯脂是指由脂肪酸与醇所形成的酯类化合物,例如油脂、蜡等。

2)复合脂

复合脂是指分子中除醇类、脂肪酸外,还含有磷酸、糖及胆碱等其他物质。复合脂主要分为磷脂和糖脂两大类。如甘油磷脂、半乳糖脑苷脂等。

3)衍生脂

衍生脂是指单纯脂、复合脂等具有脂类共同特征的衍生物,也包括具有脂类一般性质的萜类、类固醇类物质及其衍生物。此类化合物一般不含脂肪酸,都是非皂化性物质,例如胆固醇、类胡萝卜素等。

此外,脂类可与其他物质如糖、蛋白质等结合而形成化合物,如糖脂和脂蛋白等。

3.1.3　脂类的功能

脂类广泛分布于一切生物体中,在生物体内具有重要的生物学功能。

1)生物膜的组成物质

磷脂、少量糖脂和胆固醇是生物膜的主要组成成分。脑组织中脂类物质占全部物质的$51\% \sim 54\%$。

2)机体能量贮存和运输的形式

机体在糖供应不足时,能动用贮存的脂肪为机体提供能量。脂类是机体良好的能源,氧化1 g脂肪所释放的能量比等量的糖多大约1倍。

3)作为溶剂

脂溶性维生素如维生素 A、维生素 D、维生素 E、维生素 K 等在体内均溶解于脂肪中,并随脂肪的吸收而吸收。

4)合成维生素、激素的物质

维生素 A、维生素 D 分别属于萜类和固醇类物质,胆固醇类物质是体内类固醇激素如睾丸酮等合成的原料。

5)保护作用

机体内皮下脂肪具有润滑、防止体内热量散发、保护内脏等作用。

3.2 脂肪酸

3.2.1 脂肪酸的定义

脂肪酸是具有长碳氢链和一个羧基末端的有机物的总称,分为饱和脂肪酸和不饱和脂肪酸。大多数脂肪酸线形不分支,无环状结构。

3.2.2 脂肪酸的分类

根据脂肪中的脂肪酸是否含有双键,可将其分为两大类:饱和脂肪酸和不饱和脂肪酸。

1)饱和脂肪酸

饱和脂肪酸不含双键。脂类中的饱和脂肪酸主要有十六烷酸和十八烷酸。脂肪酸分子中,由于疏水的非极性碳氢链占整个分子体积的绝大部分,因此决定了脂肪酸的脂溶性特征。

2)不饱和脂肪酸

不饱和脂肪酸含有一个或多个双键。脂类中的不饱和脂肪酸以十八碳烯酸为主,不饱和脂肪酸中有的含有一个双键,如油酸;有的含有两个双键,如亚油酸;亚麻酸含有 3 个双键。天然的十八碳烯酸都是顺式结构的。

在不饱和脂肪酸中,亚油酸、亚麻酸、花生四烯酸、二十碳五烯酸和二十二碳六烯酸等,因动物自身不能合成,或者合成量太少不能满足需要,必须依靠食物供应,故称为必需脂肪酸。

不同脂肪酸之间的区别主要在于碳链长度、双键数目、位置及构型,以及其他取代基团的数目和位置的不同。

> 知识链接
>
> 脑黄金,又名二十二碳六烯酸,学名 DHA,是一种对人体非常重要的多不饱和脂肪酸,属于不饱和脂肪酸家族中的重要成员。DHA 是神经系统细胞生长及维持的一种主要元素,是大脑和视网膜的重要构成成分,在人体大脑皮层中含量高达 20%,在眼睛视网膜中所占比例最大,约占 50%,因此,对胎婴儿智力和视力发育至关重要。

3.2.3 脂肪酸的命名

脂肪酸的命名主要有习惯命名和系统命名两种方法。

（1）习惯命名法

习惯命名法主要以脂肪酸的碳原子数目、来源或性质命名，如十二（烷）酸，月硅酸，软脂酸等。

（2）系统命名法

系统命名法是以脂肪酸中碳原子的数目和双键的数目及位置来命名。

3.2.4 脂肪酸的特性

高等动、植物中的脂肪酸的共同特性包括以下 6 个方面：

①一般为偶数碳原子，常见的是 C_{16} 和 C_{18} 的酸，C_{12} 以下的饱和脂肪酸主要存在于哺乳动物的乳脂中。

②脂肪酸分子的碳链越长，熔点越高。

③不饱和脂肪酸的熔点比同等链长的饱和脂肪酸的熔点低。

④绝大多数不饱和脂肪酸中的双键为顺式，顺式的熔点比反式低。

⑤高等植物和低温生物中不饱和脂肪酸的含量较高，动物中则饱和脂肪酸较多。

⑥脂肪酸难溶于水，只能溶于低极性的溶剂中。

3.2.5 脂肪酸的理化性质

1）酸性

脂肪酸是弱酸，在水溶液中呈弱酸性。在生理条件下，脂肪酸以阴离子形式存在，能与碱反应生成盐和水。

2）两亲性

脂肪酸不仅有亲水性的离子基团，而且有高度疏水的长碳氢尾部，从而表现出典型的油水两亲性。脂肪酸在水的表面会形成单分子层，其亲水羧基插入水中，而碳氢尾部在水面外。如果脂肪酸与水和油脂混合，脂肪酸就会包围油脂小滴形成胶束，使油脂乳化。这就是肥皂和合成洗涤剂的作用原理。

3.3 油脂和蜡

3.3.1 油脂

油脂是油和脂肪的总称。通常将常温下呈固态或半固态的油脂称为脂肪,呈液态的称为油。油脂普遍存在于动植物体内,是动植物体生命活动所需能量的来源之一。油脂的主要成分是甘油和三分子高级脂肪酸形成的酯,称为甘油三酯也称为脂肪。甘油三酯大多是由两种或3种不同的脂肪酸参与组成的,称为混合甘油酯;若由同一种脂肪酸组成的三元酯则称为简单甘油酯。脂肪大多数是混合甘油酯。脂肪的化学结构通式如图3.1所示。

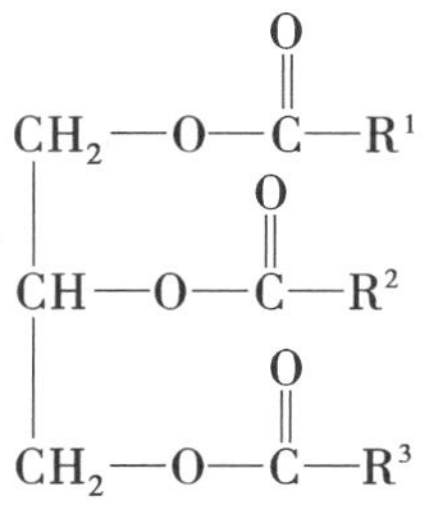

$$
\begin{array}{c}
\text{CH}_2\text{—O—}\overset{\displaystyle O}{\overset{\|}{\text{C}}}\text{—R}^1 \\
\text{CH—O—}\overset{\displaystyle O}{\overset{\|}{\text{C}}}\text{—R}^2 \\
\text{CH}_2\text{—O—}\overset{\displaystyle O}{\overset{\|}{\text{C}}}\text{—R}^3
\end{array}
$$

图3.1 脂肪的化学结构式

植物中的甘油三酯含有大量不饱和脂肪酸,具有较低的凝固点,在常温时为液态,故统称为油,如豆油、花生油、菜油等。而动物的甘油三酯不饱和脂肪酸含量低、凝固点比较高,故一般称为脂。

1)油脂的物理性质

脂肪一般为无色,无嗅,无味,呈中性,比重略小于1。不溶于水,而易溶于非极性有机溶剂。在有乳化剂的存在下,油脂可与水混合成乳状液。天然脂肪一般无明确的熔点。

2)油脂的化学性质

(1)水解和皂化作用

油脂在酸、酶和碱的作用下发生水解,产物为甘油和脂肪酸或脂肪酸盐。在酸性条件下,油脂水解成甘油和脂肪酸的反应是一个可逆反应(图3.2)。

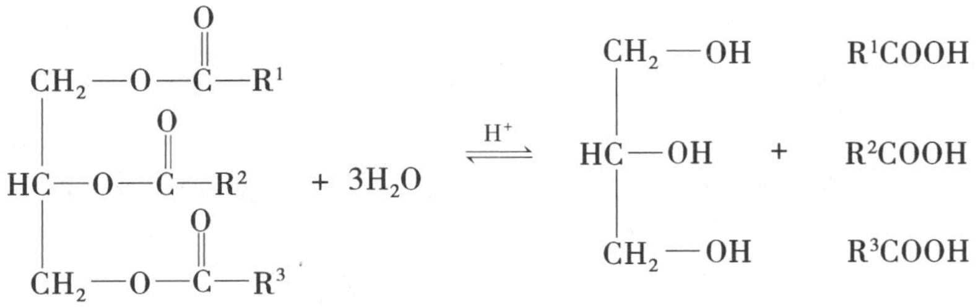

$$
\begin{array}{c}
\text{CH}_2\text{—O—}\overset{\displaystyle O}{\overset{\|}{\text{C}}}\text{—R}^1 \\
\text{HC—O—}\overset{\displaystyle O}{\overset{\|}{\text{C}}}\text{—R}^2 \quad + \quad 3\text{H}_2\text{O} \\
\text{CH}_2\text{—O—}\overset{\displaystyle O}{\overset{\|}{\text{C}}}\text{—R}^3
\end{array}
\quad \underset{}{\overset{\text{H}^+}{\rightleftharpoons}} \quad
\begin{array}{c}
\text{CH}_2\text{—OH} \quad\quad \text{R}^1\text{COOH} \\
\text{HC—OH} \quad + \quad \text{R}^2\text{COOH} \\
\text{CH}_2\text{—OH} \quad\quad \text{R}^3\text{COOH}
\end{array}
$$

图3.2 油脂在酸性条件下的水解反应

在生物体内,油脂的合成和水解,是在脂肪酶的作用下进行的。在碱性条件下,油脂可以完全水解,得到甘油和脂肪酸的盐(图3.3)。

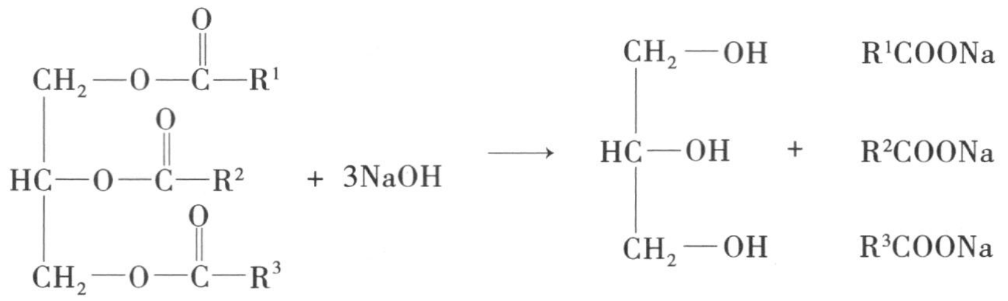

$$
\begin{array}{l}
CH_2-O-\overset{O}{\overset{\|}{C}}-R^1 \\
HC-O-\overset{O}{\overset{\|}{C}}-R^2 \quad + \ 3NaOH \longrightarrow \\
CH_2-O-\overset{O}{\overset{\|}{C}}-R^3
\end{array}
\qquad
\begin{array}{ll}
CH_2-OH & R^1COONa \\
HC-OH & + \ R^2COONa \\
CH_2-OH & R^3COONa
\end{array}
$$

图3.3 油脂在碱性条件下的水解反应

高级脂肪酸的盐俗称皂,所以油脂的碱性水解又称为油脂的皂化反应。高级脂肪酸的钠盐俗称为钠皂、硬皂,钾盐俗称为钾皂、软皂。过去肥皂都是由天然油脂皂化制得。近年来由于石油工业及石油化工的发展,可以将高级烷烃在催化剂作用下氧化为高级脂肪酸,用这种方法合成脂肪酸制肥皂,则可以节约大量天然油脂。

各种油脂的平均分子量各不相同,完全皂化1 g油脂所需碱的量也不相同。通常把皂化1 g油脂所需氢氧化钾的毫克数称为油脂的皂化值。显然,油脂的平均分子量越大,皂化值越小。

各种油脂具有一定的皂化值范围,如果测得某油脂的皂化值低于或高于正常范围,则表示该油脂中含有不能被皂化或可以与KOH作用的杂质。所以皂化值是检查油脂质量的重要数据之一。

(2)加成作用

含不饱和脂肪酸的油脂,分子中的碳碳双键可以和氢、碘等进行加成。

①氢化:含不饱和脂肪酸的油脂,在催化剂作用下可以加氢,从而转化为含饱和脂肪酸的油脂。加氢的结果是液态的油转化为半固态的脂肪,所以这种氢化也常称为"油脂的硬化",氢化油又称为硬化油。利用油脂硬化原理可以把植物油变为硬化油,可以改变气味,提高熔点。同时,因为不饱和度变小,不易被氧化变质,便于贮藏、运输和加工。也可以将植物油部分氢化制造奶油供食用。

②加碘:通过一定量的油脂所能吸收的碘的量,可以判断其中脂肪酸的不饱和程度。一般将100 g油脂所能吸收碘的克数称为"碘值"。碘值大,表示油脂中不饱和酸的含量高,或不饱和程度大。碘值是油脂的特征常数,也是油脂分析的重要指标,也可根据碘值检查油脂的氢化程度。

(3)酸败作用

油脂在贮藏期间,常会受湿、热、光和空气的作用而逐渐变质,产生一种难闻的气味,这便是油脂的酸败。油脂酸败的化学变化比较复杂,引起酸败的原因有两个方面:其一,是空气氧化分解。空气氧化分解往往由油脂中的不饱和脂肪酸甘油酯引起。碳碳双键处吸收一分子氧气而形成过氧化物,再由水的作用而分解成低级的醛、酸。光、热、潮湿及某些金属能加速这个过程。其二,是微生物的氧化分解。某些微生物能使油脂分解,进而使脂肪酸的β碳原子氧化成酮酸,再经过脱羧或进一步氧化成低级的醛、酮、酸等物质。

酸败作用产生难闻气味,就是上述氧化产生的低级醛、酮、酸引起的。因此含低级和不饱和脂肪酸甘油酯较多的油脂如奶油、猪油更容易酸败。酸败后的油脂具有不同程度的毒性,食用酸败变质的油脂,对人体健康有害。为了防止油脂的酸败,贮存时,油脂应置于密闭的容器中,同时应放在阴、凉、干燥和避光处,或在油脂中加入少量抗氧化剂,可减少或防止油脂被氧化。

油脂中游离脂肪酸的含量常用酸值表示。中和 1 g 油脂中游离脂肪酸所需氢氧化钾的毫克数称为油脂的酸值。新鲜油脂酸值很小,酸败后的油脂所含游离脂肪酸增多,故酸值增高。因此酸值高低是衡量油脂质量的重要指标。酸败后的油脂有毒性和刺激性,通常酸值大于 6 的油脂不宜食用。

 课堂活动

油脂放在冰箱中长时间贮存时,为什么可以减缓其变质,其原理是什么?

3.3.2　蜡

蜡的主要成分是高级脂肪酸与高级一元醇生成的酯,其中的脂肪酸和醇大都在 16 个碳以上,并且都含偶数碳原子。

蜡广泛存在于动、植物界,按其来源分为植物蜡和动物蜡。在常温下蜡为固态,比脂肪硬而脆,不溶于水,可溶于非极性有机溶剂。植物和昆虫体表的蜡质层,可以防止外界水分的侵入、体内水分的蒸发以及微生物的侵害,对植物和昆虫起着良好的保护作用。由于植物及昆虫体表有蜡质层,因此使用农药时必须加入表面活性剂,才能使不溶性药物在植物和昆虫体表粘住,充分发挥其药效。

蜡在工业上可用于造蜡模、蜡纸、鞋油、防水剂、光泽剂、香脂以及药膏的基质等。

3.4　磷脂与糖脂

3.4.1　磷脂

磷脂是一类含磷的类脂化合物,广泛存在于植物的种子、动物脑、肝、蛋黄及微生物体中,它是细胞原生质的固定组成部分,磷脂以卵磷脂、脑磷脂和神经磷脂较为重要。

1) 卵磷脂与脑磷脂

卵磷脂和脑磷脂的母体结构是磷脂酸(图 3.4),它是高级脂肪酸和磷酸与甘油共同形成的酯。

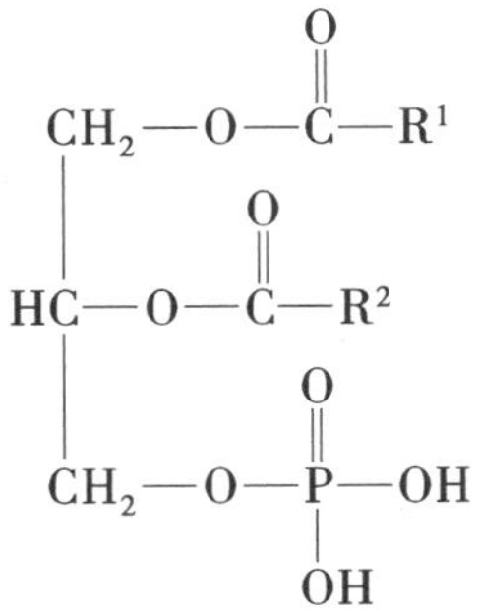

$$CH_2-O-\overset{\displaystyle O}{\overset{\displaystyle \|}{C}}-R^1$$

$$HC-O-\overset{\displaystyle O}{\overset{\displaystyle \|}{C}}-R^2$$

$$CH_2-O-\overset{\displaystyle O}{\underset{\displaystyle OH}{\overset{\displaystyle \|}{P}}}-OH$$

图 3.4　磷脂酸的化学结构式

磷酸分子中磷酸还可以和某些含氮碱或羟基化合物形成酯,如卵磷脂(图 3.5)和脑磷脂(图 3.6)就是磷脂酸分别与胆碱、胆胺形成的酯。

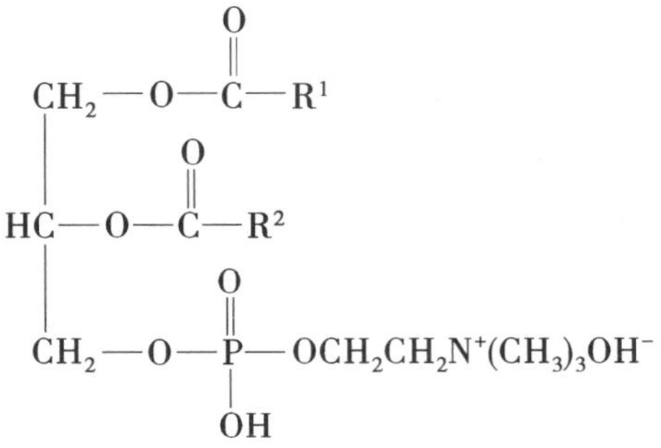

$$CH_2-O-\overset{\displaystyle O}{\overset{\displaystyle \|}{C}}-R^1$$

$$HC-O-\overset{\displaystyle O}{\overset{\displaystyle \|}{C}}-R^2$$

$$CH_2-O-\overset{O}{\underset{OH}{\overset{\|}{P}}}-OCH_2CH_2N^+(CH_3)_3OH^-$$

图 3.5　卵磷脂

$$CH_2-O-\overset{\displaystyle O}{\overset{\displaystyle \|}{C}}-R^1$$

$$HC-O-\overset{\displaystyle O}{\overset{\displaystyle \|}{C}}-R^2$$

$$CH_2-O-\overset{O}{\underset{OH}{\overset{\|}{P}}}-OCH_2CH_2NH_2$$

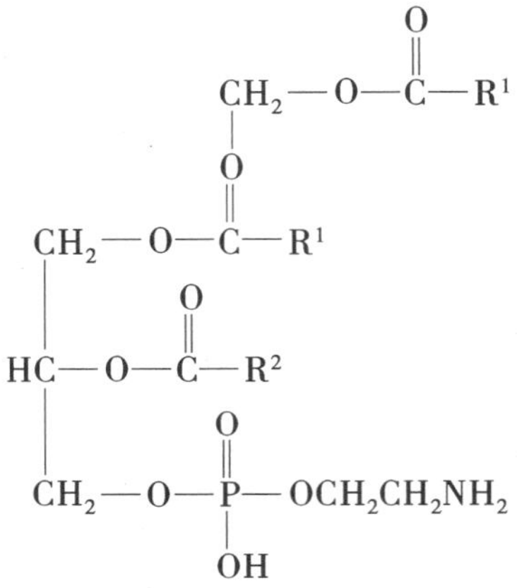

图 3.6　脑磷脂

磷脂中的高级脂肪酸,常见的是软脂酸、油酸等。分子中的两个脂肪酸常常是一个饱和的,一个不饱和的。

卵磷脂和脑磷脂都不溶于水而易溶于氯仿、乙醚等有机溶剂,可以由动物的新鲜大脑和大豆中提取,新鲜制品为无色、有吸水性,在空气中放置易变为黄色或棕色。

根据磷酸与甘油连接的位置不同,它们各有 α-型、β-型之分。当卵磷脂分子中磷酸与甘油中伯醇基相结合时,则称 α-卵磷脂;若与甘油中的仲醇基相结合时则为 β-卵磷脂。

2)神经磷脂

在动物的脑、神经及肾、肝等组织中,还含有另一种磷脂——神经磷脂(图 3.7)。神经磷脂分子中与磷酸形成酯的醇不是甘油而是神经氨基醇,高级脂肪酸通过酰胺键与神经氨基醇的氨基相连,胆碱与磷酸相连,而磷酸通过酯键与神经氨基醇的伯醇基结合。组成神经磷脂的高级脂肪酸中,除了软脂酸、硬脂酸和二十四碳酸外,还有脑神经酸。

各种磷脂分子中都具有亲水基和亲脂基,具有表面活性,是良好的乳化剂。磷脂在生物体内能使油脂乳化,有助于油脂在生物体内的运输、消化和吸收。在活细胞中,磷脂常与蛋白质结合而成细胞膜,对细胞的透性和渗透作用起着重要的作用。

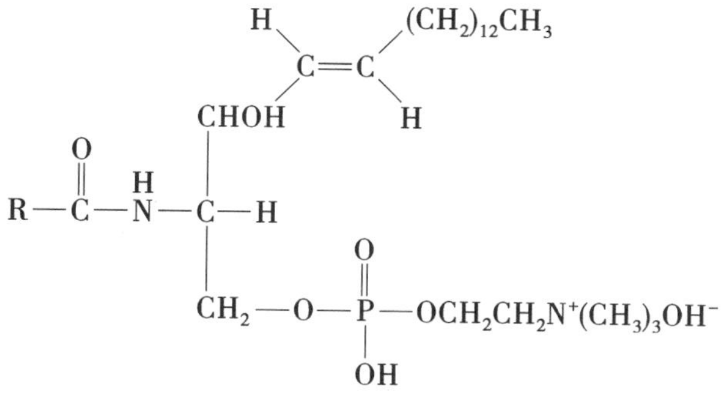

图 3.7 神经磷脂

3.4.2 糖脂

糖脂是含糖的脂类,主要存在于脑组织中,其中的一类是脑苷脂。脑苷脂的组织与神经磷脂相似,如半乳糖脑苷脂,结构中有神经氨基醇、半乳糖及脂肪酸各一分子。糖脂在细胞膜上呈不对称分布,糖基位于外表面,这种不对称分布与其功能有关。

3.5 固醇和萜类

3.5.1 固醇

固醇又称甾醇,类固醇的一种。固醇类化合物广泛分布于生物界。用碱性溶液提取动植物组织中的脂类,其中常有多少不等的、不能为碱所皂化的物质,它们均以环戊烷多氢菲为基本结构,并含有醇基,故称为固醇类化合物。胆固醇是高等动物细胞的重要组分。它与长链脂肪酸形成的胆固醇酯是血浆脂蛋白及细胞膜的重要组分。植物细胞膜则含有其他固醇如豆固醇及谷固醇。真菌和酵母则含有菌固醇。胆固醇是动物组织中其他固醇类化合物如胆汁醇、性激素、肾上腺皮质激素、维生素 D_3 等的前体。

1)胆固醇

胆固醇(图 3.8)是最早从胆石中发现的固体状醇类,存在于动物的血液、脂肪、脑和胆汁中,是动物胆石的主要成分,胆固醇也存在于植物中。人体血液中胆固醇代谢发生障碍时,血液中胆固醇含量就会增高,这是引起动脉硬化的原因之一。

2)麦角固醇

麦角固醇是一种重要的植物甾醇,存在于麦角、酵母及霉菌中,是青霉素生产中的一种副产品。在紫外光照射下生成维生素 D_2(图 3.9)。

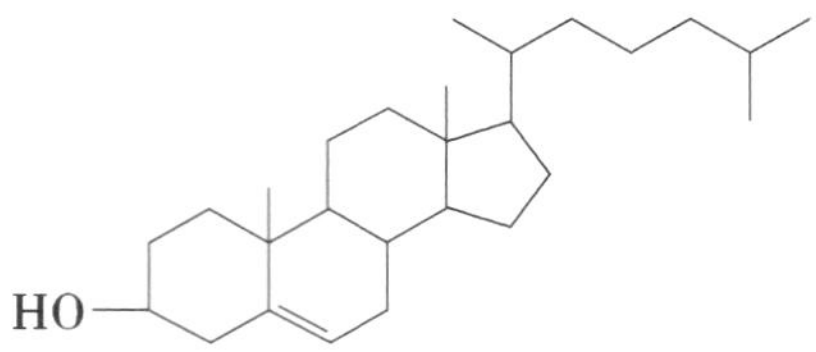

图 3.8　胆固醇

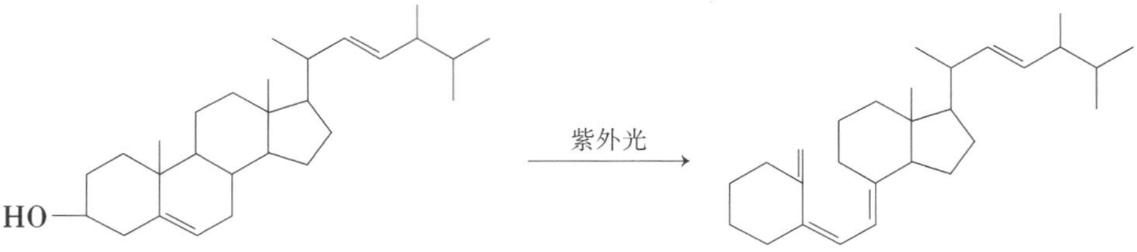

麦角固醇　　　　　　　　　　　　　　　　　维生素D$_2$

图 3.9　麦角固醇生成维生素 D$_2$

维生素 D 包括 D$_2$、D$_3$、D$_4$、D$_5$ 等一系列同功能化合物,结构类似,以 D$_2$ 和 D$_3$ 生理功能最强。人体缺乏维生素 D 就影响钙的吸收,会患佝偻病或软骨病。维生素 D 广泛存在于鱼肝油、蛋黄、牛奶中,与维生素 A 一样,都属于脂溶性维生素。多晒太阳也能获得维生素 D,因为动物体中的 7-脱氢胆甾醇在紫外线照射下可生成维生素 D$_3$(图 3.9)。

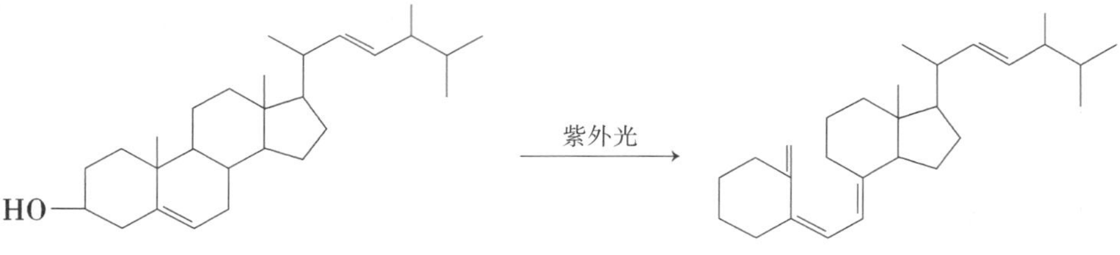

7-脱氢胆甾醇　　　　　　　　　　　　　　　　维生素D$_3$

图 3.10　7-脱氢胆甾醇生成维生素 D$_3$

3)性激素

性激素分为雄性激素和雌性激素两大类,它们分别是由睾丸和卵巢分泌的物质,对生育功能及第二性征(如声音、体态)的改变有着决定性的作用。睾丸酮是活性最强的雄性激素,临床多用人工合成的睾丸酮丙酸酯。

雌性激素可以黄体酮为代表,为白色结晶粉末,其生理作用是抑制排卵,并使受精卵在子宫中发育。临床上用于治疗习惯性流产、子宫功能性出血及月经失调。

4)肾上腺皮质激素

肾上腺皮质激素是产生于肾上腺皮质部分的一类激素,从中提取的甾体化合物有 30 多种,如皮质甾酮、可的松等,在结构上都类似。

肾上腺皮质激素有调节糖和无机盐代谢的功能。其中可的松已用于治疗类风湿关节炎、气喘及皮肤病。

3.5.2 萜类

萜类化合物是异戊二烯的衍生物。萜类是由两个以上异戊二烯构成的化合物。相连的异戊二烯有头尾相连的,也有非头尾相连的。

萜类化合物的分类主要是根据异戊二烯的数目来进行的,由两个异戊二烯构成的萜称为单萜,3 个异戊二烯构成的萜称为倍半萜,由 4 个异戊二烯构成的萜称为二萜,同理类推有三萜、四萜、多萜等。

植物中,多数萜类是具有特殊味道的挥发性成分,因此其成为各类植物精油的主要成分。如柠檬苦素是柠檬油的主要成分,薄荷醇是薄荷油的主要成分,樟脑是樟脑油的主要成分等。

• 本章小结 •

1. 脂类是易溶于非极性溶剂而难溶于水的小分子化合物,通常分为单纯脂、复合脂及衍生脂三类。脂类具有贮存及转运能量、构成生物膜等多种功能。

2. 脂肪酸是具有长碳氢链及羧基末端的有机物。通常分为饱和与不饱和脂肪酸。一般含偶数碳原子,且为直链,以软脂酸、硬脂酸、油酸、亚油酸存在较为普遍。脂肪酸具有酸性和两亲性。不饱和脂肪酸含一个或者多个双键,且双键多为顺式构型,有些不饱和脂肪酸为人体必需脂肪酸。

3. 油脂的性质主要是水解、皂化、加成和氧化;其鉴定项目主要有皂化值、酸值和碘值。

4. 油脂以外的脂类物质统称类脂,主要有磷脂、固醇(甾体)和蜡。

5. 分子中含有异戊二烯单位及其含氧衍生物统称为萜类化合物。分为单萜、倍半萜、二萜、三萜、四萜等。萜类在香料、医药及生理上具有重要的作用。

复习思考题

一、名词解释

1. 单纯脂 　2. 复合脂 　3. 衍生脂 　4. 脂肪 　5. 固醇 　6. 磷脂 　7. 萜类

二、选择题

1. 下列化合物属于脂肪酸的是(　　)。

　　A. 甘油酸 　　　　B. 硬脂酸 　　　　C. 苯甲酸 　　　　D. 戊酸

2. 下列化合物属于多烯不饱和脂肪酸的是(　　)。

　　A. 亚麻酸 　　　　B. 油酸 　　　　　C. 棕榈酸 　　　　D. 月桂酸

3. 下列说法符合脂肪概念的是(　　)。

　　A. 脂肪是类脂 　　　　　　　　　B. 脂肪中含有的不饱和脂肪酸多

　　C. 脂肪中含有磷酸基 　　　　　　D. 脂肪是三脂酰甘油

4. 下列化合物中可发生碘化反应的是( )。

    A. 三油酰甘油   B. 胆汁酸   C. 硬脂酸   D. 甘油

5. 油脂的化学特征中,( )的大小能直接说明油脂的新鲜度和质量好坏。

    A. 碘值   B. 皂化值   C. 二烯值   D. 酸值

6. 甘油磷脂、鞘糖脂、类固醇都属于( )。

    A. 类脂   B. 磷脂   C. 糖脂   D. 甾醇化合物

7. 下列化合物中不含糖苷键的是( )。

    A. 肝素   B. 脑苷脂   C. 神经节苷脂   D. 胆固醇脂

8. 下列脂肪酸不属于必需脂肪酸的是( )。

    A. 亚油酸   B. 亚麻酸   C. 肉豆蔻酸   D. 花生四烯酸

三、判断题

1. 自然界中常见的不饱和脂肪酸多具有反式结构。   ( )

2. 磷脂是中性酯。   ( )

3. 胆固醇为环状一元醇,不能皂化。   ( )

4. 磷脂和糖脂都属于两亲化合物。   ( )

5. 磷脂和糖脂是构成生物膜脂双层结构的基本物质。 ( )

6. 不饱和脂肪酸的熔点低于饱和脂肪酸的熔点。   ( )

四、问答题

1. 简述脂类含义及其共同特点。

2. 简述脂肪的重要化学性质。

3. 胆固醇在体内可以转化为哪种物质?

实训 3.1 皂化值的测定实验

一、实训目的

①掌握皂化价测定的原理和方法。

②加深对油脂性质的了解。

二、实训原理

脂肪的碱水解称为皂化作用。皂化 1 g 脂肪所需 KOH 的毫克数,称为皂化价。脂肪的皂化价和其相对分子质量成反比(亦与其所含脂酸相对分子质量成反比),由皂化价的数值可知混合脂肪(或脂酸)的平均相对分子质量。

三、实训仪器与试剂

(1)仪器

水浴锅、托盘天平、烧瓶250 mL、滴定管(酸式)25 mL 与(碱式)25 mL、球形冷凝管、25 mL 移液管、铁架台。

（2）试剂

0.500 mol/L 氢氧化钾乙醇溶液、0.500 mol/L 盐酸标准溶液（需标定）、1% 酚酞指示剂。

四、实训材料

脂肪（猪油、豆油、棉籽油等均可）。

五、实训操作步骤

①在电子分析天平上称取脂肪 1.0 g 左右，置于 250 mL 烧瓶中，加入 0.500 mol/L KOH 乙醇溶液 25 mL。

②瓶中各加入几个玻璃珠，烧瓶上装冷凝管于沸水浴内回流 30～60 min，至烧瓶内的脂肪完全皂化为止（此时瓶内液体澄清并无油珠出现）。皂化过程中，若乙醇被蒸发，可酌情补充适量的 70% 乙醇。

③皂化完毕，冷至室温，加 1% 酚酞指示剂 2 滴，以 0.500 mol/L HCl 液滴定剩余的碱，记录盐酸用量。

④另做一空白试验，除不加脂肪外，其余操作同上，记录空白试验盐酸的用量。

六、实训结果计算

皂化价的计算采用式（3.1）。

$$皂化价 = \frac{c(V_1 - V_2) \times 56.1}{m} \qquad (3.1)$$

式中　V_1——空白试验所消耗的 0.100 mol/L HCl 体积，mL；

　　　V_2——脂肪试验所消耗的 0.100 mol/L HCl 体积，mL；

　　　c——HCl 的物质的量浓度，即 0.100 mol/L；

　　　m——脂肪质量，g；

　　　56.1——每摩尔 KOH 的质量，g/mol。

七、思考题

①影响皂化反应速度的因素有哪些？

②用皂化反应测定酯时，哪些化合物有干扰？

第4章 蛋白质化学

📖 【学习目标】

➢ 掌握蛋白质的元素组成、基本组成单位、一级结构、空间结构、结构与功能之间关系、蛋白质的理化性质。

➢ 熟悉蛋白质的分离、纯化及检测。

➢ 了解蛋白质的功能、分类。

📖 【知识点】

蛋白质的组成及功能;氨基酸的组成、结构、分类、性质;蛋白质的分子结构;蛋白质的理化性质;蛋白质的分离纯化。

 案例导入

不良商家为什么要在奶粉中添加三聚氰胺

2004年市场上出现的三聚氰胺毒奶粉对服用毒奶粉的婴幼儿造成了很大伤害:头大,嘴小,浮肿,低烧,严重的甚至失去了宝贵的生命。那么不良商家明明知道三聚氰胺会对婴幼儿造成巨大伤害,为什么还要冒着风险在奶粉中添加三聚氰胺呢?

原来通用的蛋白质测试方法"凯氏定氮法"是通过测出含氮量来估算蛋白质含量,但是这种方法并不能够分辨出氮元素的存在形式。不良商家正是利用了食品工业蛋白质含量测试方法的缺陷,在奶粉中添加三聚氰胺以提升其蛋白质含量指标,因此三聚氰胺也被人称为"蛋白精"。

蛋白质主要由氨基酸组成,其含氮量一般不超过30%,而三聚氰胺的分子式含氮量为66%左右。因此,添加三聚氰胺会使得食品的蛋白质测试含量偏高,从而使劣质食品通过食品检验机构的测试。有人估算在植物蛋白粉和饲料中使测试蛋白质含量增加一个百分点,用三聚氰胺的花费只有真实蛋白原料的1/5。同时三聚氰胺作为一种白色结晶粉末,没有什么气味和味道,掺杂后也不易被发现。

4.1 蛋白质概述

4.1.1 蛋白质的概念及分子组成

蛋白质存在于所有的生物细胞中,是生物体内种类繁多、数量最多、功能最复杂的一类生物大分子。19 世纪中叶,荷兰化学家 G. Mulder 从动植物体中提取出一种共有的物质,并认为这种物质在有机界中是最重要的,根据瑞典化学家 J. Berzelius 的建议,将这种物质命名为"protein",源自希腊文"proteios",是"最原始的""第一重要的"意思,中文名称为蛋白质。

蛋白质是由许多氨基酸通过肽键相连形成的高分子化合物。蛋白质是生命的物质基础,是构成细胞的基本有机物,是生命活动的主要承担者。构成生物体的蛋白质由 20 种氨基酸组成,除甘氨酸外,均为 L 型。

蛋白质主要由 C、H、O、N 4 种元素组成,还含有少量的 S,有些蛋白质还含有微量的磷和一些金属元素。其中氮元素是蛋白质区别于糖和脂肪的特征性元素,一切蛋白质都含 N 元素,且各种蛋白质的含氮量很接近,平均为 16%。这是凯氏定氮法测定蛋白质含量的计算基础,只要测定生物样品中的氮含量,就可按式 4.1 计算出蛋白质的大约含量:

$$1 \text{ g 样品中蛋白质含量} = 1 \text{ g 样品含氮的质量}(g) \times 6.25 \qquad (4.1)$$

式中 6.25——16% 的倒数,每测定 1 g 氮相当于 6.25 g 的蛋白质,6.25 被称为蛋白质系数或蛋白质因数。

4.1.2 蛋白质的分类

蛋白质分子结构复杂,种类及其繁多,据估计在 $10^{10} \sim 10^{12}$ 数量级。分类方法也有多种,这些分类法的依据分别是蛋白质的组成成分、溶解性、分子形状及生物功能等。其中根据蛋白质的组成成分可将其分为单纯蛋白质和结合蛋白质。

1) 单纯蛋白质

仅由蛋白质组成,不含其他化学成分,自然界的许多蛋白质都属于此类。

2) 结合蛋白质

除了含有氨基酸构成的蛋白质成分外,还含有非蛋白质成分,如糖蛋白、脂蛋白等。

4.1.3 蛋白质的功能

蛋白质是实现生物功能的执行者。自然界的生物多种多样,因而蛋白质的种类和功能也十分繁多。蛋白质的功能主要有以下 6 个方面。

1）结构成分

蛋白质是构成组织细胞的主要材料。人的大脑、神经、皮肤、肌肉、内脏、血液,甚至指甲、头发都是以蛋白质为主要成分构成的。

2）调节渗透压

正常人的血浆与组织液之间的水不停地交换,但却保持着平衡。之所以能平衡,有赖于血浆中电解质总量和胶体蛋白质的浓度。在组织液与血浆的电解质浓度相等时,两者间水分的分布就取决于血浆中白蛋白的浓度。若膳食中长期缺乏蛋白质时,血浆蛋白的含量便降低,血液内的水分便过多地渗入周围组织,造成营养不良性水肿。

3）营养和储存功能

有些蛋白质具有储藏氨基酸的功能,作为生物体的养料和胚胎或幼儿生长发育的原料。此类蛋白质包括蛋类中的卵清蛋白、奶类中的酪蛋白和小麦种子中的麦醇蛋白等。另外,肝中的铁蛋白可将血液中多余的铁储存起来,供缺铁时使用。

4）保护和防御功能

高等动物的免疫反应是机体的一种保护和防御功能,它主要是通过抗体来实现的。抗体在外来的蛋白质或其他高分子化合物即所谓抗原的影响下由淋巴细胞产生,并能与相应的抗原结合而排除外来物种对有机体的干扰,起到保护机体的作用。凝血与纤溶系统的蛋白因子、干扰素等,也担负着防御和保护功能。

5）传递信息功能

生物体内信息的接受和传递过程也离不开蛋白质。如,视觉信息的传递要有视紫红质参与,视杆细胞中的视紫红质,只需 1 个光子即可被激发,产生视觉。感受味道需要口腔中的味觉蛋白。激素的受体都是蛋白质,当一种激素到达靶细胞时,往往和靶细胞表面的受体蛋白结合,由于这种受体蛋白是跨膜蛋白,它能够接受细胞外激素的信息,并通过自身构象的变化将这种信息传达到细胞内,引起细胞内一系列变化。

6）供给热能

虽然蛋白质在体内的主要功能并非供给热能,但是陈旧的或已经破损的组织细胞中的蛋白质,会不断分解释放能量。另外,每天从食物中摄入的蛋白质中有些不符合人体需要,或者数量过多的,也将被氧化分解而释放能量。所以蛋白质也可以供给部分热能。

 课堂活动

为什么我们每天都要食用含有蛋白质的食物,其作用有哪些?

案例导入

"毛发水酱油"

众所周知,酱油是人们餐桌上的一种重要调味料,而这种调味料是用大豆等原料酿造而成的。但是 2014 年 1 月 5 日,中央电视台在每周质量报告中曝光了一些不良商家制备酱油的一种匪夷所思的方法——利用毛发来制备。利用这种原料所制备的酱油就是我们所说的"毛发水酱油"。

那么毛发水酱油又是怎样制备的呢? 原来不良商家直接用来配制酿造酱油的特殊的氨基酸液,是用人的毛发加工而成的。从各地收来的毛发经过酸解加工成氨基酸液,其中一部分氨基酸液直接卖给附近的酱油厂配制成所谓的酿造酱油;另一方面为了运输方便,另一部分氨基酸液被干燥成氨基酸粉,卖到距离较远的酱油厂,酱油厂再将氨基酸粉用水还原成氨基酸液后配制成酱油。

但是毛发中含有砷、铅等有害物质,对人体的肝、肾、血液系统、生殖系统等有毒副作用,甚至致癌。加工过程中也会产生一些致癌物质。因此,国家明令禁止用毛发等非食品原料生产的氨基酸液配制酱油。

4.2　氨基酸

4.2.1　氨基酸的概念

氨基酸是含有碱性氨基和酸性羧基的一类有机化合物的通称,是具有生物功能大分子蛋白质的基本组成单位,是构成动物营养所需蛋白质的基本物质。在生物界中,构成天然蛋白质的氨基酸具有其特定的结构特点,即氨基直接连接在 α-碳原子上,这种氨基酸被称为 α-氨基酸。

4.2.2　氨基酸的结构

氨基酸是蛋白质的基本结构单位,在一定条件下经酸、碱、蛋白水解酶作用后,能够水解成各种氨基酸。酸解法、碱解法和酶解法各有其优缺点并应用于不同氨基酸的生产。

组成天然蛋白质的氨基酸共有 20 种,氨基酸之间通过肽键连接。

天然氨基酸在结构上都为 α-氨基酸,即含有一个 α-碳原子、一个羧基、一个氢原子和一个侧链 R 基团。各种氨基酸的差别就在于与 α-碳原子相连的 R 侧链的不同。

从结构上看,除 R 基为氢原子(除甘氨酸外),其他所有的 α-氨基酸分子中的 α-碳原子都连接 4 个互不相同的基团或原子(即—R,—COOH,—NH_2,—H),称为不对称碳原子(手性碳

原子),因此除甘氨酸外,每一种氨基酸都具有 D-型(图 4.1)和 L-型(图 4.2)两种立体异构体。目前已知的天然蛋白质中氨基酸都为 L-型。

图 4.1　D-型氨基酸　　　　　图 4.2　L-型氨基酸

4.2.3　氨基酸的分类

1)从侧链基团的化学结构或性质分类

氨基酸在结构上的差别取决于侧链基团 R 的不同。通常根据 R 基团的化学结构或性质将 20 种氨基酸进行分类。

(1)非极性疏水氨基酸

这类氨基酸的 R 基是非极性基团或称疏水性基团,在水中的溶解度比极性 R 基氨基酸小,其中丙氨酸 R 基的疏水性最小。

(2)极性不带电荷氨基酸

这类氨基酸的 R 基是不解离的极性基团或称亲水性基团,能与水形成氢键,其中半胱氨酸和酪氨酸的 R 基极性最强。

(3)酸性氨基酸

由于这两种氨基酸的侧链在 pH=7.0 时完全解离,因此,分子是带负电荷的。

(4)碱性氨基酸

有赖氨酸、精氨酸、组氨酸 3 种。这类氨基酸在 pH=7 时携带正电荷,称为碱性氨基酸。20 种常见氨基酸具体分类情况见表 4.1。

表 4.1　氨基酸的分类

名称	中文缩写	三个字母	一个字母	结构简式	等电点
1.非极性疏水性氨基酸					
丙氨酸	丙	Ala	A	$CH_3-CH-COO^-$ $\underset{+NH_3}{\mid}$	6.00
亮氨酸	亮	Leu	L	$(CH_3)_2CHCH_2-CHCOO^-$ $\underset{+NH_3}{\mid}$	6.02
异亮氨酸	异亮	Ile	I	$CH_3CH_2CH-CHCOO^-$ $\underset{CH_3}{\mid} \; \underset{+NH_3}{\mid}$	5.98
缬氨酸	缬	Val	V	$(CH_3)_2CH-CHCOO^-$ $\underset{+NH_3}{\mid}$	5.96

续表

名称	中文缩写	三个字母	一个字母	结构简式	等电点
脯氨酸	脯	Pro	P		6.30
苯丙氨酸	苯丙	Phe	F	$CH_2-CHCOO^-$ $^+NH_3$	5.48
蛋(甲硫)氨酸	蛋	Met	M	$CH_3SCH_2CH_2-CHCOO^-$ $^+NH_3$	5.74
色氨酸	色	Trp	W	$CH_2CH-COO^-$ $^+NH_3$	5.80
2. 极性不带电荷的氨基酸					
甘氨酸	甘	Gly	G	CH_2-COO^- $^+NH_3$	5.97
丝氨酸	丝	Ser	S	$HOCH_2-CHCOO^-$ $^+NH_3$	5.68
谷氨酰胺	谷胺	Gln	Q	$H_2N-\overset{O}{\overset{\|}{C}}-CH_2CH_2CHCOO^-$ $^+NH_3$	5.65
苏氨酸	苏	Thr	T	$CH_3CH-CHCOO^-$ OH $^+NH_3$	5.70
半胱氨酸	半胱	Cys	C	$HSCH_2-CHCOO^-$ $^+NH_3$	5.05
天冬酰胺	天胺	Asn	N	$H_2N-\overset{O}{\overset{\|}{C}}-CH_2CHCOO^-$ $^+NH_3$	5.41
酪氨酸	酪	Tyr	Y	$HO-\text{⟨⟩}-CH_2-CHCOO^-$ $^+NH_3$	5.66
3. 酸性氨基酸					
天冬氨酸	天	Asp	D	$HOOCCH_2CHCOO^-$ $^+NH_3$	2.97

续表

名称	中文缩写	三个字母	一个字母	结构简式	等电点
谷氨酸	谷	Glu	E	$HOOCCH_2CH_2\underset{\overset{\|}{\overset{+}{N}H_3}}{C}HCOO^-$	3.22
4.碱性氨基酸					
赖氨酸	赖	Lys	K	$^+NH_3CH_2CH_2CH_2CH_2\underset{\overset{\|}{NH_2}}{C}HCOO^-$	10.76
精氨酸	精	Arg	R	$H_2N-\underset{\overset{\|\|}{^+NH_2}}{C}-NHCH_2CH_2CH_2\underset{\overset{\|}{NH_2}}{C}HCOO^-$	9.74
组氨酸	组	His	H	$\underset{H}{N}$ ... $CH_2\underset{\overset{\|}{^+NH_3}}{C}H-COO^-$	7.59

2)从营养学的角度分类

（1）必需氨基酸

人体必不可少,而人体内又不能合成的,必须从食物中摄取的氨基酸,称为必需氨基酸。成人必需氨基酸的需要量为蛋白质需要量的20% ~37%。组成蛋白质的20种氨基酸中有8种是必需氨基酸,分别是:赖氨酸、色氨酸、苯丙氨酸、蛋氨酸、苏氨酸、异亮氨酸、亮氨酸、缬氨酸。

知识链接

必需氨基酸记忆口诀:携(缬氨酸)一(异亮氨酸)两(亮氨酸)本(苯丙氨酸)淡(蛋氨酸)色(色氨酸)书(苏氨酸)来(赖氨酸)。

（2）非必需氨基酸

非必需氨基酸是指人或其他脊椎动物自己能由简单的前体合成,不需要从食物中获得的氨基酸。例如甘氨酸、丙氨酸等氨基酸。

4.2.4 氨基酸的性质

1)物理性质

（1）色、态、味

α-氨基酸都是白色晶体,每种氨基酸都有特殊的结晶形状,可以用来鉴别各种氨基酸。不同的氨基酸其味不同,有的无味,有的味甜,有的味苦。

（2）旋光性

除甘氨酸外,所有氨基酸分子中的碳原子都为不对称碳原子（手性碳原子）,所有氨基酸具有旋光性（使偏振光发生偏转）。

（3）溶解度

所有氨基酸都能溶于强酸和强碱溶液。一般情况下,各种氨基酸在水中的溶解度差别很大,如酪氨酸在热水中溶解度较大,胱氨酸难溶于凉水和热水。氨基酸不溶或微溶于醇溶液（脯氨酸和羟脯氨酸除外）,也少见溶于乙醚（脯氨酸和羟脯氨酸除外）。通常酒精能把氨基酸从其溶液中沉淀析出。

（4）熔点

在有机化合物中,氨基酸属于高熔点化合物,一般氨基酸熔点超过 200 ℃,个别超过 300 ℃。超过熔点以上氨基酸分解产生胺和二氧化碳。

2）紫外吸收性质

苯丙氨酸、酪氨酸、色氨酸这 3 种氨基酸,因为它们的 R 基苯环中含有共轭双键,所以在紫外光区域具有光吸收,其中苯丙氨酸最大光吸收在 259 nm、酪氨酸在 278 nm、色氨酸在 279 nm。蛋白质一般都含有这 3 种氨基酸残基,所以其最大光吸收在大约 280 nm 波长处,因此能利用分光光度法很方便的测定蛋白质的含量（蛋白质溶液吸光值与其浓度成正比）。

3）化学性质

（1）两性性质

氨基酸在结晶形态或在水溶液中,并不是以游离的羧基或氨基形式存在,而是离解成两性离子。所谓两性离子是指在同一个氨基酸分子上带有能释放出质子的 NH_3^+ 离子和能接受质子的 COO^- 负离子,因此氨基酸是两性电解质。两性离子的净电荷为零。在两性离子中,氨基是以质子化（—NH_3^+）形式存在,羧基是以离解状态（—COO^-）存在。

氨基酸的带电状况取决于所处环境的 pH 值,改变 pH 值可以使氨基酸带正电荷或负电荷,也可使它处于正负电荷数相等,即净电荷为零的两性离子状态。

当氨基酸溶液在某一 pH 值时,氨基酸分子中所含的—NH_3^+ 和—COO^- 数目正好相等,正负电荷相等,净电荷为零,该 pH 值称为氨基酸的等电点,简称 pI。在等电点时,氨基酸既不向正极也不向负极移动,即氨基酸处于两性离子状态。当 pH>pI 时,带负电荷,向正极移动;当 pH=pI 时,正负电荷相等,不移动;当 pH<pI 时,带正电荷,向负极移动（图4.3）。

$$\oplus \quad H_2NCHRCOO^- \underset{OH^-}{\overset{H^+}{\rightleftharpoons}} H_3N^+CHRCOO^- \underset{OH^-}{\overset{H^+}{\rightleftharpoons}} H_3N^+CHRCOOH \quad \ominus$$

$$\text{II} \qquad\qquad\qquad \text{I} \qquad\qquad\qquad \text{III}$$

pH>等电点 等电点pI pH<等电点

图 4.3 氨基酸的解离

在等电点时,氨基酸在水中的溶解度最小,易于结晶沉淀。因而用调节等电点的方法可以从氨基酸的混合物中分离出某些氨基酸。

（2）与茚三酮反应

α-氨基酸与水合茚三酮共热,发生氧化脱氨反应,生成 NH_3 与酮酸。水合茚三酮变为还原型茚三酮。加热过程中酮酸裂解,放出 CO_2,自身变为少一个碳的醛。水合茚三酮变为还原型茚三酮。NH_3 与水合茚三酮及还原型茚三酮脱水缩合,生成蓝紫色化合物。

(3)桑格反应

在弱碱性($pH=8\sim9$)、暗处、室温或 $40\ ^\circ C$ 条件下,氨基酸的 α-氨基很容易与 2,4-二硝基氟苯反应,生成黄色的 2,4-二硝基氨基酸。用于鉴定多肽或蛋白质的 N 末端氨基酸。该反应由 F. Sanger 首先发现。

4.3 肽

4.3.1 肽

肽是两个或两个以上氨基酸通过肽键连接而成的聚合物,也常称为肽链。蛋白质是由一条或多条多肽链构成的大分子。用约 20 种氨基酸为原料,在细胞质中的核糖体上,将氨基酸分子互相连接成肽链。一个氨基酸分子的氨基与另一分子羧基之间脱去一分子水而连接起来,这种结合方式称为脱水缩合。

1)肽键

通过缩合反应,由一分子氨基酸的 α-羧基与另一分子氨基酸的 α-氨基经脱水而形成的共价键(—CO—NH—),称为肽键(也称酰胺键)(图 4.4)。氨基酸分子在参与形成肽键之后,由于脱水而结构不完整,称为氨基酸残基。

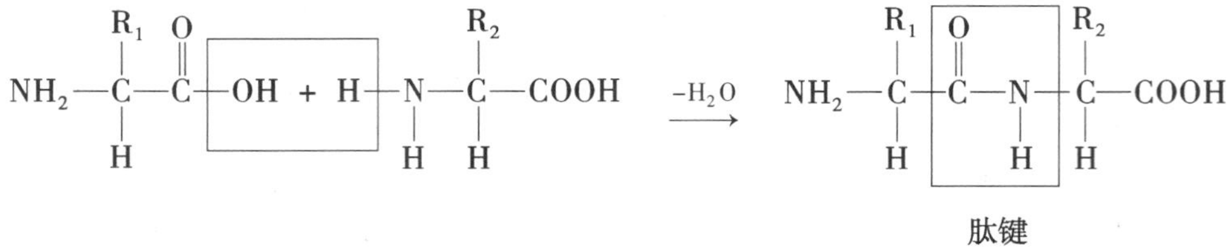

图 4.4 两分子的氨基酸脱水形成肽键

肽键具有部分双键的性质,组成肽键的四个原子及其相邻的两个 α 碳原子处在同一个平面上,为刚性平面不能自由旋转,称为肽键平面(图 4.5)。

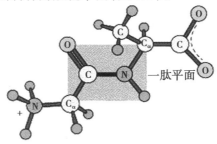

图 4.5 肽平面示意图

2)肽

一个氨基酸的α-羧基和另一个氨基酸的α-氨基之间缩水而形成的产物称为肽。由一分子氨基酸的α-羧基和另一分子氨基酸的α-氨基脱水缩合形成的酰胺键(即—CO—NH—)组成的蛋白质片段或物质叫做二肽。其分子中一般包含一个肽键。二肽是一大类物质的统称。构成氨基酸种类不同,结构也可不同,例如:环状二肽称为环二肽,链状则称二肽链。同理可形成三肽、四肽以及多肽。

(1)多肽链的结构

多肽链的结构通式如图4.6所示。

(N端) 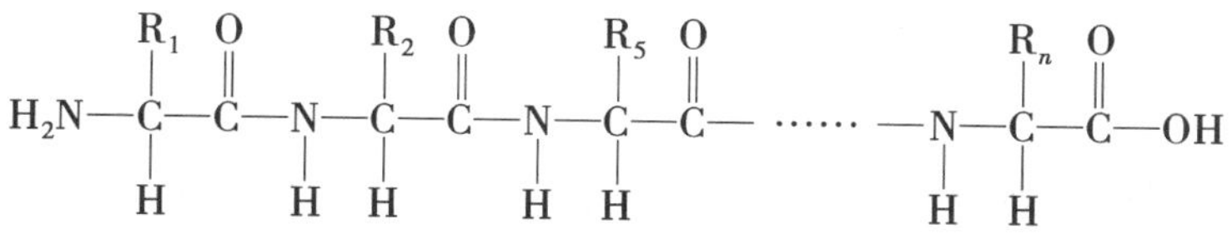 (C端)

图4.6　多肽链的结构

一般地,少于10个氨基酸的肽称为寡肽。10个以上氨基酸形成的肽称为多肽。氨基酸分子数与肽键数的关系见表4.2。

表4.2　氨基酸分子数与肽键数的关系

氨基酸分子数	肽	肽键数	脱水分子数
2	二肽	1	1
3	三肽	2	2
⋮	⋮	⋮	⋮
n	n 肽	$n-1$	$n-1$

(2)肽链的方向性

多肽有开链肽和环状肽。开链肽具有一个游离的氨基末端和一个游离的羧基末端,分别保留有游离的α-氨基和α-羧基,又称为多肽链的N端(氨基端)和C端(羧基端)(图4.7)。

因此多肽链具有方向性,由N端指向C端,即N端为头,C端为尾。但有时两个游离的末端基团连接成环状肽。

氨基末端(N端) 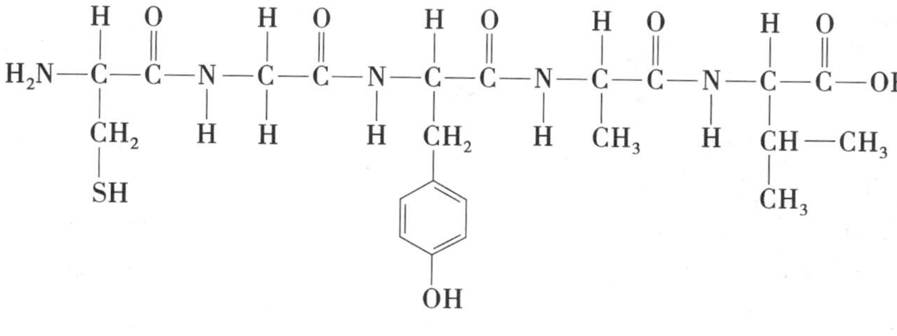 羧基末端(C端)

图4.7　肽链的N端和C端

4.3.2　天然存在的重要活性肽

生物体中还存在着许多长短不同的游离肽,有些肽具有特殊的生理功能。

1)谷胱甘肽

(1)谷胱甘肽的组成、结构

谷胱甘肽(图4.8)是一种存在于动植物和微生物细胞中的重要三肽。是由谷氨酸、半胱氨酸和甘氨酸结合,含 γ-酰胺键和巯基的三肽。

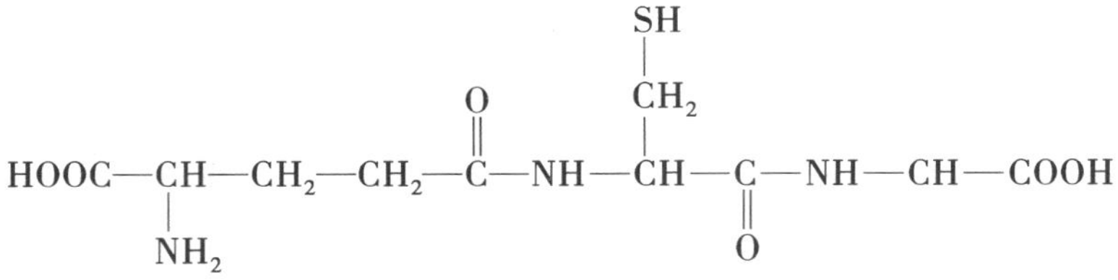

$$HOOC-CH-CH_2-CH_2-\overset{\overset{\displaystyle O}{\|}}{C}-NH-\overset{\overset{\displaystyle CH_2}{|}}{\underset{\underset{\displaystyle NH_2}{|}}{CH}}-\overset{\overset{\displaystyle SH}{|}}{C}-NH-CH-COOH$$

图 4.8　谷胱甘肽的结构

(2)生理功能

谷胱甘肽能帮助保持正常的免疫系统的功能,具有抗氧化作用和整合解毒作用。

2)多肽类激素

很多肽有调节代谢的激素功能。例如催产素,它是一个九肽,具有使子宫和乳腺平滑肌收缩的功能,促进乳腺排乳和催产作为。

血管升压素也是九肽,分子内也有环状结构,和催产素仅在第 3 和第 8 位两个氨基酸有差别。具有促进血管平滑肌收缩,升高血压并减少排尿的作用,又称为抗利尿激素。

3)脑啡肽

脑啡肽在中枢神经系统中形成,是体内自身产生的一类鸦片剂。它是一类比吗啡更有镇痛作用的五肽物质。1975 年从猪脑中分离出两种类型的脑啡肽,一种是 C 端氨基酸残基为甲硫氨酸,称为 Met-脑啡肽,另一种 C 端氨基酸残基为亮氨酸,称 Leu-脑啡肽。

 案例导入

烫发的原理

日常生活中,很多女性为了美丽都喜欢烫发,那么烫发的原理大家知道吗?原来烫发就是使用化学和物理方法,使自然的直发,形成卷曲形状。目前烫发的主要方法为化烫:烫发时,物理性地将头发卷在不同直径与形状的卷芯上,在烫发水第一剂的作用下,大约有45%的二硫键被切断,变成单硫键。这些单硫键在卷芯直径与形状的影响下,产生挤压而移位,并留下许多空隙。烫发水第二剂中的氧化剂进入发体后,在这些空隙中膨胀变大,使原来的单硫键无法回到原位,而与其他一个与之相邻的单硫键重新组成一组新的二硫键,使头发中原来的二硫键的角度产生变化,从而使头发长时间的变卷。

4.4 蛋白质的分子结构

蛋白质是一种生物大分子,主要由20种氨基酸以肽键连接成肽链。不同蛋白质的肽链长度不同,肽链中不同氨基酸的组成和排列顺序也各不相同,且由于肽链在空间卷曲折叠成为特定的三维构象,使蛋白质分子具有极其复杂的空间结构。蛋白质分子上氨基酸的序列和由此形成的立体结构构成了蛋白质结构的多样性。目前已确定蛋白质具有一级结构、二级结构、三级结构和四级结构。一级结构是指多肽链具有共价键的直链结构,尤其是指氨基酸残基的排列顺序。在一级结构的基础上形成二级结构、三级结构、四级结构。二级结构、三级结构、四级结构为空间结构,也称空间构象。

4.4.1 蛋白质的一级结构

蛋白质的一级结构就是蛋白质多肽链中氨基酸残基的排列顺序,又称为氨基酸序列。每种蛋白质都有唯一而确切的氨基酸序列。一级机构是由基因上遗传密码的排列顺序所决定的,是蛋白质结构层次的基础,也是决定更高层次结构的主要因素。氨基酸之间靠肽键相连,故肽键是蛋白质一级结构的主键。有些蛋白质内部除了氢键还包含二硫键。二硫键在蛋白质分子中起着稳定空间结构的作用。一般二硫键越多,蛋白质的结构越稳定。在有二硫键的蛋白质中,一级结构也包括二硫键和其配对方式。胰岛素是一级结构首先被揭示的蛋白质(图4.9)。

图4.9 牛胰岛素一级结构示意图

4.4.2 蛋白质的二级结构

蛋白质的二级结构是指蛋白质分子中肽链并非直链状,而是按一定的规律卷曲(如α-螺旋结构)或折叠(如β-折叠结构)形成特定的空间结构。二级结构中具有规则构象和不规则构象。规则构象的二级结构是一段连续肽单位中具有同一相对取向,可以用相同构象来表征,构成一种特征的多肽链线性组合,主要形式包括α-螺旋、β-折叠、β-转角和无规则卷曲。蛋白质的二级结构主要依靠肽链中氨基酸残基亚氨基(—NH—)上的氢原子和羰基上的氧原子之间形成的氢键来维持其稳定性。

1）α-螺旋

α-螺旋是首先被肯定的一种蛋白质空间结构基本组件，并被证实普通存在于各种蛋白质中。最初提出 α 螺旋结构的是美国加州理工学院的 L·Pauling 等人，在 1951 年研究动物毛发 α-角蛋白时提出此观点，之后通过 X 射线衍射分析很快得以证实（图 4.10）。

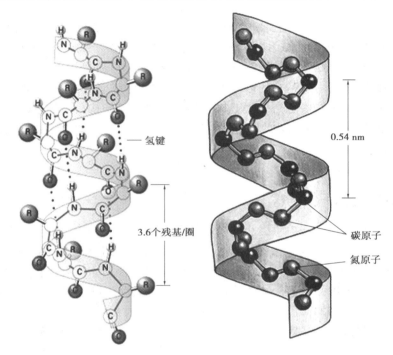

图 4.10　α-螺旋结构

α-螺旋的结构要点如下：

①蛋白质中常见的一种二级结构，是一个类似棒状的结构，肽链主链绕假想的中心轴盘绕成螺旋状，从外观看，紧密卷曲的多肽链主链构成了螺旋棒的中心部分，所有氨基酸残基的 R 侧链伸向螺旋的外侧。肽链围绕其长轴盘绕成右手螺旋结构。

②α-螺旋结构中，螺距为 0.54 nm，每一圈含有 3.6 个氨基酸残基，每个残基沿着螺旋的长轴上升 0.15 nm。

③α-螺旋结构的稳定主要靠链内的氢键维持的。螺旋中每个氨基酸残基的羰基氧与多肽链后面第 4 个氨基酸残基的 α-氨基氮上的氢之间形成氢键，所有氢键与长轴几乎平行。

2）β-折叠

β-折叠又称 β-片层，是由伸展的多肽链组成的，多肽链呈扇面状折叠。这是 Pauling 和 Corey 继发现 α 螺旋结构后在同年又发现的另一种蛋白质的二级结构。β-折叠结构的形成一般需要两条或两条以上的肽段共同参与，即两条或多条几乎完全伸展的多肽链侧向聚集在一起（图 4.11），折叠片的构象是通过一个肽键的羰基氧和位于同一个肽链或相邻肽链的另一个酰胺氢之间形成的氢键维持的。氢键几乎都垂直伸展的肽链，这些肽链可以是平行排列（走向都是由 N 到 C 方向）；或者是反平行排列（肽链反向排列）（图 4.12）。

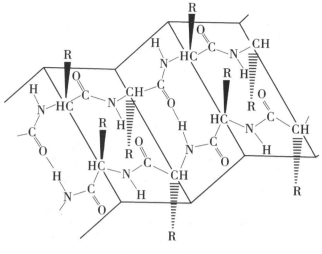

图 4.11 β-折叠

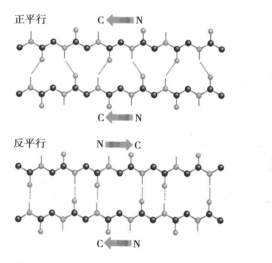

图 4.12 β-折叠的平行式和反平行式

3)β-转角

多肽链主链发生 180°回折的结构称为 β-转角。常见的转角含有 4 个氨基酸残基,第 1 个氨基酸残基羰基氧与第 4 个残基的酰胺氮上的氢之间形成氢键来稳定其结构的稳定。

4)无规则卷曲

肽链中一些没有一定规律的松散的肽链结构,称为无规则卷曲。

4.4.3 蛋白质的三级结构

蛋白质三级结构是指蛋白质的 α-螺旋、β-折叠以及 β-转角等二级结构受侧链和各主链构象单元间的相互作用,从而进一步卷曲、折叠成具有一定规律性的三维空间结构(图 4.13)。蛋白质的三级结构包括每一条肽链内全部二级结构的总和及所有侧链基因原子的空间排布和它们相互作用的关系。

维持蛋白质三级结构的作用力主要包括氢键、盐键、疏水键、范德华力、二硫键等,其中疏水作用是主要作用力。

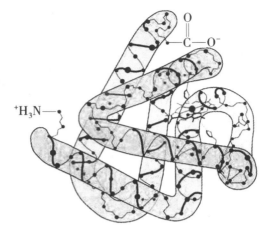

图 4.13　蛋白质的三级结构

4.4.4　蛋白质的四级结构

蛋白质四级结构是指具有三级结构的多肽链按一定空间排列方式结合在一起形成的聚集体结构。在具有四级结构的蛋白质中,每一个具有独立的三级结构的多肽链称为蛋白质的亚单位或亚基。亚基单独存在时没有活性。仅由一个亚基组成的蛋白质,因无四级结构而被称为单体蛋白质,如核糖核酸酶;由两个或两个以上亚基组成的蛋白质称为寡聚蛋白或多体蛋白。寡聚蛋白可以由单一类型的亚基组成,称为同聚蛋白质,也可以由几种不同类型的亚基组成,称为杂聚蛋白质。如正常人血红蛋白由 4 个具有三级结构的多肽链构成,其中两个是 α 亚基,另两个是 β 亚基(图 4.14)。

图 4.14　血红蛋白的四级结构

稳定四级结构的作用力与稳定三级结构的作用力相同。亚基的缔合作用有各种相互作用,包括疏水作用、氢键、盐键和范德华力等,其中疏水作用是其主要驱动力。

疯牛病产生的原因

疯牛病自 1985 年被发现以来,成千上万头牛因患这种病导致神经错乱、痴呆,不久便死亡。那么牛为什么会患上疯牛病呢? 原来疯牛病是由朊病毒蛋白引起的一组人和动物神经退行性病变,朊病毒是一种没有 DNA,由蛋白质作为遗传载体的特殊病毒。只要人或动物体内进入了朊病毒,身体内的朊病毒蛋白就会一个接一个地被朊病毒征服同化,所有正常朊病毒蛋白很快就会被同化成朊病毒。进一步的研究发现,这种变化过程只是正常蛋白质的螺旋结构变成了折叠结构,蛋白质空间结构的改变就导致了功能的改变。

4.5 蛋白质结构与功能的关系

4.5.1 蛋白质一级结构与功能的关系

蛋白质的一级结构是空间构象的基础,与蛋白质功能有相适应性和统一性,具体可从以下 3 个方面说明。

1) 一级结构的变异与分子病

分子病是指蛋白质分子一级结构的氨基酸排列顺序与正常顺序有所不同的遗传病。蛋白质中的氨基酸序列与生物功能密切相关,一级结构的变化往往导致蛋白质生物功能的变化。如镰刀型细胞贫血症,其病因是血红蛋白基因中的一个核苷酸的突变导致该蛋白分子中 β 链第 6 位谷氨酸被缬氨酸取代。这个一级结构上的细微差别使患者的血红蛋白分子容易发生凝聚,导致红细胞变成镰刀状,容易破裂引起贫血,即血红蛋白的功能发生了变化。

2) 一级结构与生物进化

研究发现,同源蛋白质中有许多位置的氨基酸是相同的,而其他氨基酸差异较大。如比较不同生物的细胞色素 C 的一级结构,发现与人类亲缘关系接近,其氨基酸组成的差异越小,亲缘关系越远差异越大。

3) 蛋白质的激活作用

在生物体内,有些蛋白质常以前体的形式合成,只有按一定方式裂解除去部分肽链之后才具有生物活性。

4.5.2 蛋白质空间结构与功能的关系

蛋白质的空间结构与功能之间有密切相关性,其特定的空间结构是行使生物功能的基础。

以下两方面均可说明这种相关性。

1）核糖核酸酶的变性与复性及其功能的丧失与恢复

天然核糖核酸酶用 β-巯基乙醇和脲处理,则分子内的 4 对二硫键断裂,分子变成一条松散的肽链,此时酶活性完全丧失。但用透析法除去 β-巯基乙醇和脲后,此酶经氧化又自发地折叠成原有的天然构象,同时酶活性又恢复。

2）血红蛋白的变构现象

血红蛋白是一个四聚体蛋白质,具有氧合功能,可在血液中运输氧。研究发现,脱氧血红蛋白与氧的亲和力很低,不易与氧结合。一旦血红蛋白分子中的一个亚基与 O_2 结合,就会引起该亚基构象发生改变,并引起其他 3 个亚基的构象相继发生变化,使它们易于和氧结合,说明变化后的构象最适合与氧结合。

知识链接

“人类蛋白质组计划”是继人类历史上三大有影响的“曼哈顿原子弹计划”“阿波罗登月计划”和“人类基因组计划”之后,全球共同实施的又一重大科研计划。该计划的目标是花费约 10 年的时间将人体所有蛋白质归类并描绘出它们的特性,进而揭示它们在细胞中所处的位置以及它们之间存在的相互作用。

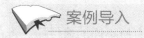
案例导入

豆腐是怎样制成的

豆腐是最常见的豆制品,一般用黑豆、黄豆和花生豆等含蛋白质较高的的豆类来制作。先把豆去壳洗净,洗净后放入水中,浸泡适当时间,再加入一定比例的水,磨成生豆浆。生豆浆榨好后,放入锅内煮沸。煮的温度保持在 90 ~ 110 ℃,并且注意煮的时间。煮好的豆浆需要进行点卤以凝固。

传统点卤的方法可分为盐卤点卤和石膏点卤两种。盐卤的主要成分是氯化镁,石膏的主要成分是硫酸钙。当向豆浆中加入盐卤或者石膏的时候,蛋白质就会沉淀析出,将沉淀下来的蛋白用滤网过滤并制成一定的造型,就成了豆腐。

新型内酯豆腐的制作则是利用葡萄糖酸-δ-内酯作为凝固剂,高温使葡萄糖酸-δ-内酯水解生成葡萄糖酸,从而使溶液的 pH 值下降,达到蛋白质的等电点,从而使蛋白质凝固析出。内酯豆腐,较传统制备方法提高了出品率和产品质量,减少了环境污染。

4.6 蛋白质的理化性质

4.6.1 两性解离和等电点

1）两性解离

蛋白质是由氨基酸组成的,在其分子表面带有很多可解离基团,如羧基、氨基、酚羟基、咪唑基、胍基等。此外,在肽链两端还有游离的 α-氨基和 α-羧基,因此蛋白质是两性电解质,可以与酸或碱相互作用。

溶液中蛋白质的带电状况与其所处环境的 pH 值有关。蛋白质可以在酸性环境中与酸中和成盐,而游离成正离子,即蛋白质分子带正电,在电场中向阴极移动;在碱性环境中与碱中和成盐而游离成负离子,即蛋白质分子带负电,在电场中向阳极移动。以"P"代表蛋白质分子,以—NH₂ 和—COOH 分别代表其碱性和酸性解离基团,随 pH 值变化,蛋白质发生如下的解离反应(图 4.15)。

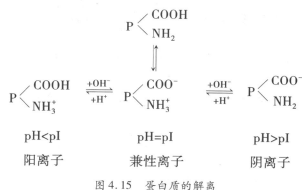

图 4.15　蛋白质的解离

2）等电点

当溶液在某一特定的 pH 条件下,蛋白质分子所带的正电荷数与负电荷数相等,即净电荷数为零,此时蛋白质分子在电场中不移动,这时溶液的 pH 称为该蛋白质的等电点,此时蛋白质的溶解度最小,这一性质常在蛋白质分离、提纯时应用。

4.6.2 胶体性质

由于蛋白质的分子量很大,又由于其分子表面有许多极性基团,亲水性极强,易溶于水成为稳定的亲水胶体溶液。故它在水中能够形成胶体溶液。蛋白质溶液具有胶体溶液的典型性质,如丁达尔现象、布朗运动等。由于胶体溶液中的蛋白质不能通过半透膜,因此可以应用透析法将非蛋白的小分子杂质除去。

4.6.3 沉淀作用

蛋白质胶体溶液的稳定性决定于其颗粒表面的水化膜和电荷,当这两个因素遭到破坏后,蛋白质溶液就失去稳定性,并发生凝聚作用,沉淀析出,这种作用称为蛋白质的沉淀作用。蛋白质的沉淀作用,在理论上和实际应用中均有一定的意义,常用于分离制备有活性的蛋白或除去杂蛋白。蛋白质沉淀的常用方法有以下 5 种。

1)中性盐沉淀蛋白质

分离提取蛋白质常用硫酸铵、硫酸钠、氯化钠、硫酸镁等中性盐来沉淀蛋白质,这种沉淀蛋白质的方法叫盐析法。有的蛋白质溶液中同时含有几类不同的蛋白质,由于不同类的蛋白质产生沉淀所需要的盐的浓度不一样,因而可以用不同的盐浓度把几类混合在一起的蛋白质分段沉淀析出而加以分离,这种方法称为分段盐析。如血清中加硫酸铵至 50% 饱和度,则球蛋白先沉淀析出;继续再加硫酸铵至饱和,则清蛋白(白蛋白)沉淀析出。盐析法在实践中得到广泛应用,微生物发酵生产酶制剂就是采用盐析法的作用原理,从发酵液中把目的酶分离提取出来的。

2)有机溶剂沉淀蛋白质

有机溶剂因其与水的亲和力比蛋白质强,故能迅速而有效地破坏蛋白质胶体的水膜,从而使蛋白质溶液的稳定性大大降低,进而使蛋白质沉淀。该方法与等电点法配合,蛋白质沉淀效果更好。

有机溶剂长时间作用于蛋白质会引起变性。因此,用这种方法沉淀蛋白质时需要注意以下两方面:

①提取液和有机溶剂都需要事先冷却。向提取液中加入有机溶剂时,要边加边搅拌,防止局部过热,引起变性。

②有机溶剂与蛋白质接触时间不能过长,在沉淀完全的前提下,时间越短越好,要及时分离沉淀,除去有机溶剂。

有机溶剂沉淀蛋白质在生产实践和科学实验中应用很广,例如食品级的酶制剂的生产、中草药注射液和胰岛素的制备大都用有机溶剂分离沉淀蛋白质。

3)重金属盐沉淀蛋白质

重金属盐中的硝酸银、氯化汞、醋酸铅、三氯化铁可以作为蛋白质的沉淀剂。

4)生物碱试剂沉淀蛋白质

单宁酸、苦味酸、磷钨酸、磷钼酸、鞣酸、三氯醋酸及水杨磺酸等,也可以作为蛋白质的沉淀剂。这是因为这些酸的带负电荷基团与蛋白质带正电荷基团结合而发生不可逆沉淀反应的缘故。

5)加热沉淀蛋白质

蛋白质受热变性后,往往很容易发生沉淀。原因可能是加热导致蛋白质的空间结构解体,疏水基团外露,水膜破坏。

4.6.4　蛋白质的变性与复性

1）变性

某些物理或化学因素,能够破坏蛋白质的结构状态,引起蛋白质理化性质改变并导致其生理活性丧失。这种现象称为蛋白质的变性。变性蛋白质通常都是固体状态物质,不溶于水和其他溶剂,也不可能恢复原有蛋白质所具有的性质。所以,蛋白质的变性通常都伴随着不可逆沉淀。

蛋白质变性的原因是其有序的空间结构被破坏,但变性并不涉及蛋白质一级结构的改变,变性蛋白质的分子量不变。

引起变性的因素有:

①物理因素　如:加热、紫外线照射、X射线照射、超声波、高压、剧烈摇荡、搅拌、表面起泡等。

②化学因素　如:强酸、强碱、尿素、重金属盐、三氯醋酸、乙醇、胍、表面活性剂、生物碱试剂等,都可引起蛋白质的变性。

变性蛋白质与天然蛋白质的性质有明显的不同,主要表现在:

①理化性质发生了变化:如旋光性改变,溶解度降低,黏度增加,光吸收性质增强,结晶性破坏,渗透压降低,易发生凝集、沉淀,颜色反应增强。

②生化性质发生了变化:如变性蛋白质比天然蛋白质易被蛋白酶水解。

③生物活性丧失:如酶变性失去催化作用,血红蛋白失去运输氧的功能,胰岛素失去调节血糖的生理功能,抗原失去免疫功能,等等。这是蛋白质变性的最重要的标志。

2）复性

变性蛋白质在变性条件不剧烈,变性蛋白质内部结构变化不大时,除去变性因素变性蛋白质可以恢复原来的活性,这种现象称为蛋白质的复性。

蛋白变性随其性质和程度的不同,有可逆的,有不可逆的,如胰蛋白酶加热及血红蛋白加酸等变性作用,在轻度时为可逆变性。

一般变性后的蛋白质即凝固而沉淀,在凝固之前,常呈絮状而悬浮,称为絮结作用,只絮结而未凝固的蛋白质一般都有可逆性,但已凝固的蛋白质,则不易恢复其原来的性质,即发生不可逆变性。

 课堂活动

为什么我们不吃生鸡蛋,而要把鸡蛋煮熟了吃,其目的及原理是什么?

4.6.5　蛋白质的紫外吸收

大部分蛋白质均含有带芳香环的苯丙氨酸、酪氨酸和色氨酸。这3种氨基酸在280 nm附近有最大吸收值。因此,大多数蛋白质在 280 nm 附近显示强的吸收。利用这个性质,可以对蛋白质进行定性鉴定。

4.6.6 蛋白质的颜色反应

蛋白质的颜色反应,可以用来定性、定量测定蛋白质。

1) 双缩脲反应

蛋白质溶液中加入 NaOH 或 KOH 及少量的硫酸铜溶液,会显现从浅红色到蓝紫色的一系列颜色反应。这是由于蛋白质分子中肽键结构的反应,肽键越多产生的颜色越红。所谓双缩脲是指二分子尿素加热脱氨缩合的产物,此化合物也具有同样的颜色反应,蛋白质分子中含有许多和双缩脲结构相似的肽键,所以称蛋白质的反应为双缩脲反应。通常可用此反应来定性鉴定蛋白质,也可根据反应产生的颜色在 540 nm 处进行比色分析,定量测定蛋白质的含量。

2) 黄色反应

加浓硝酸于蛋白质溶液中即有白色沉淀生成,再加热则变黄,遇碱则使颜色加深而呈橙黄,这是由于蛋白质中含有酪氨酸、苯丙氨酸及色氨酸,这些氨基酸具有苯基,而苯基与浓硝酸起硝化作用,产生黄色的硝基取代物,遇到碱又形成盐,后者呈橙黄色的缘故。皮肤接触到硝酸变成黄色,也是这个道理。

3) 乙醛酸反应

蛋白质溶液中加入乙醛酸,混合后,缓慢地加入浓硫酸,硫酸沉在底部,液体分为两层,在两层界面处出现紫色环,这是蛋白质中的色氨酸与乙醛酸反应引起的颜色反应,故此法可用于检查蛋白质中是否含有色氨酸。

4) 米伦反应

含有酪氨酸的蛋白质溶液,加入米伦试剂(硝酸汞、亚硝酸汞、硝酸及亚硝酸的混合液)后加热即显砖红色反应,此系米伦试剂与蛋白质中酪氨酸的酚基发生反应之故。

4.7　蛋白质的分离纯化

蛋白质的分离纯化是利用蛋白质分子在大小、形状、所带电荷种类及数量、极性与非极性氨基酸比例、溶解度、吸附性质以及对其他生物大分子亲和力的差异,将杂蛋白除去的过程。

4.7.1 蛋白质分离纯化的一般程序

1) 材料的预处理及细胞破碎

分离提纯某一种蛋白质时,首先要把蛋白质从组织或细胞中释放出来并保持原来的天然状态,不丧失活性。所以要采用适当的方法将组织和细胞破碎。常用的破碎组织细胞的方

法有:

(1)机械破碎法

利用机械力的剪切作用,使细胞破碎。常用设备有高速组织捣碎机、匀浆器、研钵等。

(2)渗透破碎法

低渗条件使细胞溶胀而破碎。

(3)反复冻融法

生物组织经冻结后,细胞内液结冰膨胀而使细胞胀破。这种方法简单方便,但要注意那些对温度变化敏感的蛋白质不宜采用此法。

(4)超声波法

超声波振荡器使细胞膜上所受张力不均而使细胞破碎。

(5)酶法

如用溶菌酶破坏细菌细胞、蜗牛酶破坏真菌细胞等。

2)蛋白质的抽提

通常选择适当的溶剂把蛋白质提取出来。抽提所用溶剂的 pH、离子强度、组成成分等条件的选择应根据欲制备的蛋白质的性质而定。如多数蛋白质的抽提液一般选用低浓度的盐溶液,因为蛋白质在低浓度的盐溶液中溶解度会增大(盐溶),从而提高蛋白质的提取率;膜蛋白的抽提,则抽提液中一般要加入表面活性剂(十二烷基磺酸钠、tritonX-100 等),使膜结构破坏,利于蛋白质与膜分离。在抽提过程中,应注意温度,避免剧烈搅拌等,以防止蛋白质的变性。

3)蛋白质粗制品的获得

选用适当的方法将所要的蛋白质与其他杂蛋白分离开来。比较方便有效的方法是根据蛋白质溶解度的差异进行分离。常用的有下列 3 种方法:

(1)等电点沉淀法

不同蛋白质的等电点不同,可用等电点沉淀法使它们相互分离。

(2)盐析法

不同蛋白质盐析所需要的盐饱和度不同,所以可通过调节盐浓度将目的蛋白沉淀析出。被盐析沉淀下来的蛋白质仍保持其天然性质,并能再度溶解而不变性。

(3)有机溶剂沉淀法

中性有机溶剂如乙醇、丙酮,它们的介电常数比水低,能使大多数球状蛋白质在水溶液中的溶解度降低,进而从溶液中沉淀出来,因此可用来沉淀蛋白质。此外,有机溶剂会破坏蛋白质表面的水化层,促使蛋白质分子变得不稳定而析出。由于有机溶剂会使蛋白质变性,使用该法时,要注意在低温下操作,选择合适的有机溶剂浓度。

4)样品的进一步分离纯化

用等电点沉淀法、盐析法所得到的蛋白质一般含有其他蛋白质杂质,须进一步分离提纯才能得到一定纯度的样品。常用的纯化方法有:凝胶过滤层析、离子交换纤维素层析、亲和层析等。有时还需要这几种方法联合使用才能得到较高纯度的蛋白质样品。

4.7.2 蛋白质分离纯化的方法

1）根据分子大小不同进行分离纯化

蛋白质是一种大分子物质，并且不同的蛋白质分子大小不同，因此可以利用一些较简单的方法使蛋白质和小分子物质分开，并使蛋白质混合物也得到分离。根据蛋白质分子大小不同进行分离的方法主要有透析、超滤和凝胶过滤等。

（1）透析法

透析是将待分离的混合物放入半透膜制成的透析袋中，再浸入透析液进行分离（图4.16）。透析原理是利用蛋白质分子不能通过半透膜而将其与小分子物质分开。常用的半透膜为玻璃纸或纤维素材料。

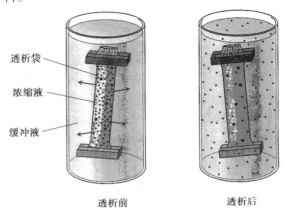

透析袋
浓缩液
缓冲液

透析前　　　　　　透析后

图 4.16　透析示意图

（2）超滤法

超滤是利用离心力或压力强行使水和其他小分子通过半透膜，而蛋白质被截留在半透膜上的过程（图4.17）。它们经常和盐析、盐溶方法联合使用，在进行盐析或盐溶后可以利用这两种方法除去引入的无机盐。

（3）凝胶过滤

凝胶过滤，又称为分子筛层析，是一种根据蛋白质分子大小不同进行分离纯化的方法。将待分离的混合蛋白加入装有凝胶颗粒的层析柱中时，小分子进入凝胶微孔，大分子不能进入，故洗脱时大分子先洗脱下来，小分子后洗脱下来，分部收集就得到了纯化的蛋白质（图4.18）。

2）根据溶解度不同进行分离纯化

在同一条件下，不同的蛋白质因其分子结构的不同而有不同的溶解度，根据蛋白质分子结构的特点，适当地改变外部条件，选择性地控制蛋白质混合物中某一成分的溶解度，达到分离纯化蛋白质的目的。常用的方法有等电点沉淀和 pH 值调节、蛋白质的盐溶和盐析、有机溶剂法等。

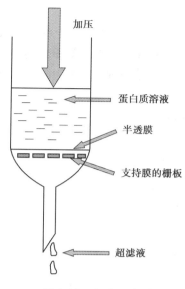

图 4.17　超滤示意图

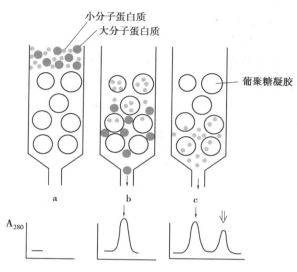

图 4.18　凝胶过滤法分离蛋白质

（1）等电点沉淀和 pH 值调节法

等电点沉淀和 pH 值调节是最常用的方法。每种蛋白质都有自己的等电点,而且在等电点时溶解度最低。因而可以通过调节溶液的 pH 值来分离纯化蛋白质。

（2）盐析法

蛋白质的盐溶和盐析是中性盐显著影响球状蛋白质溶解度的现象,同样浓度的二价离子中性盐,如 $MgCl_2$、$(NH_4)_2SO_4$ 对蛋白质溶解度影响的效果,要比一价离子中性盐如 NaCl、NH_4Cl 大得多。利用盐溶和盐析对蛋白质进行提纯后,通常要使用透析或者凝胶过滤的方法除去中性盐。

（3）有机溶剂沉淀法

有机溶剂提取法的原理是与水互溶的有机溶剂(如甲醇、乙醇)能使一些蛋白质在水中的溶解度显著降低;而且在一定温度、pH 值和离子强度下,引起蛋白质沉淀的有机溶剂的浓度不同,控制有机溶剂的浓度可以分离纯化蛋白质。冷乙醇法是目前 WHO 规程和中国生物制品规程推荐的方法,不仅分辨率高、提纯效果好、可同时分离多种血浆成分,而且有抑菌、清除和灭病毒的作用。

3）根据电荷不同进行分离纯化

（1）电泳法

在外电场的作用下,带电颗粒(如不处于等电点状态的蛋白质分子)将向着与其电性相反的电极移动,这种现象称为电泳。常用的有聚丙烯酰胺电泳、醋酸纤维薄膜凝胶电泳及等电聚焦电泳等。聚丙烯酰胺电泳是一种以聚丙烯酰胺为介质的区带电泳,常用于分离蛋白质。它的优点是设备简单、操作方便、样品用量少。醋酸纤维薄膜电泳是用醋酸纤维薄膜作支持物进行电泳,速度快,分析效果好,定量比较准确。等电聚焦是一种高分辨率的蛋白质分离技术,也可以用于蛋白质的等电点测定。

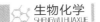

（2）离子交换层析

离子交换层析是以离子交换剂为固定相,依据流动相中的组分离子与交换剂上的平衡离子进行可逆交换时结合力大小的差别而进行分离的一种层析方法(图4.19)。离子交换层析中,基质由带有电荷的树脂或纤维素组成。带有正电荷的为阴离子交换树脂;反之为阳离子交换树脂。离子交换层析同样可以用于蛋白质的分离纯化。

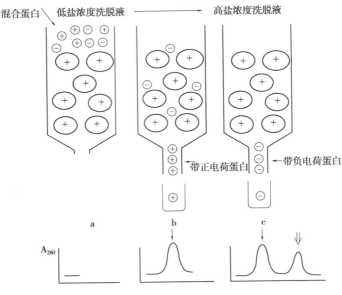

图4.19　阴离子交换层析分离蛋白

在实际工作中,很难用单一方法实现蛋白质的分离纯化,往往要综合几种方法才能提纯出一种蛋白质。理想的蛋白质分离提纯方法,要求产品纯度和总回收率越高越好,但实际上两者难以兼顾。因此,考虑分离提纯的条件和方法时,不得不在两者之间作适当的选择。一般情况下,科研上更多地选择前者,工业生产上更多地选择后者。因此,每当需要提纯某种蛋白质时,首先要明确分离纯化的目的和蛋白质的性质,以便选择最佳的分离纯化方法,从而得到理想的效果。蛋白质提纯技术的发展将不断促进对蛋白质性质的研究,同时对蛋白质性质的研究也将反过来提高蛋白质分离纯化技术,两者的互相促进终将会对生命科学的进步作出重大贡献。

4.7.3　蛋白质的分析检测

蛋白质含量测定法是生物化学研究中最常用、最基本的分析方法之一。目前常用的有4种方法,即凯氏定氮法、双缩脲法、Folin-酚试剂法和紫外吸收法等。

1）凯氏定氮法

样品与浓硫酸共热。含氮有机物即分解产生氨(消化),氨又与硫酸作用,变成硫酸铵。经强碱碱化使之分解放出氨,借蒸汽将氨蒸至酸液中,根据此酸液被中和的程度可计算得样品之氮含量。

2）双缩脲法

两分子脲经180 ℃左右加热,放出一个分子氨后得到的产物。在强碱性溶液中,双缩脲与

$CuSO_4$ 形成紫色络合物,称为双缩脲反应。凡具有两个酰胺基或两个直接连接的肽键,或能通过一个中间碳原子相连的肽键,这类化合物都有双缩脲反应。

紫色络合物颜色的深浅与蛋白质浓度成正比,而与蛋白质分子量及氨基酸成分无关,故可用来测定蛋白质含量。测定范围为 $1 \sim 10$ mg 蛋白质。干扰这一测定的物质主要有:硫酸铵、Tris 缓冲液和某些氨基酸等。

此法的优点是较快速,不同的蛋白质产生颜色的深浅相近,以及干扰物质少。主要的缺点是灵敏度差。因此双缩脲法常用于需要快速,但并不需十分精确的蛋白质测定。

3)Folin-酚试剂法

Folin-酚试剂法的显色原理与双缩脲方法是相同的,只是加入了第二种试剂,即 Folin-酚试剂,以增加显色量,从而提高了检测蛋白质的灵敏度。在碱性条件下,蛋白质中的肽键与铜结合生成复合物。Folin-酚试剂中的磷钼酸盐-磷钨酸盐被蛋白质中的酪氨酸和苯丙氨酸残基还原,产生深蓝色(钼蓝和钨蓝的混合物)。在一定的条件下,蓝色深度与蛋白的量成正比。

4)紫外吸收法

蛋白质分子中,酪氨酸、苯丙氨酸和色氨酸残基的苯环含有共轭双键,使蛋白质具有吸收紫外光的性质。吸收高峰在 280 nm 处,其吸光度(即光密度值)与蛋白质含量成正比。此外,蛋白质溶液在 238 nm 的光吸收值与肽键含量成正比。利用一定波长下,蛋白质溶液的光吸收值与蛋白质浓度的正比关系,可以进行蛋白质含量的测定。

紫外吸收法简便、灵敏、快速,不消耗样品,测定后仍能回收使用。低浓度的盐,例如生化制备中常用的 $(NH_4)_2SO_4$ 等和大多数缓冲液不干扰测定。此外,进行紫外吸收法测定时,由于蛋白质吸收高峰常因 pH 的改变而有变化,因此要注意溶液的 pH 值,测定样品时的 pH 要与测定标准曲线的 pH 相一致。

•**本章小结**•

1. 蛋白质是由氨基酸通过肽键相连形成的高分子化合物,主要由碳、氢、氧、氮等元素组成,其中氮元素含量为 16%。根据其组成成分可以分为单纯蛋白和结合蛋白。蛋白质具有机体的组成成分、营养和储存、保护和防御,调节渗透压、传递信息、提供能量等功能。

2. 氨基酸是组成蛋白质的基本单位,组成天然蛋白质的氨基酸有 20 种,除甘氨酸外均为 L-型。氨基酸的差别仅仅在于侧链基团的不同,根据侧链基团的结构可以将氨基酸分为非极性疏水氨基酸、极性不带电荷的氨基酸、极性酸性氨基酸及极性碱性氨基酸。氨基酸是两性电解质,具有等电点。

3. 两个或两个以上的氨基酸通过肽键连接成肽,肽键具有部分双键的性质,不能够自由旋转,肽键上的 6 个原子处于同一平面上,构成肽平面。

4. 蛋白质的生物学功能是由蛋白质的空间结构决定的。蛋白质一级结构是指肽链中氨基酸的排列顺序,二级结构是肽链上不同肽段的构象单元,三级结构是在二级结构基础上形成的特定构象,四级结构由多个亚基构成,涉及亚基在分子中的空间排布和作用方式。疏水作用、氢键、范德华力、盐键、二硫键都是维持蛋白质高级结构的重要作用力。

5. 蛋白质复杂的结构与组成是其具有多种生物学功能的基础,一级结构是高级结构的基础,高级结构又决定蛋白质的功能。如果蛋白质的构象被破坏,则其相应的功能也会随之丧失。

6. 蛋白质具有两性性质和等电点;具有紫外吸收性质和颜色反应,具有胶体性质;可以发生沉淀;变性和复性。

7. 蛋白质分离的一般过程是细胞破碎、蛋白质的抽提、蛋白质粗分离和蛋白质的纯化四大步骤。蛋白质的分离则主要根据蛋白质分子大小不同、溶解度不同、电荷不同进行分离。蛋白质的检测通常可以利用凯氏定氮法、双缩脲法、紫外吸收法及酚试剂法进行。

 复习思考题

一、名词解释

1. 必需氨基酸　　2. 等电点　　3. 蛋白质的一级结构　　4. 蛋白质的二级结构　　5. 蛋白质的三级结构　　6. 蛋白质的四级结构　　7. 盐析　　8. 蛋白质的变性　　9. 等电点

二、选择题

1. 侧链含有咪唑基的氨基酸是(　　　)。

　　A. 甲硫氨酸　　　　　B. 半胱氨酸　　　　　C. 精氨酸　　　　　D. 组氨酸

2. pH 为 8 时,带正电的氨基酸为(　　　)。

　　A. Glu　　　　　　　B. Lys　　　　　　　C. Ser　　　　　　　D. Asn

3. 蛋白质变性过程中与下列哪项无关(　　　)。

　　A. 理化因素致使氢键破坏　　　　　　　B. 疏水作用破坏

　　C. 蛋白质空间结构破坏　　　　　　　　D. 蛋白质一级结构破坏,分子量变小

4. 蛋白质中多肽链形成 α-螺旋时,主要靠哪种次级键维持(　　　)。

　　A. 疏水键　　　　　B. 肽键　　　　　　C. 氢键　　　　　　D. 二硫键

5. 有关亚基的描述,哪一项不恰当? (　　　)

　　A. 每种亚基都有各自的三维结构

　　B. 亚基内除肽键外还可能会有其他共价键存在

　　C. 一个亚基(单位)只含有一条多肽链

　　D. 亚基单位独立存在时具备原有生物活性

6. 蛋白质三级结构形成的驱动力是(　　　)。

　　A. 范德华力　　　　B. 疏水作用力　　　　C. 氢键　　　　　　D. 离子键

7. 引起蛋白质变性原因主要是(　　　)。

　　A. 三维结构破坏　　　　　　　　　　　B. 肽键破坏

　　C. 胶体稳定性因素被破坏　　　　　　　D. 亚基的解聚

8. 下列氨基酸中,属于酸性氨基酸的是(　　　)。

　　A. 半胱氨酸　　　　　　　　　　　　　B. 色氨酸

C. 谷氨酸和丙氨酸   D. 天冬氨酸和谷氨酸

9. 在280 nm 处有最大吸收值的氨基酸是( )。

  A. 酪氨酸   B. 甘氨酸   C. 赖氨酸   D. 亮氨酸

10. 已知精氨酸的 pI = 10.76,将其溶于 pH = 7 的缓冲溶液中,并置于电场中,则精氨酸的移动方向为( )。

  A. 向阳极移动   B. 向阴极移动   C. 不移动   D. 无法确定

11. 下列蛋白质通过凝胶过滤层析柱时最先被洗脱的是 ( )。

  A. 血清蛋白(分子量68 500)   B. 牛胰岛素(分子量5 700)

  C. 肌红蛋白(分子量16 900)   D. 马肝过氧化物酶(分子量247 500)

12. 蛋白质所形成的胶体颗粒,在下列( )种条件下不稳定。

  A. 溶液 pH 值大于 pI   B. 溶液 pH 值小于 pI

  C. 溶液 pH 值等于 pI   D. 在水溶液中

13. 变性蛋白质的特点是 ( )。

  A. 丧失原有的生物活性   B. 黏度下降

  C. 颜色反应减弱   D. 不易被胃蛋白酶水解

14. 蛋白质变性是由于 ( )。

  A. 蛋白质一级结构改变   B. 蛋白质空间构象的改变

  C. 辅基的脱落   D. 蛋白质水解

15. 以下哪一种氨基酸不具备不对称碳原子? ( )

  A. 甘氨酸   B. 丝氨酸   C. 半胱氨酸   D. 苏氨酸

16. 可用于蛋白质定量的测定方法有( )。

  A. 盐析法   B. 紫外吸收法   C. 层析法   D. 透析法

17. 天然蛋白质中不存在的氨基酸是( )。

  A. 半胱氨酸   B. 瓜氨酸   C. 羟脯氨酸   D. 蛋氨酸

18. α 螺旋每上升一圈相当于氨基酸残基的个数是( )。

  A. 4.5   B. 3.6   C. 3.0   D. 2.7

19. 蛋白质的一级结构及高级结构决定于( )。

  A. 亚基   B. 分子中盐键

  C. 氨基酸组成和顺序   D. 分子内部疏水键

20. 蛋白质的等电点是( )。

  A. 蛋白质溶液的 pH 等于 7 时溶液 pH   B. 蛋白质分子呈正离子状态时溶液 pH

  C. 蛋白质分子呈负离子状态时溶液 pH   D. 蛋白质正负离子相等时溶液的 pH

21. 蛋白质溶液的主要稳定因素是( )。

  A. 蛋白质溶液的黏度大   B. 蛋白质在溶液中有"布朗运动"

  C. 蛋白质分子表面带有水化膜和同种电荷   D. 蛋白质溶液有分子扩散现象

22. 胰岛素分子 A 链与 B 链交联是靠( )。

  A. 疏水键   B. 盐键   C. 氢键   D. 二硫键

23. 蛋白质中含量恒定的元素是( )。

  A. N   B. C   C. O   D. H

三、判断题

1. 胰岛素分子中含有两条多肽链,所以每个胰岛素分子是由两个亚基构成。　　　(　　)
2. 蛋白质多肽链中氨基酸的种类数目、排列次序决定它的二级、三级结构,即一级结构含有高级结构的结构信息。　　　(　　)
3. 重金属盐对人畜的毒性,主要是重金属离子会在人体内与功能蛋白质结合引起蛋白质变性所致。　　　(　　)
4. 由于静电作用,在等电点时氨基酸的溶解度最小。　　　(　　)
5. 渗透压法、超离心法、凝胶过滤法及 PAGE(聚丙烯酰胺凝胶电泳)法都是利用蛋白质的物理化学性质来测定蛋白质的分子量的。　　　(　　)
6. 当某种蛋白质分子的酸性氨基酸残基数目等于碱性氨基酸残基数目时,此蛋白质的等电点为 7.0。　　　(　　)
7. 在蛋白质和多肽分子中只存在一种共价键——肽键。　　　(　　)
8. 所有的蛋白质都有一、二、三、四级结构。　　　(　　)
9. 变性后的蛋白质其分子量也发生改变。　　　(　　)
10. 蛋白质中某一氨基酸发生改变一定会引起蛋白质活性的丧失。　　　(　　)

四、问答题

1. 蛋白质 α-螺旋结构有何特点?
2. 有哪些沉淀蛋白质的方法? 其中盐析和有机溶剂沉淀法有何区别或特点?
3. 举例说明蛋白质的一级结构与其功能之间的关系,空间结构与功能之间的关系。
4. 简述蛋白质变性作用的机制。
5. 简述蛋白质分离纯化的一般程序。
6. 为什么说没有蛋白质就没有生命?

实训 4.1　蛋白质的基本性质

一、实训目的

①加深蛋白质胶体稳定因素的认识。
②了解蛋白质沉淀的几种方法及实用意义。
③了解构成蛋白质的基本结构单位及主要连接方式。
④了解蛋白质和某些氨基酸的呈色反应原理。

二、实训原理

在水溶液中的蛋白质分子由于表面生成水化层和双电层而成为稳定的亲水胶体颗粒,在一定理化因素影响下,蛋白质颗粒可因失去电荷和脱水而沉淀。

(1)可逆的沉淀反应

此时蛋白质分子内部的结构尚未发生显著变化,除去引起沉淀的因素后,沉淀的蛋白质仍能溶解于原来的溶剂中,并保持其天然性质而不变性。盐析就属于可逆沉淀反应。

（2）不可逆的沉淀反应

此时蛋白质分子内部的结构发生重大改变，蛋白质常变形而沉淀，不再溶于原来溶剂中。加热、重金属离子沉淀、有机酸反应等均属于不可逆沉淀。

蛋白质变性后，有时由于维持溶液稳定的条件仍然存在（如电荷），并不析出，因此变性蛋白质并不一定都表现为沉淀，而沉淀的蛋白质也未必都已变性。

三、实训仪器及试剂

（1）仪器

试管及试管架、吸管、滴管、玻璃棒、药匙、离心机、酒精灯。

（2）试剂

饱和硫酸铵溶液；硫酸铵晶体；95%乙醇；2%硝酸银溶液；0.5%乙酸铅溶液；1%硫酸铜溶液；10%三氯乙酸溶液；5%磺基水杨酸溶液；尿素；10%氢氧化钠溶液；0.5%甘氨酸溶液；0.1%茚三酮水溶液；0.1%茚三酮乙醇溶液；浓硝酸。

卵清蛋白溶液（取10 mL鸡蛋清加蒸馏水200 mL顺一个方向搅匀后，冷藏备用。加入少量氯化钠可加速球蛋白溶解）

四、实训方法与步骤

（1）蛋白质的盐析

①加5%卵清蛋白溶液3 mL于试管1中，再加等量饱和硫酸铵溶液，混匀后静置数分钟则析出球蛋白的沉淀。

②倒出上层清液于试管2中。取出少量浑浊沉淀，加少量水，观察是否溶解。向试管2的清液中添加硫酸铵粉末到不再溶解为止，此时析出的沉淀为清蛋白。取出部分清蛋白，加少量蒸馏水，观察沉淀的再溶解。若沉淀现象不明显，可用离心机离心。

（2）乙醇沉淀蛋白质

取蛋白质的氯化钠溶液1 mL，加入95%乙醇2 mL，混匀，观察沉淀析出和溶解情况。

（3）硫酸铜、乙酸铅、三氯乙酸沉淀蛋白质

①取试管加入约1 mL蛋白质溶液，滴加2%硝酸银溶液，观察沉淀生成和溶解情况。

②取试管加入约1 mL蛋白质溶液，滴加0.5%乙酸铅溶液，观察沉淀生成和溶解情况。

③取试管加入约1 mL蛋白质溶液，滴加1%硫酸铜溶液，观察沉淀生成和溶解情况。

（4）有机酸沉淀蛋白质

①取试管加入约1 mL蛋白质溶液，滴加10%三氯乙酸溶液3滴，蛋白质即沉淀析出。放置片刻，倾去上清液，向沉淀中加入少量水，观察沉淀是否溶解。

②取试管加入约1 mL蛋白质溶液，滴加5%磺基水杨酸溶液3滴，蛋白质即沉淀析出。放置片刻，倾去上清液，向沉淀中加入少量水，观察沉淀是否溶解。

（5）与硝酸反应

取试管加入约1 mL蛋白质溶液，滴加浓硝酸3滴，观察沉淀生成和溶解情况。

（6）茚三酮反应

①取2支试管分别加入蛋白质溶液和甘氨酸溶液1 mL，再各加0.5 mL 0.1%茚三酮水溶液，混匀，在沸水浴中加热1~2 min，观察颜色由粉红色变成紫红色再变蓝。

②在一小块滤纸上滴一滴0.5%甘氨酸溶液，风干后，再在原处滴一滴0.1%茚三酮乙醇

溶液,在微火旁烘干显色,观察紫红色斑点的出现。

（7）显色反应

①向1个试管中加入鸡蛋清4滴,然后滴入2滴浓硝酸,观察出现的现象。

②向1个试管中加入2 mL浓硝酸,然后加入少许头发或指甲,观察出现的现象。

五、实训注意事项

取用浓硝酸时注意安全。

六、思考题

（1）什么是盐析?

（2）为什么中性盐会使蛋白质沉淀?

实训4.2　蛋白质的两性性质及蛋白质等电点的测定

一、实训目的

①巩固蛋白质的两性解离的性质。

②掌握测定蛋白质等电点的方法。

二、实训原理

蛋白质是由氨基酸组成的化合物。虽然氨基酸中大多数的 α-氨基与 α-羧基外成肽键结合,但总有一定数目的自由氨基、羧基存在。此外,还有侧链上的羧基、氨基、酚羟基、胍基、咪唑基等。因此蛋白质和氨基酸一样是两性电解质。调节蛋白质溶液的 pH,可使蛋白质带正电荷和负电荷,在某一 pH 时,其分子所带的正电荷和负电荷数相等,此时溶液中的离子以兼性离子形式存在,再外加电场蛋白质分子既不向正极也不向负极移动,这时溶液的 pH 称为溶液的等电点。在等电点 pH 条件下,蛋白质的溶解度最小。

不同的蛋白质,因氨基酸组成不同,等电点亦不同。大多数蛋白质的等电点接近中性 pH,鱼精蛋白,由于分子中含有 66% 的精氨酸,它的等电点在 pH 10.5 ~ 12。

三、实训仪器与试剂

（1）仪器

试管、试管架、滴管、吸量管（5 mL、2 mL、1 mL）、pH（pH 3.8 ~ 5.4）。

（2）试剂

0.5% 的酪蛋白溶液（用 0.01 mol/L 的 NaOH 制备）:0.5 g 酪蛋白,先加入几滴 1 mol/L 的氢氧化钠使其润湿,用玻璃棒搅拌研磨使其成糊糊状,逐滴加入 0.01 mol/L 的氢氧化钠溶液使其完全溶解后定容到 100 mL。

酪蛋白-乙酸钠溶液:将 0.25 g 酪蛋白先用少量的 1.00 mol/L 氢氧化钠溶解,再加约 10 mL 水使其温热完全溶解后,加入 5 mL 的 1 mol/L 的乙酸,混合后转入 50 mL 的容量瓶内,加水到刻度,混匀备用（pH 值应为 8 ~ 8.5）。

0.01 溴甲酚绿指示剂:将 0.01g 溴甲酚绿溶解于 100 mL 含有 0.57 mL 的 0.1 mol/L 氢氧

化钠的水中。该指示剂的变色范围是:酸性 pH 3.8 为黄色 ,pH 5.4 为蓝色。

0.02 mol/L 的 HCl 溶液:将 0.8 mL 浓盐酸用蒸馏水稀释到 480 mL 即可。

0.1 mol/L 的乙酸溶液:将 1 mL 冰醋酸用蒸馏水稀释到 170 mL 即可。

0.02 mol/L 的 NaOH 溶液:将 0.8 g 氢氧化钠溶解于 100 mL 水中,最终加水到 1 000 mL。

0.01 mol/L 的乙酸溶液。

1 mol/L 的乙酸溶液:将 1 mL 冰醋酸(17 mol/L)用蒸馏水稀释到 17 mL 即可。

四、实训方法与步骤

(1)蛋白质的两性反应

①取 1 支干净的试管,加入 20 滴 0.5% 酪蛋白溶液,逐滴加入 0.01% 溴甲酚绿指示剂 5 ~ 7 滴(溴甲酚绿指示剂变色的 pH 范围是 3.8 ~ 5.4,指示剂的酸性色为黄色,碱性色为蓝色),充分混匀,观察溶液呈现的颜色,并说明原因。

②逐滴加入加入 0.02 mol/L 盐酸溶液,随滴随摇,直至有明显的沉淀发生,用精密的 pH 试纸测溶液的 pH 值,观察溶液颜色的变化:蓝色—蓝绿色—黄绿色。(解释原因)

③继续加入 0.02 mol/L 盐酸溶液,观察沉淀的变化和溶液颜色的变化,当沉淀溶解后停止滴酸。

④逐滴加入 0.02 mol/L 的 NaOH 到上面的溶液中,使溶液的 pH 接近等电点,观察是否有沉淀形成。(解释原因)

⑤继续滴加 0.02 mol/L NaOH 溶液,沉淀再次溶解。(解释原因)

(2)酪蛋白等电点的测定

①取 9 支干净的试管分别编号 1 ~ 9。

②按表 4.3 向管中加入试剂。注意,每种试剂加完后,要震荡试管。

③试剂全部加完后,静止 20 min。

④观察试管内溶液的浑浊度,用"+"、"-"表示沉淀的多少。

⑤判断酪蛋白的等电点。

表 4.3　酪蛋白等电点的测定操作

试管编号	1	2	3	4	5	6	7	8	9
水/mL	2.4	3.2	0	2.0	3.0	3.5	1.5	2.75	3.38
(1 mol/L)HAc/mL	1.6	0.8	0	0	0	0	0	0	0
(0.1 mol/L)HAc/mL	0	0	4.0	2.0	1.0	0.5	0	0	0
(0.01 mol/L)HAc/mL	0	0	0	0	0	0	2.5	1.25	0.62
酪蛋白醋酸钠溶液/mL	1	1	1	1	1	1	1	1	1
溶液最终 pH	3.5	3.8	4.1	4.4	4.7	5.0	5.3	5.6	5.9
沉淀多少									

五、思考题

①什么是等电点?在等电点时溶液的溶解度最低,为什么?

②本实训中根据蛋白质什么性质测定其等电点?

③测定蛋白质的等电点为什么要在缓冲溶液中进行?

第5章 核酸化学

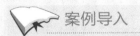【学习目标】

➢ 掌握核酸的化学组成、理化性质及其核酸的分离纯化方法。

➢ 熟悉核酸的种类和分子组成、核酸的一、二级结构与功能。

➢ 了解碱基、戊糖结构和核酸的测定方法。

【知识点】

核酸的分布与种类、核酸的化学组成;核酸的结构与功能;核酸的理化性质;核酸的分离纯化。

> **案例导入**

为什么 DNA 检测技术是破案的"杀手锏"?

2010 年 2 月 10 日,深圳警方抓获了一名涉嫌抢夺的犯罪嫌疑人陈某,通过 DNA 数据库比对,发现此人的 DNA 与 7 年前陆丰校园血案现场遗留 DNA 相吻合,一桩悬疑 7 年的命案就此告破,凶手伏法,冤者正名。为什么悬而不决的案子靠 DNA 检测就能告破呢?其原因就是生物体的遗传信息就储存在 DNA 中,每个个体的 DNA 的脱氧核苷酸序列各有特点,刑侦人员将从案发现场得到的血液、头发样品中提取的 DNA,与犯罪嫌疑人的 DNA 进行比较,就可能为案件的侦破提供证据。

5.1 核酸概述

核酸是由许多核苷酸聚合而成的生物大分子化合物,是生命的最基本物质之一。最早由瑞士科学家米歇尔于 1868 年在脓细胞中发现和分离出来的。核酸广泛存在于所有动物、植物细胞、微生物内,生物体内核酸常与蛋白质结合形成核蛋白。

5.1.1 核酸的种类和分布

不同的核酸,其化学组成、核苷酸排列顺序等不同,根据化学组成特点可以分为两大类:

①脱氧核糖核酸(DNA):主要存在于细胞核内,微量存在于细胞质中,贮存了细胞所有的遗传信息,是物种保持进化和世代繁衍的物质基础。

②核糖核酸(RNA):主要存在于细胞质内,微量存在于细胞核中。根据分子结构和功能的不同,RNA 又可分为信使 RNA(mRNA),作为指导蛋白质生物合成的模板;转运 RNA(tRNA),作为运输氨基酸的载体;核糖体 RNA(rRNA),与多种蛋白质结合构成核糖体,作为蛋白质合成的场所。

5.1.2 核酸的化学组成

1)核酸的元素组成

核酸的主要组成元素有碳(C)、氢(H)、氧(O)、氮(N)和磷(P)等。其中磷的含量在各类核酸分子中相对比较恒定,占整个核酸质量的 9% ~ 10%,即 1 g 磷相当于 10.5 g 核酸,因此在核酸的定量分析中可通过含磷量的测定来估算核酸的含量。

2)核酸的分子组成

核酸的基本组成单位是核苷酸,核苷酸是由核苷和磷酸缩合而成,而核苷由碱基和戊糖组成。

(1)戊糖

参与核苷酸组成的戊糖有两种形式:β-D-核糖和 β-D-2'-脱氧核糖,两者的区别仅在于 C-2'原子所连接的基团(图 5.1)。为了区别碱基上的碳原子编号,戊糖环上碳原子以 C-1'~C-5'编号。RNA 分子含 D-核糖,DNA 分子含 D-2'-脱氧核糖。

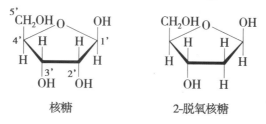

图 5.1 核糖和脱氧核糖结构

(2)碱基

核苷酸分子中的碱基是含氮的杂环化合物,有嘌呤碱和嘧啶碱两类。常见的嘌呤碱主要有腺嘌呤(A),鸟嘌呤(G)。嘧啶碱主要有胞嘧啶(C)、尿嘧啶(U)和胸腺嘧啶(T)(图 5.2)。RNA 中存在的碱基主要有 4 种:腺嘌呤、鸟嘌呤、胞嘧啶和尿嘧啶;DNA 中的碱基主要也是 4 种,3 种与 RNA 中的相同,只是胸腺嘧啶代替了尿嘧啶(表 5.1)。

除了上述常见的 5 种碱基(A、G、C、U 和 T)外,还有一些被其他基团取代的碱基衍生物,

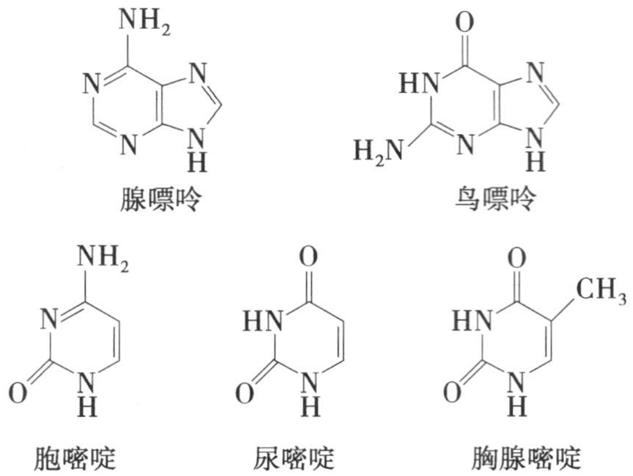

腺嘌呤 鸟嘌呤

胞嘧啶 尿嘧啶 胸腺嘧啶

图 5.2 嘌呤碱基、嘧啶碱基结构

在核酸分子中含量很少,被称为稀有碱基。稀有碱基种类极多,大部分是甲基化的稀有碱基,如 5-甲基胞嘧啶、1-甲基鸟嘌呤等,这些甲基化的稀有碱基可能参与基因表达调控作用。

表 5.1 DNA、RNA 组成比较

核酸类别	碱 基	戊 糖	酸
DNA	腺嘌呤、鸟嘌呤、胞嘧啶、胸腺嘧啶	β-D-2'-脱氧核糖	磷酸
RNA	腺嘌呤、鸟嘌呤、胞嘧啶、尿嘧啶	β-D-核糖	磷酸

(3)磷酸

RNA 和 DNA 中都含有磷酸,磷酸是中等强度的三元酸。磷酸和戊糖以酯键结合,通常连接在戊糖的 C-2'、C-3' 或 C-5' 位;连接在脱氧核糖的 C-3' 或 C-5' 位。游离状态的核苷酸常连接在 C-5' 位,即常见 5'-核苷酸。

3)核苷

核苷是核糖(或脱氧核糖)与嘌呤碱(或嘧啶碱)生成的糖苷,嘧啶碱以 N-1、嘌呤碱以 N-9 位与戊糖中的 C-1' 位形成 N-糖苷键,分别简称为腺苷、鸟苷、胞苷、脱氧腺苷、脱氧鸟苷等(图5.3)。

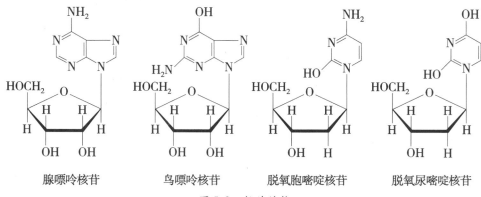

腺嘌呤核苷 鸟嘌呤核苷 脱氧胞嘧啶核苷 脱氧尿嘧啶核苷

图 5.3 核苷结构

4)核苷酸

核苷和脱氧核苷中的戊糖羟基被磷酸酯化就形成核苷酸,因此核苷酸就是核苷的磷酸酯

（图5.4）。核苷酸分为核糖核苷酸与脱氧核糖核苷酸两大类。核糖核苷酸的核糖有 3 个自由羟基，可与磷酸酯化而生成 2'-、3'-和 5'-核苷酸，而脱氧核苷酸的糖上只有两个自由羟基，只能生成 3'-和 5'-脱氧核苷酸。生物体内游离核苷酸多为 5'-核苷酸，所以通常将核苷-5'-磷酸称为核苷酸。

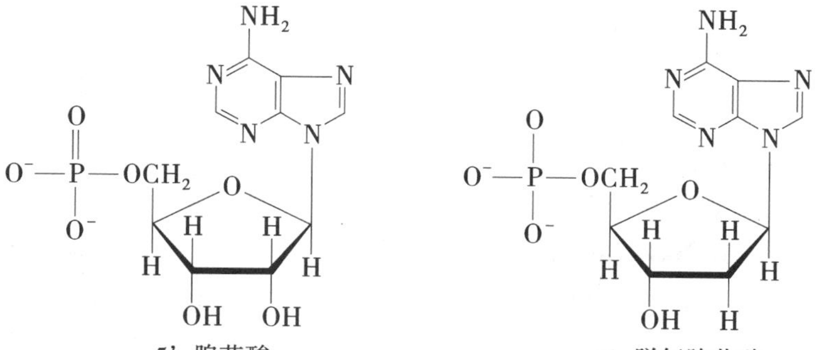

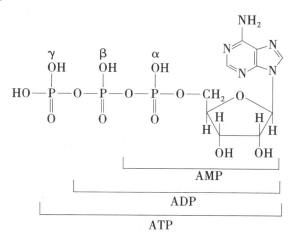

5'-腺苷酸　　　　　　　　　5'-脱氧腺苷酸

图 5.4　核苷酸结构

5）游离核苷酸及其衍生物

除了常见的 4 种核苷酸和脱氧核糖核苷酸外，细胞内还有相当数量的游离核苷酸及其衍生物。如黄嘌呤核苷酸（XMP）和次黄嘌呤核苷酸（IMP），后者又简称肌苷酸。

（1）多磷酸核苷酸

核苷酸还可以进一步磷酸化而生成二磷酸核苷和三磷酸核苷。例如，一磷酸腺苷（AMP）结合一分子磷酸，可生成二磷酸腺苷（ADP），二磷酸腺苷再结合一分子磷酸，又可生成三磷酸腺苷（ATP）（图5.5）。

图 5.5　三磷酸腺苷（ATP）

除了 ADP 和 ATP 外，生物体内其他的 5'-核苷酸也可以进一步磷酸化形成二磷酸核苷和三磷酸核苷，即 GDP、CDP、UDP 和 GTP、CTP、UTP。5'-脱氧核苷酸也可以进一步磷酸化，形成二磷酸脱氧核苷和三磷酸脱氧核苷，即 dGDP、dCDP、dUDP 和 dGTP、dCTP、dUTP。它们和 ADP、ATP 一样在能量的贮存、转移和利用以及生物合成方面起着重要的作用。

（2）核苷酸衍生物

细胞中还发现有核苷酸衍生物环化核苷酸,主要是 3',5'-环腺苷酸(cAMP)和 3',5'-环鸟苷酸(cGMP),如图 5.6 所示。环化核苷酸不是核酸的组成成分,在细胞中含量很少,但有重要的生理功能。现已证明,cAMP 和 cGMP 分别作为激素的第二信使参与细胞信息的传递等。

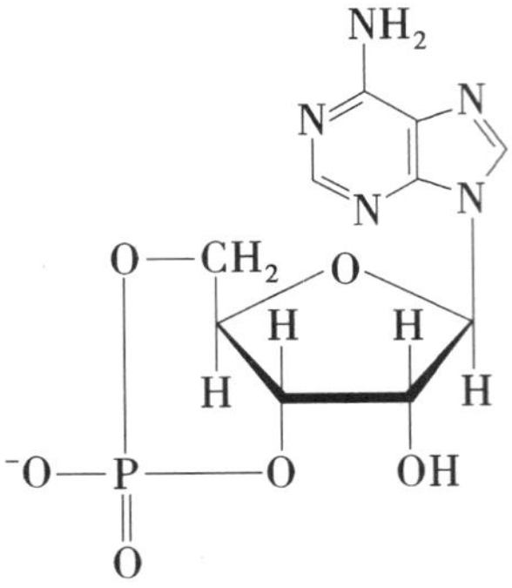

3',5'-环腺苷酸
(cAMP)

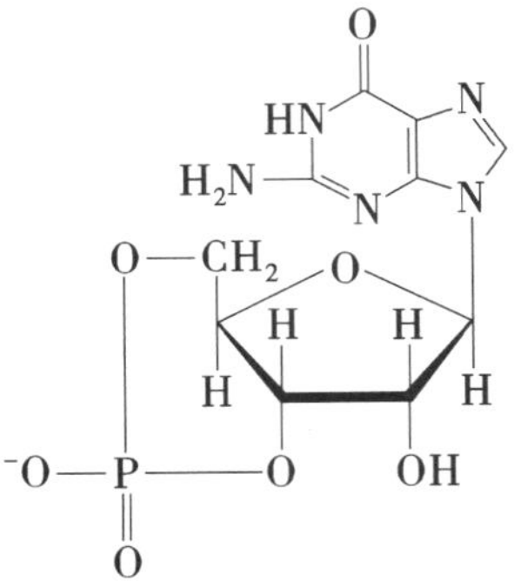

3',5'-环鸟苷酸
(cGMP)

图 5.6　cAMP 和 cGMP 的结构

知识链接

人类基因组计划由美国科学家于 1985 年率先提出,1990 年正式启动。该计划的目的就是要把人体内约 2.5 万个基因的 30 亿个碱基对密码全部解开,同时绘制出人类基因的图谱。人类基因组计划与曼哈顿原子弹计划和阿波罗计划并称为自然科学三大科学计划,被誉为生命科学的"登月计划"。经过美、英、法、德、日及我国科学家的共同不懈努力,人类基因组工作图于 2003 年完成,比原计划提前了两年。

5.2　核酸的结构与功能

核酸由核苷酸聚合而成,单核苷酸之间通过磷酸二酯键连接起来,它是一个单核苷酸戊糖上的 3'-OH 与另一个单核苷酸戊糖上的 5'-磷酸基脱去 1 分子水形成了磷酸酯键,如此通过 3',5'-磷酸二酯键反复相连构成多核苷酸链。因此,核酸分子的主链骨架是由磷酸和戊糖通过磷酸二酯键交替相连而成,嘌呤碱和嘧啶碱作为核酸主链上的侧链部分。核酸主链两端分别用 5'-末端和 3'-末端表示,方向规定为 5'→3'。5'-末端常含游离磷酸基(5'-PO_3H_2),作为多聚核苷酸链的"头",3'-末端含游离羟基(3'-OH),作为多聚核苷酸链的"尾"(图 5.7)。

由于大多数核酸分子巨大,用结构式书写很不方便。同时,DNA 和 RNA 分子中的主链骨架戊糖-磷酸组成是相同的,因此,常用下列字母简化式来表示核苷酸链。在字母式表示法中,一般 5'端在左侧,3'端在右侧(图 5.8)。

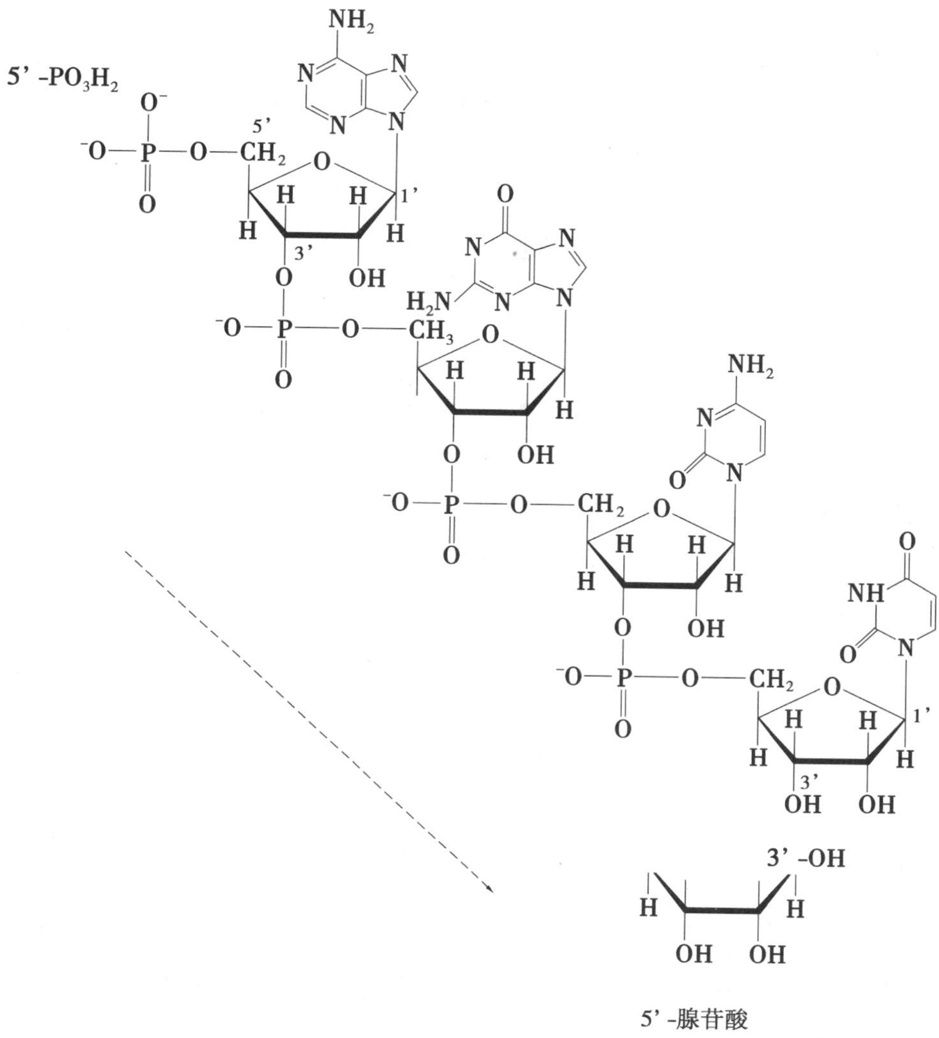

图 5.7 多核苷酸链结构示意图

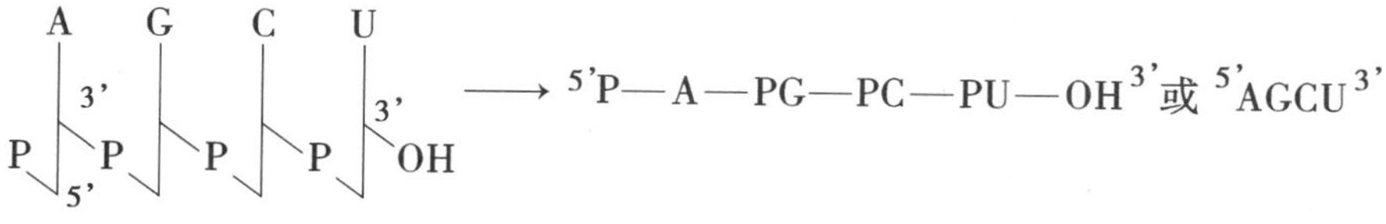

图 5.8 核酸分子中核苷酸缩写

5.2.1 DNA 的结构与功能

1) DNA 的一级结构

DNA 分子是由许多个脱氧核苷酸彼此通过 3',5'-磷酸二酯键连接成的多聚脱氧核苷酸链。DNA 分子中脱氧核苷酸的排列顺序即为 DNA 的一级结构,由于不同脱氧核苷酸只是碱基不同,因此 DNA 的一级结构也是指脱氧核苷酸链中碱基的排列顺序。

2）DNA 的二级结构

生物体中的 DNA 不是以直线形式存在的,而是形成各种复杂的高级结构。DNA 的高级结构是指核酸在一级结构的基础上进一步折叠或盘曲形成的二级、三级结构。

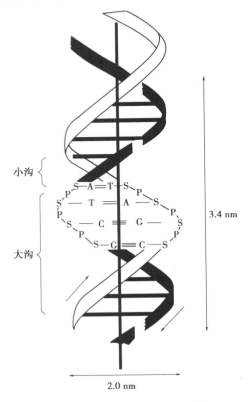

图 5.9　DNA 的双螺旋结构模型

20 世纪 50 年代美国生物化学家 Erwin Chargaff 利用紫外分光光度法和纸层析等技术研究了 DNA 的成分,发现碱基组成具有以下规律,被称为 Chargaff 规律:

①DNA 的碱基组成存在种属差异,但没有组织差异。

②某一个特定生物 DNA 的碱基组成不随年龄、营养、环境改变而改变。

③不同物种 DNA 碱基组成均存在以下关系:A 与 T、G 与 C 摩尔数总是相等,因此 A+G=T+C,即总嘌呤碱等于总嘧啶碱。

1951 年 Rosalind Franklin 和 Maurice Wilkins 利用 X 射线衍射法分析了 DNA 晶体,得到 DNA 的特征性 X 射线衍射图。从衍射图中可以推测出,DNA 聚合物具有螺旋结构,螺旋沿着长轴有两个周期性,同时,衍射图也表明 DNA 分子含有两条链。

1953 年 J. Watson 和 F. Crick 根据 X-射线衍射图谱和 Chargaff 法则等研究成果,提出了著名的 DNA 双螺旋结构模型(图 5.9)。

DNA 双螺旋结构模型具有以下特点:

①DNA 分子是由两条反向平行的脱氧多核苷酸链绕同一中心轴形成的右手双螺旋结构,一条链的走向为 5'→3',另一条链走向为 3'→5'。

②DNA 分子中的脱氧核糖和磷酸交替连接,排列在外侧构成主链骨架,嘌呤碱和嘧啶碱

作为侧链位于两条互补链的内侧。

③DNA 分子两条链上的碱基配对通过 A 与 T、G 与 C 形成氢键而互补配对,G 与 C 之间形成三个氢键(G≡C),A 与 T 之间形成两个氢键(A═T)(图5.10)。碱基对的平面与 DNA 双螺旋结构的中心轴垂直,上下相邻两个碱基对平面间通过疏水键相互作用形成碱基堆积力,碱基之间的氢键和碱基堆积力是维持双螺旋结构稳定的主要因素。

④DNA 双螺旋每上升一圈包括 10 个碱基对,螺旋直径为 2 nm,螺距 3.4 nm,相邻碱基对之间的轴向距离 0.34 nm。

⑤由于碱基堆积力和戊糖-磷酸骨架的扭转,导致螺旋表面形成两条不等宽的沟,分别为大沟和小沟,大、小沟间隔排列,形如锯齿状。

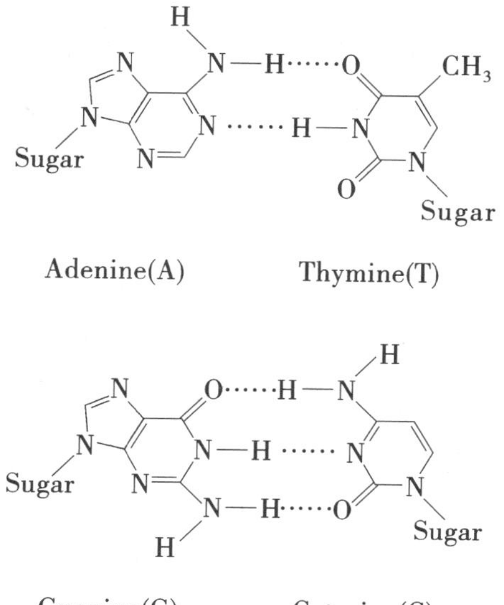

Adenine(A)   Thymine(T)

Guanine(G)   Cytosine(C)

图 5.10 DNA 的碱基配对

DNA 的双螺旋结构非常稳定,维持双螺旋结构稳定性的因素主要是次级键,有疏水作用力、碱基堆积力、氢键和静电排斥力等。嘌呤环和嘧啶环位于双螺旋内部,增加了 DNA 的稳定性。堆积的碱基之间存在范德华力,单个堆积力虽然很弱,但上百万个碱基对的堆积力对维护 DNA 稳定性起着重要作用。堆积力的强弱又与碱基有关,通常 G+C 含量高的 DNA 比 G+C 含量低的 DNA 要稳定些。碱基对之间的氢键也是维护 DNA 稳定性的重要作用力。

3)DNA 的三级结构

DNA 分子在细胞内并非以线性双螺旋形式存在,而是在双螺旋结构基础上进一步扭曲或盘绕和折叠形成 DNA 的三级结构。许多原核生物和真核生物的线粒体 DNA 的双螺旋可进一步紧缩成闭环状或开链环状以及麻花状等形式的超螺旋结构(图5.11)。

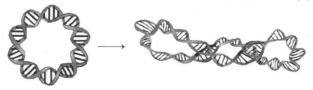

图 5.11 DNA 超螺旋结构

真核细胞染色质中 DNA 与组蛋白相结合存在,DNA 双螺旋盘绕组蛋白形成核小体。组蛋白是一类富含赖氨酸和精氨酸的碱性蛋白,分别是 H_1、H_{2A}、H_{2B}、H_3 和 H_4 5 种。核小体的核心由 H_{2A}、H_{2B}、H_3、H_4 4 种组蛋白各两分子形成八聚体结构,在八聚体的外面绕有两圈 DNA,相当于 140~145 个碱基对的长度,构成直径约 10 nm 的核小体。两个核小体之间被一条 DNA 链(约 60 个碱基对)和 H_1 组蛋白构成的连接区串联起来,形成念珠样结构(图 5.12)。由核小体组成的串珠样结构再经多层次的螺旋化就形成了染色单体,此时的 DNA 已被压缩了近万倍。

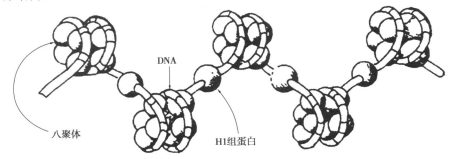

图 5.12　核小体结构

4) DNA 是遗传的物质基础

DNA 分子内的核苷酸排列顺序即是遗传信息,DNA 链上不同的核苷酸序列可编码不同的生物信息,蛋白质的氨基酸排列顺序最终是由 DNA 的核苷酸序列决定的。通常将能够决定蛋白质多肽链或 RNA 所必需的全部碱基序列称为基因。而基因组则包含了一个生物体中所有编码 RNA 和蛋白质的碱基序列和非编码序列的总和,即 DNA 分子的全序列。已知高等动物的基因组有 3×10^9 个碱基对,约含 2 万个基因,荷载着生物所需的全部遗传信息。通过基因复制和表达,可使亲代的遗传特征代代相传。因此 DNA 是承载生命遗传信息的物质基础。

5.2.2　RNA 的结构与功能

RNA 是由 AMP、GMP、CMP、UMP 4 种核苷酸组成的多核苷酸链。在细胞内 RNA 常以单链形式存在,通过 3',5'-磷酸二酯键相连接形成多聚核糖核苷酸链,即 RNA 的一级结构就是多核苷酸的组成及排列顺序,但有时可通过自身回折形成局部双链、茎环或突环的高级结构以完成一些特殊功能。RNA 可分为信使 RNA(mRNA)、转运 RNA(tRNA)和核糖体 RNA(rRNA)3 类。它们的碱基组成、分子大小、生物学功能以及在细胞中的分布都有所不同,因此结构也较为复杂。

1) 信使 RNA

mRNA 是蛋白质生物合成的模板,占细胞总 RNA 的 5% 左右,但种类很多,在发育的不同时间有不同种类的 mRNA,其寿命很短,从数分钟到数小时不等。真核生物成熟 mRNA 分子的结构呈一直线,其 5'-端有一个 7-甲基鸟嘌呤-核苷的"帽子"结构(m^7GpppN)(图 5.13)。此结构可使 mRNA 免遭核酸外切酶的降解,也是蛋白质生物合成过程中被起始因子识别的一种标志。其 3'-端有一段多聚腺苷酸的"尾巴"结构[poly(A)],长 20~250 个核苷酸不等,它不是从 DNA 转录来的,而是在 mRNA 合成后经加工修饰上去的,该结构可能与 mRNA 在细胞核内合成后移至细胞质的过程有关。

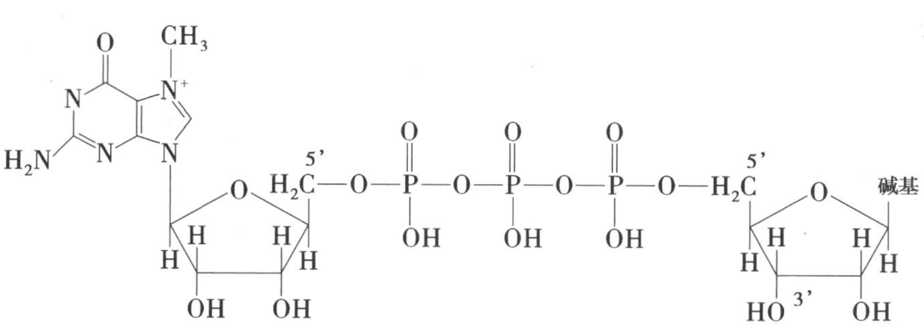

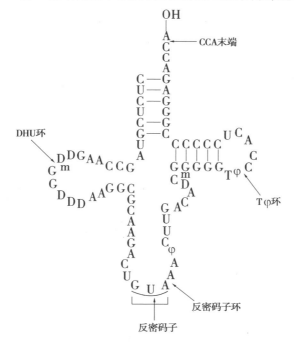

图 5.13　mRNA 5'-末端的帽子结构

2) 转运 RNA

tRNA 在蛋白质生物合成过程中,具有选择性转运氨基酸和识别 mRNA 密码子的作用,每一种氨基酸都有相应的一种或几种 tRNA。目前已发现有 100 余种 tRNA,占细胞内总 RNA 的 10% ~ 15%。各种 tRNA 的一级结构互不相同,但它们的二级结构都呈三叶草形(图 5.14)。

图 5.14　tRNA 的二级结构

其主要结构特征概括如下:

①四臂四环结构:形如三叶草,以氢键连接的双螺旋区称为臂;以单链形式存在的臂连接的突出部位称为环。

②氨基酸接受臂:5'-端和 3'-端由 7 对碱基组成臂,其 3'-端含有 3 个碱基组成的单链区—CCA—OH,可结合活化的氨基酸。

③二氢尿嘧啶(DHU)环:在"三叶草"的左侧连接一个二氢尿嘧啶(DHU)环,由 8 ~ 12 个核苷酸构成,各种 tRNA 的 DHU 环大小并不恒定,此环的特征是含有 2 个稀有碱基二氢尿嘧啶,因此得名。

④反密码环:在氨基酸接收臂对侧,由 7 个核苷酸组成,环中部由三个核苷酸组成反密码子。在蛋白质生物合成时,tRNA 通过反密码子识别 mRNA 上相应的遗传密码。

⑤TψC 环:在三叶草结构的右侧有一个含 TψC 的环,含有 7 个碱基,环的大小相对恒定,几乎所有的 TψC 环都含有核糖胸苷酸(T)、假尿嘧啶核苷酸(ψ)和胞苷酸(C),故称为 TψC 环。

⑥额外环:有些 tRNA 在 TψC 臂和反密码臂之间存在着一个额外的环,其碱基组成变动比较大,一般有 3~18 个碱基不等,不同的 tRNA 额外环的大小也不一样,它是 tRNA 分类的重要指标。

在 tRNA 的三叶草形二级结构基础上,突环上未配对的碱基可因分子结构扭曲而形成配对,形成 tRNA 的三级结构。20 世纪 80 年代初,应用 X-射线衍射分析证实了所有真核和原核生物的 tRNA 的三级结构都是呈双螺旋的"倒 L 形"结构(图 5.15)。倒 L 形结构可使 tRNA 3'-CCA-OH 末端和反密码环位于相对两侧,更有利于 tRNA 执行其接受特异氨基酸和辨认 mRNA 密码子的两个重要功能。

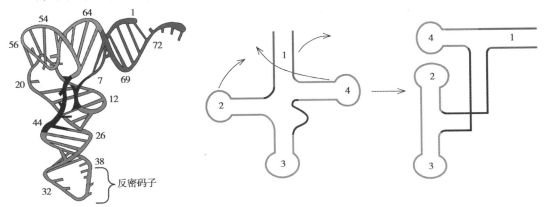

图 5.15　tRNA 的三级结构

3) 核糖体 RNA

细胞中的核糖体 RNA 含量最多,约占细胞内总 RNA 量的 80% 以上,原核生物的 rRNA 有 3 种,分别是 5S、16S 和 23S(S 表示生物大分子在超速离心沉降中的沉降系数),真核生物有 4 种 rRNA,分别为 18S、28S、5.8 S、5S,它们分别与不同的蛋白结合形成核糖体。核糖体是蛋白质合成的场所,它由大小两个亚基构成,小亚基中结合 mRNA,大亚基中将氨基酸装配成多肽链。

5.3　核酸的理化性质

核酸的性质是由其组成成分和结构决定的,核酸的主要组分是碱基、戊糖和磷酸,核酸的结构特点是相对分子质量大。分子中具有共轭双键、氢键、糖苷键和磷酸酯键,还有许多的活性基团,如羟基、磷酸基、氨基等,这些组分及结构特点决定了核酸的理化性质。

5.3.1　核酸的一般性质

核酸都是白色固体物质,DNA 为类似石棉的白色纤维状物,RNA 则是白色粉末或结晶。它们都是极性化合物,微溶于水,不溶于乙醇、氯仿等有机溶剂,因此常用乙醇沉淀法来提取核酸。

天然的 DNA 分子极不对称,分子长度可达几厘米,而分子直径只有 2 nm,分子非常细长,即使是极稀的溶液也具有极大的黏度,RNA 黏度比 DNA 要小得多。当 DNA 溶液加热时,可使螺旋松散呈无规线团,随之黏度下降,以此可以作为 DNA 变性的指标。

DNA 与 RNA 在生物细胞内大多数与蛋白质结合成核蛋白,DNA 蛋白的溶解度在低浓度盐溶液中随盐浓度的增加而增加,在 1 mol/L NaCl 溶液中的溶解度要比纯水中高 2 倍,可是在 0.14 mol/L NaCl 溶液中的溶解度最低,几乎不溶;而 RNA 蛋白在盐溶液的溶解度受溶液盐浓度的影响较小,在 0.14 mol/L NaCl 溶液中溶解度较大。因此,常用此法分别提取这两种核蛋白。

5.3.2　核酸的两性性质

核酸和核苷酸含有酸性的磷酸基和碱性的含氮碱基,既可解离成阴离子又可解离成阳离子,因此核酸和核苷酸具有两性性质,在不同的 pH 溶液中解离程度不同。当磷酸所带负电荷与含氮碱基所带正电荷数目相等时,溶液的 pH 即为该核苷酸的等电点(pI)。

由于核酸分子中的磷酸是一个中等强度的酸,而氨基是一个弱碱,所以核酸表现为酸性,其等电点比较低,如 DNA 的等电点为 4~4.5,RNA 的等电点为 2~2.5。同时由于磷酸基的存在,核酸易与金属离子结合成盐,也能与碱性蛋白(如组蛋白)结合。

5.3.3　核酸的紫外吸收性质

DNA 和 RNA 都是由单核苷酸组成,其嘌呤环和嘧啶环中均含有共轭双键,对 240~290 nm 波长的紫外光具有强烈的吸收能力,其最高吸收峰在 260 nm 附近,而在 230 nm 处有一个低谷(图5.16)。因此,可以通过测定样品溶液 260 nm 波长的吸收值对核酸进行定性和定量。

纯的核酸样品可以用紫外吸收法作定量测定,不纯的样品一般不能用此法作定量测定。用 $A_{260 nm}/A_{280 nm}$ 比值可以判断核酸样品的纯度,纯 DNA 的比值应在 1.8 以上,纯 RNA 的比值在 2.0 以上。对于纯的样品只要测得 $A_{260 nm}$ 值即可算出其含量。以 $A_{260 nm}=1.0$ 相当于 50 μg/mL 双链 DNA、33 μg/mL 单链 DNA、40 μg/mL RNA、20 μg/mL 寡核苷酸为标准,计算溶液中的核酸含量。该法既快速、又准确,不浪费样品,是实验室最常用的定量小量 DNA 或 RNA 的方法。

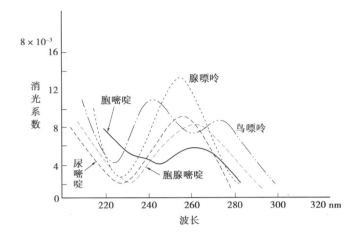

图 5.16　各种碱基的紫外吸收光谱(pH=7)

5.3.4　核酸的颜色反应

1)地衣酚反应

RNA 分子中所含的核糖经浓盐酸或浓硫酸作用脱水生成糠醛,糠醛可与酚类物质缩合生成有色化合物。糠醛与地衣酚(3,5-二羟甲苯)反应生成深绿色物质。

2)二苯胺反应

DNA 的脱氧核糖经浓硫酸作用,脱水生成 ω-羟基-γ-酮基戊醛,与二苯胺在酸性溶液中加热可反应生成蓝色化合物。

3)钼蓝反应

RNA 和 DNA 都含有磷,用强酸将核酸样品高温消化,使有机磷变成无机磷,进一步与钼酸铵反应生成磷钼酸,再经还原作用而生成蓝色化合物。

5.3.5　核酸的变性、复性和分子杂交

1)核酸的变性

核酸变性是指核酸分子的双螺旋区解旋,空间结构破坏,形成单链无规则线团状态的过程。引起核酸变性的因素主要有高温加热、强酸、强碱及变性剂,如尿素、酰胺等,它们都是破坏氢键、盐键、疏水键、碱基堆积力等次级键,从而破坏双螺旋区。另外,除了一些外部条件,变性与核酸分子本身的结构紧密相关,若分子中 G、C 含量高,分子较稳定,因为 G、C 之间可形成3 个氢键,而分子中 A、T 含量高,分子较容易变性。

变性后的核酸,其理化性质和生物功能都会发生急剧变化,最明显的表现为溶液黏度下降,沉降速度增高,生物学功能丧失,紫外光吸收急剧增高。通常将核酸变性而引起紫外吸收增加的现象称为增色效应(图 5.17)。

使 DNA 变性最常用的方法是加热,通常将因温度升高(80 ℃以上)引起的变性称为热变

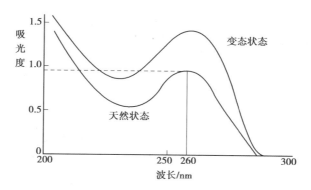

图 5.17 DNA 的紫外吸收光谱

性。DNA 变性的特点是爆发式的,不是随温度升高而缓慢发生,而是在一个很狭窄的温度范围内突然引起并急剧完成。一般把热变性使 DNA 的双螺旋结构失去一半的温度称为该 DNA 的解链温度,又称变性温度、熔点或融解温度(T_m)。DNA 的 T_m 一般为 82 ~ 95 ℃(图 5.18)。当用测定紫外吸收的增加来指示 DNA 的变性过程时,T_m 即是增色效应达 50% 时的温度。每一种 DNA 都有自己的 T_m,它与 DNA 的分子大小、碱基组成以及溶液 pH、离子强度等因素有关。GC 之间有 3 对氢键,破坏时需较多的能量。因此,GC 含量越高,其 T_m 越高。

RNA 本身只有局部的双螺旋区,变性不如 DNA 那么明显,T_m 也较低。

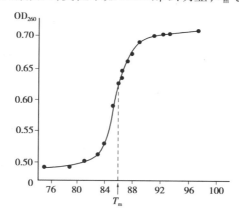

图 5.18 DNA 的解链曲线

2)核酸的复性

变性 DNA 在解除变性条件后,两条彼此分开的单链又重新缔合成为双螺旋结构,这种变化称为复性。对热变性的 DNA 溶液缓慢降温,DNA 单链又会自发互补结合,重新形成双链结构,故复性也称为退火。若使加热后的 DNA 溶液迅速冷却,则变性的 DNA 分子不能重新结合为双螺旋。若 DNA 变性不彻底,两条链没有完全分开,则复性过程很快。DNA 的片段越大复性越慢,而变性 DNA 的浓度越大则越容易复性。复性是变性的逆过程,DNA 复性后其紫外吸收值降低,称为减色效应。

3)分子杂交

DNA 的变性和复性可作为分子杂交的基础,不同来源的 DNA 分子放在一起加热变性,然后慢慢冷却,让其复性。若这些异源 DNA 之间有互补的序列或部分互补的序列,则复性时会形成杂交分子。在退火条件下,不同来源的 DNA 互补区形成双链,或 DNA 单链和 RNA 链的互补区形成 DNA-RNA 杂合双链的过程称为分子杂交。分子杂交技术已广泛应用于研究基因结构和基因定位,测定基因突变和应用于遗传性疾病的诊断等。

5.4 核酸的分离纯化与测定

5.4.1 核酸的分离纯化

核酸在细胞中总是与各种蛋白质结合在一起的。核酸的分离主要是指将核酸与蛋白质、多糖、脂肪等生物大分子物质分开。核酸容易受到多种因素的影响而变性或降解,所以为了获得天然状态的核酸,在分离核酸时应遵循的原则就是注意保持核酸分子一级结构的完整性以及排除其他分子污染。为了防止内源性核酸酶对核酸的降解,在提取和分离核酸时,应尽量降低核酸酶的活性。通常加入核酸酶的抑制剂。在核酸的提取过程中常用酸碱,所以在提取时应注意强酸强碱对核酸的化学降解作用。核酸是大分子化合物,高温、机械作用力等物理因素均可破坏核酸分子的完整性。因此核酸的分离纯化过程应在低温(0~4 ℃)以及避免剧烈搅拌等条件下进行。

大多数核酸分离与纯化的方法一般都包括了细胞裂解、酶处理、核酸与其他生物大分子物质分离、核酸纯化等几个主要步骤。每一步骤又可由多种不同的方法单独或联合实现。

1)细胞裂解

核酸必须从细胞或其他生物物质中释放出来。细胞裂解可通过机械作用、化学作用、酶作用等方法实现。

(1)机械作用

机械作用包括低渗裂解、超声裂解、微波裂解、冻融裂解和颗粒破碎等物理裂解方法。这些方法用机械力使细胞破碎,但机械力也可引起核酸链的断裂,因而不适用于高分子量长链核酸的分离。

(2)化学作用

在一定的 pH 环境下,表面活性剂(SDS、T-20 、NP-40 等)或强离子剂(异硫氰酸胍、盐酸胍、肌酸胍)可使细胞裂解、蛋白质和多糖沉淀,缓冲液中的一些金属离子螯合剂(EDTA 等)可螯合对核酸酶活性所必需的金属离子 Mg^{2+}、Ca^{2+},从而抑制核酸酶的活性,保护核酸不被降解。

(3)酶作用

酶作用主要是通过加入溶菌酶或蛋白酶以使细胞破裂,核酸释放。蛋白酶还能降解与核酸结合的蛋白质,促进核酸的分离。

在实际工作中,酶作用、机械作用、化学作用经常联合使用。具体选择哪种或哪几种方法可根据细胞类型、待分离的核酸类型来确定。

2）酶处理

在核酸提取过程中,可通过加入适当的酶使不需要的物质降解,以利于核酸的分离与纯化。如在裂解液中加入蛋白酶(蛋白酶 K 或链霉蛋白酶)可以降解蛋白质,灭活核酸酶(DNase 和 RNase),DNase 和 RNase 也用于去除不需要的核酸。

3）核酸的分离与纯化

核酸的高电荷磷酸骨架使其比蛋白质、多糖、脂肪等其他生物大分子物质更具亲水性,根据它们理化性质的差异,用选择沉淀、层析、密度梯度离心等方法可将核酸分离、纯化。

（1）酚提取/沉淀法

核酸分离的一个经典方法是酚:氯仿抽提法。细胞裂解后离心分离含核酸的水相,加入等体积的酚:氯仿:异戊醇(25:24:1 体积)混合液。依据应用目的,两相经漩涡振荡混匀(适用于分离小分子量核酸)或简单颠倒混匀(适用于分离高分子量核酸)后离心分离。疏水性的蛋白质被分配至有机相,核酸则被留于上层水相。

（2）层析法

层析法是利用不同物质在移动相和固定相中性质的差异而建立的分离分析方法,包括吸附层析、亲和层析、离子交换层析、亲和层析等。例如利用玻璃粉或玻璃珠通过吸附层析分离 DNA。在该方法中,细胞在碱性环境下裂解,裂解液用醋酸钾缓冲液中和后,直接加至含异丙醇的玻璃珠滤板中,被异丙醇沉淀的质粒 DNA 结合至玻璃珠,用 80% 乙醇真空抽洗除去细胞残片和蛋白质沉淀,最后用含 RNase A 的 TE 缓冲液洗脱与玻璃珠结合的 DNA,即可获得 DNA 纯品。

（3）密度梯度离心法

密度梯度离心也用于核酸的分离和分析。双链 DNA、单链 DNA 及 RNA 和蛋白质具有不同的密度,因而可经密度梯度离心形式形成不同密度的纯样品区带,该法适用于大量核酸样本的制备,其中氯化铯-溴化乙锭梯度平衡离心法被认为是纯化大量质粒 DNA 的首选方法。

（4）电泳法

核酸是两性电解质,通过调节溶液的 pH 值可人为控制核酸的带电性,不同核酸其分子大小和带电量不同,在电场中各种核酸的移动速度不同,因此,可通过电泳法分离纯化核酸。

5.4.2 核酸的测定

1）核酸含量的测定

核酸含量常用紫外吸收法、定磷法、定糖法等进行测定。

（1）紫外吸收法

利用核酸组成成分嘌呤环、嘧啶环在 260 nm 波长处都有最大吸收峰的特点,用紫外分光光度计检测样品在该波长的吸光值,从而对核酸进行直接定量。但蛋白质或酚也能在此波长吸收紫外光,故核酸样品中的蛋白质对核酸的定量具有较大影响。紫外吸收法具有简便、快速、灵敏度高等特点,可检测到 3 ng/L 的样品。但此法要求核酸样品有相当高的纯度,而且在检测 RNA 过程中环境因素使得 RNA 降解速度太快,很难达到精确的定量。

（2）定磷法

RNA 和 DNA 中都含有磷酸,且其含量比较稳定,RNA 的平均含磷量为 9.4% ,DNA 的平均含磷量为 9.9% 。因此,可从样品中测得的含磷量来计算 RNA 或 DNA 的含量。

用强酸(如 10 mol/L 硫酸)将核酸样品消化,使核酸分子中的有机磷转变为无机磷,无机磷与钼酸反应生成磷钼酸,磷钼酸在还原剂(如抗坏血酸、氯化亚锡)作用下还原成钼蓝。钼蓝化合物在 660 nm 波长处比色测定,得出磷的含量,然后乘以系数即得核酸的量。

（3）定糖法

RNA 含有核糖,DNA 含有脱氧核糖,根据这两种糖的颜色反应可对 RNA 和 DNA 进行定量测定。

①核糖的测定——地衣酚反应:RNA 分子中的核糖和浓盐酸或浓硫酸作用脱水生成糠醛。糠醛与地衣酚反应生成深绿色化合物,当有高铁离子存在时,则反应更灵敏。反应产物在 670 nm 处有最大吸收,并且吸光度与 RNA 的浓度成正比关系。

②脱氧核糖的测定——二苯胺反应:DNA 分子中的脱氧核糖和浓硫酸作用,脱水生成 ω-羟基-γ-酮基戊醛,与二苯胺在酸性溶液中加热可反应生成蓝色化合物,反应产物在 595 nm 处有最大吸收,并且吸光度与 DNA 的浓度成正比关系。

2）核酸纯度的测定

（1）紫外吸收法

通常利用测定 260 nm、280 nm 以及 230 nm 光吸收比值来确定,$A_{260\ nm}/A_{280\ nm}$ 和 $A_{260\ nm}/A_{230\ nm}$ 是核酸纯度的指示值。纯 DNA 的 $A_{260\ nm}/A_{280\ nm}$ 的值为 1.8,若该比值大于 1.9,表明有 RNA 污染;若比值低于 1.6,表明有蛋白质、酚等污染。纯 RNA 的 $A_{260\ nm}/A_{280\ nm}$ 的值为 2.0,若该比值低于 1.7 表明有蛋白质或酚污染;若比值高于 2.0 时表明可能有异硫氰酸残存。$A_{230\ nm}$ 是多肽、芳香基团、苯酚和一些碳氢化合物的吸光度,$A_{230\ nm}$ 表示样品中存在一些污染物,如碳水化合物、多肽、苯酚等,纯 DNA 和 RNA 的 $A_{260\ nm}/A_{230\ nm}$ 的值为 2.5,若比值小于 2.0 表明样品被碳水化合物(糖类)、盐类或有机溶剂污染,需要纯化样品。

（2）凝胶电泳法

凝胶电泳能够按照相对分子质量的大小来分离各组分,这不仅用于蛋白质的分离制备和鉴定,也广泛用于核酸的鉴定、分离及制备。在核酸研究中用得较多的是琼脂糖凝胶电泳,用低浓度的溴化乙锭染色,就可以直接在紫外灯下观察、鉴定和分析 DNA,操作简单迅速是目前分离纯化和鉴定核酸,特别是 DNA 的标准方法。

当核酸分子在琼脂糖凝胶电场中时,分子上带电基团在 pH=8.0 条件下带负电荷,在电场作用中移向正极,致使核酸分子在琼脂糖凝胶电泳中有其迁移率。在相同的条件下,不同大小的核酸分子的迁移率不同,小分子的迁移率大,大分子的迁移率小。DNA 相对分子质量的对数与它的泳动率(迁移率)成反比。如果 DNA 样品不纯,在电泳过程中可明显区别开来,呈现非单一的谱带;如果 DNA 样品很纯,电泳后呈现出一条区带。

•**本章小结**•

1.核酸是由核苷酸聚合而成的高分子化合物,分为脱氧核糖核酸(DNA)和核糖核酸(RNA)两大类。DNA一般含A、C、G、T 4种碱基,RNA含A、C、G、U 4种碱基。

2.核苷酸的排列顺序,即是核酸的一级结构。双螺旋结构是DNA的二级结构,双螺旋DNA进一步扭曲而成的超螺旋称为DNA的三级结构。

3.RNA包括mRNA、rRNA、tRNA等,tRNA具有选择性转运氨基酸和识别mRNA密码子的作用,tRNA二级结构呈三叶草形,tRNA的三级结构呈双螺旋的"倒L形"结构;真核生物成熟mRNA主要结构特点是在其5'-端有一个7-甲基鸟嘌呤-三磷酸核苷"帽子结构"和长约数3'-端的多聚腺苷酸尾巴。

4.核酸具有两性性质、等电点比较低,DNA为4~4.5,RNA为2~2.5;核酸中的嘌呤碱和嘧啶碱含有共轭双键,在260 nm处对紫外光具有强烈的吸收能力,可以此来对核酸定性和定量;核酸的颜色反应包括地衣酚反应、二苯胺反应或钼蓝反应。

5.DNA在加热或其他变性剂的作用下,可发生变性,其理化性质和生物学性质随之改变,如增色效应和生物活性丧失。核酸的解链温度大小与核酸分子大小和G、C含量呈正相关。变性的DNA单链在适当条件下又能恢复双螺旋结构,即复性作用。

6.核酸分离纯化一般包括细胞裂解、分离、纯化等几个主要步骤,常用的分离纯化方法有离心法、层析法、电泳法等。常利用核酸的紫外吸收性质、定糖法、定磷法来进行核酸的含量测定。

**复习思考题**

一、名词解释

1.核酸变性　　2.退火　　3.T_m值　　4.增色效应　　5.分子杂交

二、选择题

1.构成多核苷酸链骨架的关键是(　　　)。

　A.2',3'-磷酸二酯键　　　　　　　　　　B.2',4'-磷酸二酯键

　C.2',5'-磷酸二酯键　　　　　　　　　　D.3',5'-磷酸二酯键

2.含有稀有碱基比例较多的核酸是(　　　)。

　A.胞核DNA　　　　B.线粒体DNA　　　　C.tRNA　　　　　　D.mRNA

3.决定tRNA携带氨基酸特异性的关键部位是(　　　)。

　A.CCA3'末端　　　B.TφC环　　　　　　C.DHU环　　　　　D.反密码子环

4.下列哪个结构存在于tRNA3'端?(　　　)

　A.多聚A尾巴　　　　　　　　　　　　　B.帽子结构

　C.超螺旋结构　　　　　　　　　　　　　D.—C—C—A—OH顺序

5.下列哪个结构存在于mRNA 3'端?(　　　)

　A.多聚A尾巴　　　　　　　　　　　　　B.帽子结构

C. 超螺旋结构   D. —C—C—A—OH 顺序

6. 真核生物 DNA 缠绕在组蛋白上构成核小体,核小体含有的蛋白质是(　　)。

    A. H_1、H_2、H_3、H_4 各两分子   B. H_{1A}、H_{1B}、H_{2B}、H_{2A} 各两分子

    C. H_{2A}、H_{2B}、H_{3A}、H_{3B} 各两分子   D. H_{2A}、H_{2B}、H_3、H_4 各两分子

7. DNA 变性后表现为 (　　)。

    A. 对 260 nm 紫外吸收减少   B. 溶液黏度下降

    C. 磷酸二酯键断裂   D. 核苷酸断裂

8. 双链 DNA 的 T_m 较高是由下列哪组核苷酸含量较高所致?(　　)

    A. A+G   B. C+T   C. A+T   D. G+C

9. DNA 中含有 18.4% 的 A 时,其碱基(C+G)% 总含量为(　　)。

    A. 36.8%   B. 37.2%   C. 63.2%   D. 55.2%

10. 热变性的 DNA 在适当条件可以复性,条件之一是(　　)。

    A. 骤然冷却   B. 缓慢冷却   C. 浓缩   D. 加入浓的盐

11. 组成核酸的基本结构单位是(　　)。

    A. 核糖和脱氧核糖   B. 磷酸和核糖

    C. 含氮碱基   D. 单核苷酸

12. DNA 和 RNA 完全水解后,其产物的特点(　　)。

    A. 核糖相同,碱基部分相同   B. 核糖不同,碱基相同

    C. 核糖相同,碱基不同   D. 核糖不同,部分碱基不同

13. 维系 DNA 双螺旋稳定的最主要力(　　)。

    A. 氢键   B. 离子键   C. 范德化力   D. 碱基堆积力

14. 可用于测量生物样品中核酸含量的元素是(　　)。

    A. 碳   B. 氧   C. 磷   D. 氮

15. 关于 DNA 的二级结构,下列说法哪种是错误的?(　　)

    A. DNA 二级结构是双螺旋结构

    B. 双螺旋结构中碱基之间借氢键连接

    C. 双螺旋结构中两条碳链方向相同

    D. 磷酸与脱氧核糖组成了双螺旋结构的骨架

16. DNA 变性是指(　　)。

    A. 分子中磷酸二酯键断裂   B. 多核苷酸链解聚

    C. 互补碱基之间氢键断裂   D. DNA 分子中碱基丢失

17. 反密码子是 UGA,它可识别(　　)密码子。

    A. ACU   B. CUA   C. UCA   D. UAC

18. tRNA 的三级结构是(　　)。

    A. 三叶草叶形结构   B. 倒 L 形结构

    C. 双螺旋结构   D. 发夹结构

19. T_m 是指(　　)的温度。

    A. 双螺旋 DNA 达到完全变性时   B. 双螺旋 DNA 开始变性时

    C. 双螺旋 DNA 结构失去1/2时   D. 双螺旋结构失去 1/4 时

20. 稀有核苷酸碱基主要见于( )。

    A. DNA   B. mRNA   C. tRNA   D. rRNA

21. 双链 DNA 的解链温度的增加,提示其中含量高的是( )。

    A. A 和 G   B. C 和 T   C. A 和 T   D. C 和 G

22. 核酸变性后,可发生哪种效应?( )

    A. 减色效应   B. 增色效应

    C. 失去对紫外线的吸收能力   D. 最大吸收峰波长发生转移

三、判断题

1. DNA 的二级结构由两条平行的多核苷酸链构成。 ( )
2. 核酸中的修饰成分(也称稀有成分)大部分是在 tRNA 中发现的。 ( )
3. 真核生物 mRNA 的 5' 端有一个多聚腺苷酸的"尾"结构。 ( )
4. DNA 的 T_m 值和 AT 含量有关,AT 含量高则 T_m 高。 ( )
5. 在变性后,DNA 的紫外吸收增加。 ( )
6. tRNA 的二级结构是倒 L 形。 ( )
7. DNA 分子中的 G 和 C 的含量越高,其熔点(T_m)值越大。 ( )
8. 如果 DNA 一条链的碱基顺序是 CTGGAC,则互补链的碱基序列为 GACCTG。 ( )
9. 在 tRNA 分子中,除 4 种基本碱基(A、G、C、U)外,还含有稀有碱基。 ( )
10. 核酸分子中磷含量是固定的。 ( )

四、问答题

1. DNA 分子二级结构有哪些特点?
2. 简述 tRNA 二级结构的特点。
3. 引起 DNA 变性的主要因素有哪些?变性后的理化性质有何改变?
4. 简述核酸含量测定的常用方法。

实训 5.1 动物组织中核酸的提取与鉴定

一、实训目的

①学习和掌握用盐溶法从动物组织中提取核酸的原理和操作技术。
②了解定性鉴定核酸的原理和方法。

二、实训原理

根据核糖核蛋白和脱氧核糖核蛋白在一定浓度的氯化钠溶液中的溶解度不同进行分离,然后用蛋白质变性沉淀剂去除蛋白,使核酸释放出来,再利用核酸不溶于乙醇的性质将核酸析出,达到分离提纯的目的。

在 0.14 mol/L 的氯化钠溶液中,RNA 核蛋白溶解度大,而 DNA 核蛋白溶解度较小;相反,在 1 mol/L 的氯化钠溶液中,DNA 核蛋白溶解度最大,而 RNA 核蛋白溶解度却很小。核蛋白分离后可用蛋白变性沉淀剂(氯仿+异戊醇、十二烷基硫酸钠(SDS),热酚等)去除蛋白,释放核酸。去除蛋白后的核酸溶液中加入 1.5 ~ 2 倍体积的 95% 乙醇,核酸便从溶液中析出。

动物肝中含有核糖核酸酶(RNase)和脱氧核糖核酸酶(DNase),因此要保持低温,防止 Mg^{2+}、Fe^{2+}、Co^{2+} 激活离子。

三、实训仪器与试剂

(1)仪器与器材

冷冻离心机、冰浴、组织匀浆机、烧杯、量筒、试管、玻璃、剪刀、三角烧瓶或带塞离心管。

(2)试剂

地衣酚溶液(称取 100 mg 地衣酚溶于 100 mL 浓盐酸中,再加入 100 mg $FeCl_3 \cdot 6H_2O$,该溶液在使用前进行配制),二苯胺溶液(称取 1 g 二苯胺溶于 100 mL 冰醋酸中,再加入 2.75 mL 浓 H_2SO_4,摇匀,冰箱内保存备用),0.14 mol/L 的氯化钠溶液,1 mol/L 的氯化钠溶液,95% 乙醇,氯仿,丙酮,异戊醇。

四、实训材料

新鲜猪肝。

五、实训方法与步骤

(1)制匀浆

①将新鲜肝脏或冷冻肝脏称重后用冷的 0.14 mol/L 的氯化钠溶液(内含 0.01 mol/L 柠檬酸)洗去血水,用剪刀将肝脏剪成碎块,放入组织捣碎机中加入两倍体积的 0.14 mol/L 的氯化钠溶液制备匀浆。

②将匀浆置于离心机中离心 20 min(3 000 rpm)。上层是 RNA 核蛋白提取液,下层是细胞碎片及 DNA 核蛋白。将上层液倾出留待抽提 RNA(下层再用 0.14 mol/L 的氯化钠溶液重复抽提两次),以减少 RNA 核蛋白对 DNA 核蛋白抽提的影响。

③下层用两倍体积的 1 mol/L 的氯化钠溶液抽提 1 h,待分离 DNA 核蛋白。

(2)核酸的抽提

①RNA 的抽提:0.14 mol/L 的氯化钠抽提液(内含 RNA 核蛋白)加入等体积的氯仿和 1/40 体积的异戊醇,置离心管中,振摇 30 min,此时提取液为乳白色混悬液,以 3 000 rpm 离心 15 min,离心物呈 3 层。

用滴管吸出上层清液,在低温下加入 1.5 ~ 2 倍体积的冷的 95% 乙醇,并轻轻搅拌。低温放置 15 min,3 000 rpm 离心 10 min,弃去上清液,即得 RNA 颗粒沉淀,留待定性。

②DNA 的抽提:将抽提 1 h 的 1 mol/L 的氯化钠匀浆悬液以 3 000 rpm 离心 20 min,弃去沉淀,将上清液倒入带塞的离心管中,加入等体积的氯仿及 1/40 体积的异戊醇振摇 30 min,离心 20 min。将其上清液加入两倍体积的冷 95% 乙醇,边加边摇,抽出玻棒,纤维状 DNA 就缠绕在玻璃棒上待定性。

(3)定性试验

①RNA 的呈色反应:取 2 支干净试管,一管加入 1.5 mL RNA 溶液(将 RNA 颗粒状的沉淀溶于 4 mL 0.14 mol/L 的氯化钠溶液中即为 RNA 抽提液),另一试管中加入蒸馏水 1.5 mL,向两管中加入 3 mL 地衣酚试剂,于沸水中放置 10 min,由黄色变为绿色为阳性反应。

②DNA 的呈色反应:取 2 支干净试管,一管加入 1.5 mL DNA 溶液(将 DNA 纤维状的沉淀

溶于 4 mL 1mol/L 的氯化钠溶液中即为 DNA 抽提液），另一试管中加入蒸馏水 1.5 mL,向两管中加入 3 mL 二苯胺试剂,于沸水中放置 10 min,由乳白变为蓝色为阳性反应。

六、实训注意事项

①提取分离纯化核酸时,为了保持核酸的稳定性,防止核酸变性降解,操作时必须防止过酸或过碱。全部过程应在低温(0 ℃)下进行,必要时还要加入抑制剂,以抑制核酸酶的作用。

②加氯仿、异戊醇后振摇要充分,但又不能太剧烈,以防止 DNA 断裂。

③要学会正确使用离心机,离心后,注意上清液和沉淀的取舍。

七、思考题

①在提取核酸的过程中,要注意些什么问题?

②简述核酸在细胞中的分布、存在方式及特性。

实训 5.2　酵母 RNA 的提取与分离

一、实训目的

①了解浓盐法和稀碱法提取酵母 RNA 的原理。

②掌握浓盐法和稀碱法提取酵母 RNA 的方法。

二、实训原理

酵母是发酵工业中常用的微生物,菌体容易收集,含 2.67% ~10% 的 RNA,而 DNA 含量仅为 0.03% ~0.05%,因此常以酵母为原料提取 RNA。提取 RNA 的方法很多,在工业生产中常用成本较低,适于大规模操作的稀碱法和浓盐法。

浓盐法是利用高浓度的盐(10% NaCl)在 90 ~100 ℃条件下改变细胞膜通透性,并将核蛋白体解离成 RNA 和蛋白质而使 RNA 释放到盐溶液中,迅速冷却提取液,并离心收集上清液,然后用乙醇沉淀 RNA 或调 pH 至 2.0 ~2.5,RNA 以白色絮状沉淀形式从盐溶液中析出。再次离心,固液分离,便可获得 RNA 粗产品。

稀碱法是利用稀 NaOH 溶液溶解酵母细胞壁,使 RNA 释放出来,溶于稀碱溶液,然后离心收集上清液,再用乙醇沉淀法或等电点沉淀法进行沉淀 RNA,进而分离洗涤、干燥,即制得 RNA 粗品。这种方法提取时间短,但 RNA 在此条件下不稳定,容易分解。

三、实训仪器与试剂

（1）实验仪器

研钵、离心机、电子天平、恒温水浴箱、烘箱、抽滤装置、pH 0.5 ~5.0 的精密试纸、量筒(50 mL)、烧杯(50 mL、100 mL)、锥形瓶(100 mL)、冰块、温度计、滤纸等。

（2）实验试剂

浓盐法的试剂材料:10% NaCl 溶液,95% 乙醇,6 mol/L HCl 等。

稀碱法的试剂材料:0.04 mol/L NaOH 溶液,95% 乙醇,6 mol/L HCl 等。

四、实训材料

市售干酵母。

五、实训方法与步骤

（1）浓盐法

①提取：量取10%的NaCl溶液备用，称取10 g干酵母粉于研钵中，加入适量NaCl溶液研磨均匀，用剩余的NaCl溶液将酵母悬浮液转移至锥形瓶中，置沸水浴中提取1 h。

②分离：沸水浴中取出锥形瓶，用自来水冷却，然后将提取液和沉淀全部转移至100 mL离心管中，取20 mL H_2O洗涤锥形瓶，并入离心管中，于3 500 rpm离心20 min，将上清液（即RNA提取液）倾入50 mL烧杯中，弃去沉淀（菌体残渣）。

③沉淀：将装有上清液的烧杯置于放有冰块的大烧杯中冷却，将温度计插入50 mL烧杯中，待溶液冷至10 ℃以下时，取出温度计。用滴管缓慢滴加6 mol/L的HCl于50 mL烧杯中，用玻棒一边轻轻搅拌溶液，一边测量pH值，调节溶液pH至2.0～2.5范围，溶液中白色沉淀逐渐增多，到等电点时沉淀量最多；继续在冰浴中静止15 min，使沉淀充分。（注意：严格控制pH；若搅拌过快核酸难以凝聚沉淀。）

④洗涤与抽滤：将小烧杯中溶液和沉淀移至离心管中，再次平衡、离心（3 500 rpm，20 min），弃去上清液，保留RNA沉淀。取10 mL 95%乙醇加到含RNA沉淀的离心管中，悬浮沉淀，充分洗涤。取大小合适的滤纸，先在天平上称重，然后放入布氏漏斗中，用少量乙醇湿润滤纸，开启真空泵，使滤纸贴紧漏斗，将沉淀及溶液全部转移至布氏漏斗内，再用15 mL 95%的乙醇洗涤离心管，淋洗滤渣。

⑤干燥及称量：用小镊子取出布氏漏斗中的沉淀物和滤纸，转移至表面皿上，置于80 ℃烘箱内干燥。取出样品，在室温下冷却数分钟后，将沉淀物及滤纸置于数字显示天平上称重。

⑥计算：称量制得的RNA粗制品质量，采用式5.1计算RNA粗制品的提取率。

$$RNA粗制品提取率（\%）=\frac{RNA粗制品质量}{干酵母质量}\times100\% \qquad (5.1)$$

（2）稀碱法

先量取0.04 mol/L NaOH溶液50 mL备用，称取活性干酵母粉10 g于研钵中，先加入适量NaOH溶液充分研磨提取，然后用剩余的NaOH溶液将酵母悬浮液转入锥形瓶，置于沸水浴中提取30 min。从沸水浴中取出三角瓶，用自来水冷却，然后将悬浮液于3 500 rpm离心20 min，收集上清液于烧杯内即得RNA提取液。上清液按浓盐法的分离、沉淀、洗涤与抽滤、干燥等步骤进行操作，可得RNA粗制品，称量RNA粗制品即可计算提取率。

六、实训注意事项

①盐浓度控制在80～120 g/L比较适宜。

②沸水浴中提取时要时常摇动或搅拌。

③酵母细胞内磷酸二酯酶和磷酸单酯酶在30～70 ℃时作用活跃，提取时应避免在此温度范围内停留时间过长。

七、思考题

①实验过程中，酵母细胞为什么要充分研磨？

②所得RNA是否是纯品？如何进一步纯化？

③RNA提取过程中的关键步骤及注意事项有哪些？

第6章 酶

📖 **学习目标**

➤ 掌握酶的定义、分子组成、酶的活性中心的定义及组成、影响催化作用的因素。

➤ 熟悉酶的分类及命名,酶的特性,酶原激活。

➤ 了解酶在医药学上的应用。

📖 **知识点**

酶的定义及特性;酶的分子组成;酶的活性中心;酶原激活;影响酶促反应速度的因素;酶的应用。

 **案例导入**

酶的发现

意大利科学家斯帕兰札尼为了研究食物的消化设计了一个巧妙的实验:将肉块放入小巧的金属笼内,然后让鹰把小笼子吞下去,这样,肉块就可以不受胃的物理性消化的影响,而胃液却可以流入笼内。过一段时间后,他把小笼子取出来,发现笼内的肉块消失了。于是,他推断胃液中一定含有消化肉块的物质。

这个实验说明胃具有化学性消化的作用。那么,胃液中究竟是什么物质将肉块消化了呢?当时并不清楚。直到1836年,德国科学家施旺从胃液中提取出了消化蛋白质的物质,后来知道,这就是胃蛋白酶,这才解开胃的消化之谜。1926年,美国科学家萨姆纳从刀豆种子中提取出脲酶的结晶,并通过化学实验证实脲酶是一种蛋白质。20世纪30年代,科学家们相继提取出多种酶的蛋白质结晶,并指出酶是一类具有生物催化作用的蛋白质。20世纪80年代,美国科学家切赫和奥特曼发现少数RNA也具有生物催化作用。

6.1　酶概述

6.1.1　酶的定义及生物学功能

酶是活细胞合成的,对其特异底物有高效催化作用的生物催化剂。现已知道的酶都是由生物体合成的,其化学本质除少数是核酸外,都是蛋白质。但不是所有蛋白质都是酶,只是具有催化作用的蛋白质,才称为酶。

酶所催化的反应称为酶促反应;被催化的物质称为底物(S);反应的生成物称为产物(P);酶的催化能力称为酶的活力,又称酶的活性;由于某种因素使酶失去催化能力称为酶的失活。但酶通过体内各种温度条件影响,改变构象,暂时不表现催化功能,是酶活性的调节,不属于酶的失活。

酶的生物学功能是对特定的底物起催化作用(专一性)。它合成之后要经过进一步的装配、包装并运输到特定部位后才显示出其催化作用。酶不仅能在活细胞内发挥其催化作用,用适当方法自活体提取后,在体外适宜的条件下仍保持高效率的催化作用。目前酶制剂广泛应用于食品工业、生物技术产业、农业、医学等方面。

6.1.2　酶的特性

酶作为生物催化剂,具有一般催化剂的共性:反应前后的质和量不变;仅能加速热力学上可能进行的反应;不改变反应的平衡点。

同一般催化剂相比,酶同时又具有以下显著的特点。

1)高效性

酶在细胞中含量很低,但其催化效率很高。酶的催化活力若以分子比表示,酶催化反应的反应效率比非催化反应高 $10^8 \sim 10^{20}$ 倍,比非生物催化剂高 $10^7 \sim 10^{13}$ 倍。例如:1 mol 铁离子可催化 10^{-5} mol H_2O_2 分解;相同条件下,1 mol 过氧化氢酶则可催化 10^5 mol 过氧化氢分解,两者相差 10^{10} 倍。

2)专一性

酶的专一性(又称酶的特异性)是指酶对所作用的底物有严格的选择性,即一种酶只能对某一种或某一类物质起催化作用。酶的专一性各不相同,根据酶对底物选择的严格程度不同分为 3 类:

（1）绝对专一性

一种酶只催化一种底物发生反应。例如,脲酶只能催化尿素水解为 CO_2 和 NH_3,而对其衍生物不起作用;葡萄糖激酶只能催化葡萄糖转变为 6-磷酸葡萄糖,而对其同分异构体的果糖则不起作用。

（2）相对专一性

酶可作用于一类化合物或一种化学键。有的酶可作用于某一特定的官能团，而这个官能团可以存在于许多不同的底物中，如磷酸酶对一般的磷酸酯（如甘油磷酸酯、葡萄糖磷酸酯）都可水解；有的酶只对键有选择性，如酯酶催化酯键水解，对构成酯键的有机酸和醇（或酚）无严格要求。

（3）立体异构专一性

一种酶仅作用于立体异构体中的一种，而对另一种立体异构体无作用。如乳酸脱氢酶仅催化 L-乳酸水解，而不作用于 D-乳酸。

 课堂活动

我们知道人体口腔中有淀粉酶，可以消化淀粉，但是当我们牙缝中塞有肉丝时，很长时间都不会水解，请问原因是？

3）可调控性

酶的活性极易受环境条件的影响而发生变化，所以生物体需要通过多种机制和形式对酶活性进行调节和控制，使体内极为复杂的代谢反应有条不紊地进行。例如，对酶浓度的调节、共价修饰调节、激素调节、抑制剂或激活剂的调剂、反馈调节以及金属离子或其他小分子物质调节等。

4）高度不稳定性

酶作为生物大分子，其活性与空间结构具有密切的联系，凡是能使生物大分子变性的因素，如强酸、强碱、高温、重金属等因素均能使酶的空间结构发生变化，进而使酶失去活性，同时酶也经常受到温度、pH 的轻微改变或激活剂、抑制剂的存在而发生改变。因此，酶催化作用一般都是在比较温和的条件下进行的，如常温、常压、接近中性的酸碱度。

6.1.3 酶的分类

国际酶学委员会制定的"国际系统分类法"将酶按其催化的反应性质分为 6 大类。

1）氧化还原酶

催化底物进行氧化还原反应的酶类。反应通式为 $AH_2 + B \Longleftrightarrow A + BH_2$，如琥珀酸脱氢酶、多酚氧化酶等。

2）转移酶

催化底物分子间基团转移或者交换反应的酶。反应通式为 $AR + B \Longleftrightarrow BR + A$，如转氨酶、乙酰胆碱酯酶等。

3)水解酶

催化底物进行水解反应的酶类。反应通式为 $AB+H_2O \rightleftharpoons AH+BOH$,如蛋白酶、淀粉酶、脂肪酶等。

4)裂合酶

催化一种化合物分解为两种或两种以上的化合物反应或其逆反应的酶类。反应通式为 $AB \rightleftharpoons B+A$,如醛缩酶、水化酶、脱氨酶、脱羧酶。

5)异构酶

催化同分异构体的相互转化的酶类。反应通式为 $A \rightleftharpoons B$,如葡萄糖异构酶、磷酸甘油酸变位酶等。

6)合成酶

催化两分子底物合成为一分子化合物,同时偶联有 ATP 的磷酸键断裂释放能量的酶。反应通式为 $A+B+ATP \rightleftharpoons AB+ADP+Pi$ 或 $A+B+ATP \rightleftharpoons AB+AMP+Pi$。如天冬酰胺合成酶、丙酮酸羧化酶等。

6.1.4 酶的命名

随着生命科学的发展,现已发现几千种酶,并且新的酶还在不断地发现中,为了研究和使用的方便,需对已发现的酶进行分类并给予科学的命名。1961 年,国际生物化学学会酶学委员会推荐了一套新的系统命名方案及分类方法,已被国际生物化学学会接受。于是对每一种酶有一个系统命名和一个习惯命名。

1)习惯命名法

①根据酶作用底物来命名:如催化水解淀粉的酶叫淀粉酶,催化水解蛋白质的叫蛋白质酶。有时还根据来源不同以区别同一类的酶,如菠萝蛋白酶、胃蛋白酶等。

②根据酶催化反应的性质及类型命名:如氧化酶、水解酶。

③综合以上两个原则来命名:如琥珀酸脱氢酶是催化琥珀酸脱氢的酶,氨基酸氧化酶等。

2)系统命名法

系统命名法原则,是以酶所催化的整体反应为基础的,规定每种酶的名称应当明确标明酶的底物及催化反应的性质。系统名称应包括底物名称,如果一种酶催化两个底物起反应,应在它们的系统名称中包括两种底物的名称,并以“:”号将其隔开,具体实例见表 6.1。

表 6.1　酶的习惯命名与国际系统命名法

习惯名称	系统名称	催化反应
乙醇脱氢酶	乙醇:NAD^+氧化还原酶	乙醇+NAD^+⟶乙醛+$NADH+H^+$
谷丙转氨酶	丙氨酸:α-酮戊二酸氨基转移酶	丙氨酸+α-酮戊二酸⟶谷氨酸+丙酮酸
脂肪酶	脂肪:水解酶	脂肪+水⟶脂肪酸+甘酸

6.2 酶的分子结构与催化机制

6.2.1 酶的分子组成

酶同其他蛋白质一样,根据其化学组成的特点,可将酶分为单纯蛋白酶和结合蛋白酶两类。

1) 单纯蛋白酶类

单纯蛋白酶类只是由蛋白质组成,不含其他成分。例如,脲酶、蛋白酶、淀粉酶、脂肪酶、核糖核酸酶等一般水解酶类,它们的催化活性仅取决于它们的蛋白质结构。

2) 结合蛋白酶类

生物体内大多数酶都属于结合蛋白酶类。这类酶由蛋白质部分与非蛋白质部分组合而成,前者称为酶蛋白,后者称为辅助因子。由酶蛋白和辅助因子结合而成的有活性的复合物称为全酶。全酶的酶蛋白和辅助因子单独存在都没有催化活性。

全酶 ＝ 酶蛋白 ＋ 辅助因子

有催化活性 无催化活性 无催化活性

结合酶的辅助因子有两类:金属离子和小分子有机化合物。常见酶含有的金属离子有 K^+、Na^+、Mg^{2+}、Cu^{2+}(或 Cu^+)和 Fe^{2+}(或 Fe^{3+})等。它们或者是酶活性中心的组成部分;或者是连接底物和酶分子的桥梁;或者在稳定酶蛋白分子构象方面是必需的。小分子有机化合物的主要作用是在反应中传递电子、质子或部分基团。

辅助因子可按其与酶蛋白结合的紧密程度不同分成辅酶和辅基两大类。辅酶与酶蛋白结合疏松,可以用透析或超滤方法从全酶中分离出来;辅基与酶蛋白以共价键结合,非常紧密,不易用透析或超滤方法除去。辅酶和辅基的差别仅仅是它们与酶蛋白结合的牢固程度不同,而无严格的界限。许多辅酶或辅基都由 B 族维生素构成。

生物体内酶蛋白的种类很多,而辅酶(基)的种类却较少,通常一种酶蛋白只能与一种辅基或辅酶结合,成为一种特异性的酶,但一种辅酶往往能与不同的酶蛋白结合构成许多种特异性酶,起不同的催化作用。例如,NDA^+(烟酰胺腺嘌呤二核苷酸)可与不同的酶蛋白结合,组成乳酸脱氢酶、苹果酸脱氢酶和3-磷酸甘油醛脱氢酶等,各自催化不同的底物脱氢。可见,酶蛋白在酶促反应中主要起识别底物的作用,酶促反应的特异性、高效率以及酶对一些理化因素的不稳定性都取决于酶蛋白;辅酶和辅基在酶促反应中常参与特定的化学反应,决定酶促反应的类型。

6.2.2 酶的结构

酶是大分子化合物,而底物往往是小分子,酶与底物结合形成中间产物,说明底物仅能与酶蛋白的局部部位相结合,即酶的催化能力只局限在大分子的一定区域,只有少数特异的氨基酸残基参与底物结合和催化作用。酶分子中有很多基团,但并不是所有的基团都与酶活性有关。一般把与酶活性有关的基团称为酶的必需基团,如—NH$_2$、—OH、—COOH、—SH 等。这些必需基团在一级结构上可能相距很远,但在空间结构上彼此靠近,集中在一起形成具有一定空间结构的区域,可以直接和底物结合并起催化作用,称为酶的活性中心。不同的酶具有不同的活性中心,所以对底物具有严格的特异性。如溶菌酶的活性中心主要由氨基酸 Glu35,Asp52,Trp62,Trp63,Asp101,Trp108 构成,在一级结构上它们相距较远,但是在高级结构上聚集到一起,构成酶的活性中心(图 6.1)。

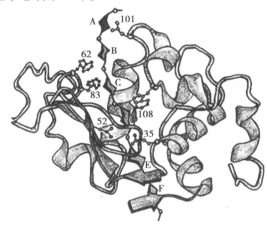

图 6.1　溶菌酶的结构及活性中心示意图

酶的必需基团可分为两类:一类位于活性中心的内部,与底物结合的必需基团称为结合基团,促进底物发生化学变化的基团称为催化基团,活性中心中有的必需基团可同时具有这两方面的功能。另一类位于活性中心外部,虽然不参加酶的活性中心的组成,但可以维持酶的活性中心的空间构象,这些基团是酶的活性中心以外的必需基团,也把它们称为调控基团(图6.2)。

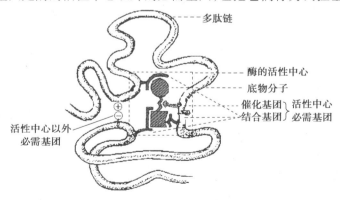

图 6.2　酶的必需基团构成示意图

6.2.3　酶原激活

有些酶,如参与消化的各种蛋白酶(胃蛋白酶、胰蛋白酶等)在最初合成和分泌时没有催化活性的,只有在一定条件下经适当的物质作用后才能转变为有活性的酶。这种没有活性的酶的前体称为"酶原"。生命体内参与消化作用的酶大多以酶原的形式被分泌出来。

酶原必须在一定条件下,去掉一个或几个特殊的肽键,使酶的构象发生一定的变化,才能转变成具有催化活性的酶。这种使无活性酶原转变为有活性酶原的过程,称为酶原激活,实际上就是酶活性中心形成或者暴露的过程,该过程是不可逆的。

例如,胃蛋白酶在刚被胃黏膜细胞分泌出来时,是没有催化活性的酶,只有食物到达胃后,酶原在胃液中盐酸的作用下,才转变成具有活性的蛋白酶;胰蛋白酶刚从胰脏细胞分泌出来时,也是没有催化活性的胰蛋白酶原。当它随胰液进入小肠时,可被肠液中的肠激酶激活(也可被胰蛋白酶本身激活)。

胰蛋白酶原在肠激酶的作用下将 N-端一个六肽肽段切去,因而促使酶的构象发生某些变化,使组氨酸、缬氨酸、异亮氨酸等残基互相靠近构成了活性中心,于是无活性的酶原就变成了有催化活性的胰蛋白酶(图 6.3)。

生物体中这些酶以酶原的形式存在,具有重要的生物学意义,这是对生物体自身的保护,可以使分泌酶原的组织细胞不被水解破坏。

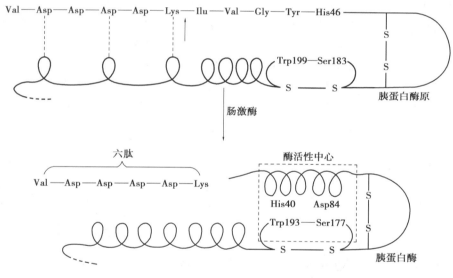

图 6.3 胰蛋白酶原的激活

6.2.4 酶的催化作用机制

在一个反应体系中,只有达到或超过反应活化能的活化分子之间的碰撞才能完成化学反应。显然,活化分子越多,反应速度越快。

增加活化分子的途径有:

①外部提供能量,通过加热或用光照射等,使反应物分子获得能量。

②使用适当的催化剂,改变反应途径,降低反应的活化能。酶和一般催化剂的作用一样,都是通过改变反应途径降低反应的活化能(图 6.4)。

酶(E)在催化此反应时,它首先与底物(S)结合成一个不稳定的中间产物(ES)(也称为中

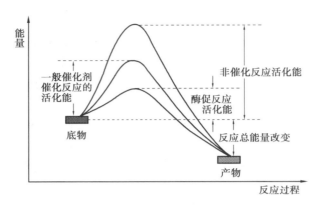

图 6.4　酶促反应活化能的改变

间络合物),然后 ES 再分解成产物和原来的酶。将原来活化能高的一步反应变成活化能低的两步反应,所以反应速度加快。由于 ES 的形成,使底物分子内某些化学键发生极化而不稳定,大大降低了活化能。

最初人们认为酶的结构是刚性的,不会发生改变,早在 1894 年 Fisher 提出了"锁与钥匙"学说[图 6.5(a)],即酶与底物为锁与钥匙的关系,用以解释酶与底物结构上的互补关系。但是该学说的局限性是不能够解释酶的逆反应。后来人们发现酶与底物结合的过程中,酶的结构并不是固定不变的,而是发生变化的。1958 年 Koshland 提出"诱导契合"学说[图 6.5(b)],即很多酶分子的构型与底物原来并非吻合,但底物分子与酶分子靠近时,可诱导酶分子的构象变得能与底物配合,然后底物才能与酶的活性中心结合,进而引起底物分子发生相应化学变化。随后 X 衍射分析的方法已证明,酶在参与催化作用时确实发生了构象变化。

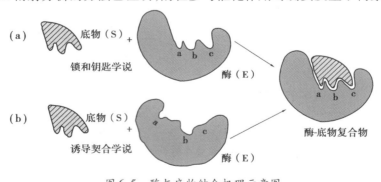

图 6.5　酶与底物结合机理示意图

6.3　影响酶促反应速度的因素

酶促反应速度用单位时间内底物的减少或产物的增加表示。酶是蛋白质,其空间结构受很多因素影响而改变,酶的活性也随之变化。酶促反应速度也受很多因素影响,如底物浓度、酶浓度、温度、pH、激活剂和抑制剂。当研究某一因素的影响时,必须保持其他因素不变,而且为了避免酶本身在反应中失活,产物的抑制等因素的干扰,就要在反应的初速度时研究。

酶在催化反应中不能改变反应平衡,但可以加快反应速度。要想在实际生产中更好地使用酶,让其发挥最大作用,使用比较小的成本也能生产出同样价值量的产品,必须了解酶促反应速度影响因素,有利于阐明酶的结构与功能的关系,优化反应条件,了解酶在代谢中的作用和某些药物的作用机制。

6.3.1 底物浓度对反应速度的影响

底物浓度对酶促反应会表现出特殊的饱和现象,而这种情况在非酶促反应中则是不存在的。底物浓度的变化对酶促反应速率的影响比较复杂。在酶浓度、温度和 pH 等条件固定不变的条件下,底物浓度 $[S]$ 与反应速度 v 的相互关系(图6.6)。

当底物浓度较低时,底物浓度增加,反应速率随之急剧增加,反应速率与底物浓度成正比;当底物浓度较高时,增加底物浓度,反应速率虽随之增加,但增加的程度不与底物浓度成正比;当底物达到一定浓度后,若再增加其浓度,则反应速率将趋于恒定($v = V_{max}$),并不再受底物浓度的影响,此时的底物浓度已达到饱和程度。所有的酶都有这种饱和现象,但各自达到饱和时所需要的底物浓度各不相同,甚至差异极大。

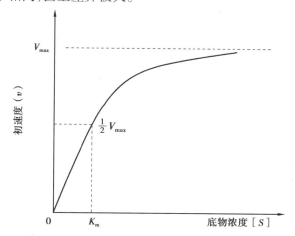

图 6.6 底物浓度对反应速度的影响

1)米氏方程

1913 年 Michaelis 与 Menten 根据中间产物理论提出了能表示整个反应中底物浓度与反应速度关系的公式,即米-曼氏方程,简称米氏方程。

$$v = \frac{V_{max} \cdot [S]}{K_m + [S]} \tag{6.1}$$

式中 $[S]$——底物浓度;

v——不同底物浓度时的反应速度;

V_{max}——最大反应速度;

K_m——米氏常数。

在底物浓度很低时,$K_m \gg [S]$,$v = V_{max}/(K_m[S])$,即与 $V[S]$ 成正比;

在底物浓度很高时,$[S] \gg K_m$,$v = V_{max}$,即 v 与底物浓度无关。

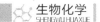
2)米氏常数

当 $v = V_{max}/2$ 时,米氏方程可简化得: $K_m = [S]$。 K_m 即米氏常数,等于酶促反应速度为最大反应速度一半时的底物浓度,其单位为浓度单位,一般用 mol/L 表示。

米氏常数是酶的特征性常数,每一种酶都有它的 K_m 值,与酶的性质、催化的底物和酶促反应条件(如温度、pH、有无抑制剂等)有关,而与酶浓度无关。酶的种类不同, K_m 值不同,同一种酶与不同底物作用时, K_m 值也不同。

K_m 值可用于表示酶和底物亲和力的大小。 K_m 越小,说明用很低浓度的底物即可达到最大速度的一半。 K_m 越小,酶对底物亲和力越大,反应速度越快。若一个酶同时有几种底物,则对每种底物各有一个 K_m, K_m 最小者为该酶的最适底物(天然底物)。

当使用酶制剂时,可以根据 K_m 值判断使酶发挥一定反应速度时需要多大的底物浓度;在已规定底物浓度时,也可根据 K_m 值判断算出酶能够获得多大的反应速度。

 课堂活动

K_m 是酶的特征常数,是否与酶促反应条件相关?

6.3.2 酶浓度对反应速度的影响

在底物足够过量,而其他条件固定不变,并且反应系统中不含有抑制酶活性物质及其他不利于酶发挥作用的因素时,酶促反应速度和酶浓度成正比(图6.7)。

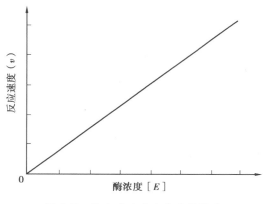

图 6.7 酶浓度对反应速度的影响

6.3.3 温度对反应速度的影响

温度对酶促反应速度的影响如图6.8所示的钟罩形曲线。从图上曲线可以看出,在较低的温度范围内,酶促反应速度随温度升高而增大,但超过一定温度后,反应速度反而下降,因此只有在某一温度下,反应速度才达到最大值,这个温度通常称为酶促反应的最适温度。每种酶在一定条件下都有其最适温度,但不同种类不同来源的酶,其最适温度有很大的差别,从温血动物细胞提取的酶最适温度为 35 ～ 40 ℃,植物细胞中的酶最适温度稍高,通常为 40 ～ 50 ℃,微生物中的酶最适温度差别较大,某些酶最适温度可达 70 ℃,人体内酶最适温度在 37 ℃左右。

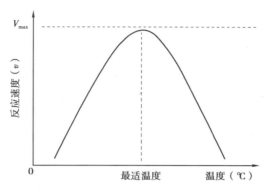

图 6.8　温度对酶促反应速度的影响

温度对酶促反应速度的影响表现在两个方面:

①在其他条件一定的情况下,当温度升高时,与一般化学反应一样,反应速率加快。

②由于酶是蛋白质,随着温度升高,酶蛋白逐渐变性甚至最终丧失催化活性,引起酶反应速率下降。

酶所表现的最适温度是这两个过程综合平衡的结果:低于最适温度时,以①效应为主,反应速率随着温度升高而升高;高于最适温度时,以酶蛋白变性效应为主,酶活性迅速下降。

最适温度不是酶的特征物理常数,常受到其他测定条件如底物种类、作用时间、pH 和离子强度等因素影响而改变。对于一种酶而言,其最适温度并不是一个固定值,会随着酶促作用时间的长短而改变。由于温度使酶蛋白变性是随时间累加的,通常反应时间长,酶的最适温度低,反应时间短则最适温度就高,只有在规定的反应时间内才可确定酶的最适温度。

高温可使酶变性,但有少数的酶能够耐受较高的温度,如耐高温的 α-淀粉酶在 90 ℃甚至更高的温度条件下,仍能发挥其催化活性。一般酶在干燥情况下比潮湿的情况下更耐高温,例如,有的酶干粉在室温下可放置一段时间,但其水溶液必须保存在冰箱里。虽然酶活性随温度降低而减弱,但低温一般不会破坏酶,当温度回升时,酶又恢复其活性,如用低温保存菌种和生物制品。

6.3.4　pH 对反应速度的影响

环境 pH 对酶的影响很大,不同的 pH 值,酶活性的大小是不一样的,酶化反应速度也不一样。在一定的 pH 值下,酶促反应具有最大速度,高于或低于此值,反应速度下降,通常称此pH 为酶反应的最适 pH(图 6.9)。

各种酶在一定的条件下都有其特定的最适 pH 值,最适 pH 值是酶的特性之一,但却不是一个固定的常数,它受到许多因素的影响,如底物种类、浓度及缓冲溶液成分不同而不同,而且常与酶的等电点不一致,因此,酶的最适 pH 值只是在一定条件下才有意义。大多数酶的最适

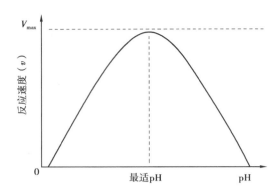

图 6.9　pH 对酶促反应速度的影响

pH 值一般为 4.0 ~ 8.0,植物及微生物酶最适 pH 值为 4.5 ~ 6.5。但也有例外,如胃蛋白酶为 1.5,精氨酸酶(肝脏中)为 9.7。

pH 影响酶活力的原因可能有以下 3 个方面:

①过酸、过碱会影响酶蛋白的构象,甚至使酶变性而失活。

②pH 会影响底物分子的解离状态,也会影响酶分子的解离状态,从而影响酶与底物的结合能力,使酶反应速度降低。

③pH 影响酶分子、底物分子中某些基团的解离,这些基团的离子化状态与酶的专一性、酶分子中活性中心的构象有关,影响到酶与底物的结合、催化等。

酶在体外反应的最适 pH 与它所在正常细胞的生理 pH 值并不一定完全相同。这是因为一个细胞内可能会有几百种酶,可能一些酶的最适 pH 是细胞生理 pH 值,而对另一些酶则不是,不同的酶在相同的 pH 值可能表现出不同的活性。

6.3.5　激活剂对反应速度的影响

凡能提高酶活性的物质都称为激活剂。酶的激活剂大致按其分子大小可分为下述 3 大类。

1)无机离子

如金属离子,对有些酶除了起辅助因子的作用外,还起激活作用。作为激活剂起作用的有 K^+、Na^+、Zn^{2+}、Mg^{2+}、Fe^{2+}、Ca^{2+} 等。阴离子在一般浓度下激活作用不明显,典型的例子是动物唾液中的 α-淀粉酶受 Cl^- 激活等。阴离子一般浓度下激活作用具有严格的选择性,即一种激活剂对某种酶起激活作用,而另一种酶可能起抑制作用。例如,Na^+ 抑制 K^+ 的激活作用,而 Ca^{2+} 能抑制 Mg^{2+} 激活的酶。有时金属离子间可以相互代替,如 Mg^{2+} 作为激活剂时常为 Mn^{2+} 所代替。另外无机离子作为激活剂时,要求较低的浓度。如有些离子在低浓度下起激活作用,而在高浓度时往往表现抑制作用。

2)有机分子

如某些还原剂胱氨酸,可使酶分子的二硫键还原为—SH,提高酶活性。例如,EDTA 可除去酶中重金属杂质,解除重金属离子对酶的抑制,从而激活酶的作用。

3)具有蛋白质性质的大分子物质

具有蛋白质性质的大分子物质作为激活剂主要是指对某些无活性酶原起作用。

6.3.6 抑制剂对反应速度的影响

凡使酶活性下降而不引起酶蛋白变性的物质称为酶的抑制剂。值得注意的是:抑制作用和变性作用是不一样的。

有机体往往只有一种酶被抑制,就会使代谢不正常,以致表现变态,严重的会致使机体死亡。杀虫剂和消毒防腐剂的应用就与它们对昆虫和微生物酶的抑制作用有关。

酶的抑制作用根据抑制剂与酶结合程度,主要有不可逆抑制和可逆抑制两大类。

1)不可逆抑制作用

这类抑制通常以比较牢固的共价键与酶活性中心的必需基团结合,从而使酶失活,且不能用透析、超滤等物理方法除去抑制剂,必须用特殊的化学方法消除。如重金属、碘乙酸等对—SH基酶的抑制,有机磷化物对羟基酶的抑制等,因此,这些药物都有剧毒。

(1)羟基酶的抑制

羟基酶是指以羟基为必需基团的一类酶。有机磷化合物能共价结合胆碱酯酶活性中心上的羟基,可使碱酯酶失活(图6.10)。胆碱酯酶与神经传导有关,促使乙酰胆碱分解为乙酸和胆碱,如果胆碱酯酶失活,引起乙酰胆碱的积累,出现一系列中毒状态,如肌肉震颤、瞳孔缩小、多汗、心跳减慢等,因此这类有机磷化合物又称为神经毒剂。临床药物解磷定(PAM)可解除有机磷化合物对胆碱酯酶的抑制。有机磷制剂与酶结合后虽不解离,但用解磷定能把酶上的磷酸根除去,使酶复活。在临床上它们作为有机磷中毒后的解毒药物。

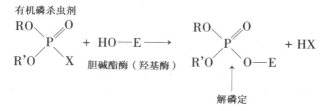

图6.10　有机磷抑制羟基酶

(2)巯基酶的抑制

巯基酶是指以巯基为必需基团的一类酶。重金属离子如 Hg^{2+}、Ag^+ 和 As^{3+} 可与酶分子的巯基共价结合,使酶活性被抑制。如有机砷化合物路易斯毒气($CHCl{=}CHAsCl_2$)与酶的巯基结合而使人畜中毒。

这类重金属盐引起的巯基酶中毒可通过加入过量的巯基化合物如半胱氨酸或还原型谷胱甘肽(GSH)、二巯基丙醇(BAL)、二巯基丁二酸钠而解除。

2)可逆抑制作用

这类抑制剂以非共价键与酶疏松结合,可以用透析法将抑制剂除去,从而恢复酶活性。可逆抑制根据抑制剂与酶结合位置不同分为竞争性抑制,非竞争性抑制和反竞争性抑制3种类型。

（1）竞争性抑制

这类抑制的抑制剂结构与底物的结构相似,它和底物同时竞争酶的活性中心,因而妨碍了底物与酶的结合,减少了酶分子的作用机会,从而降低了酶的活性,这种作用称为竞争性抑制（图6.11）。

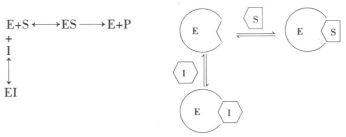

图6.11　竞争性抑制作用机制示意图

竞争性抑制的特点为抑制剂与底物的结构相似,都是竞争酶的活性中心,其抑制程度取决于抑制剂与酶的相对亲和力及底物浓度,当底物浓度很高时,抑制作用可以被解除。

琥珀酸脱氢酶可催化琥珀酸脱氢生成反丁烯二酸（延胡索酸）,是糖在有氧氧化时三羧酸循环中的一步反应。丙二酸与琥珀酸在结构上相似,可作为琥珀酸的竞争性抑制剂,竞争与琥珀酸脱氢酶的结合（图6.12）。

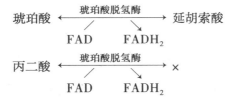

图6.12　琥珀酸脱氢酶的竞争性抑制

磺胺药（如对氨基苯磺酰胺）与对氨基苯甲酸结构相似,它是细菌合成核酸不可缺少的辅酶。由于磺胺药是二氢叶酸合成酶的竞争性抑制剂,抑制二氢叶酸的合成;而增效剂甲氧卡胺嘧啶（TMP）和二氢叶酸的结构相似,是二氢叶酸还原酶的竞争性抑制剂,抑制四氢叶酸的合成,这样使细菌体内的四氢叶酸的合成受到双重抑制,使细菌因核酸的合成受阻而死亡。人体能直接利用食物中的叶酸,所以核酸的合成不受磺胺药的干扰。

可逆抑制剂中最重要和最常见的是竞争性抑制剂。许多抗肿瘤药物能抑制细胞内与核酸或蛋白质合成有关的酶类,从而抑制瘤细胞的分化和增殖,以对抗肿瘤生长;硫胺嘧啶可抑制碘化酶,从而影响甲状腺素的合成,故而用于治疗甲状腺机能亢进等。

5'-氟尿嘧啶是一种抗癌药物,它的结构与尿嘧啶十分相似,能抑制胸腺嘧啶合成酶的活性,阻碍胸腺嘧啶的合成代谢,使体内核酸不能正常合成,使癌细胞的增殖受阻,起到抗癌作用。

（2）非竞争性抑制

这类抑制剂和底物不在酶的同一部位结合,抑制剂与底物之间无竞争性,酶与底物结合,还可与抑制剂结合,或者酶和抑制剂结合后,也可再同底物结合,其结果是形成了三原复合物（ESI）。非竞争性抑制的反应模式（图6.13）。一旦形成了ESI后,ESI就不能再分解,因此影响了反应速度。由于在这类抑制作用中底物与抑制剂之间没有竞争性关系,所以不能用增加底物浓度来减轻或解除抑制剂影响,如某些重金属离子对酶的抑制作用属于非竞争性抑制。

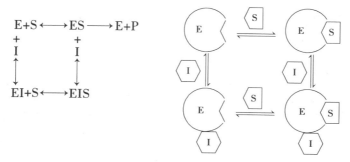

$$E+S \longleftrightarrow ES \longrightarrow E+P$$

图 6.13 非竞争性抑制作用机制示意图

（3）反竞争性抑制

反竞争性抑制剂仅与底物和酶形成的中间复合物结合,使中间复合物的有效量下降,如图 6.14 所示。这样,既减少了从中间产物转化为产物的量,同时也减少了从中间产物解离出游离酶和底物的量,使反应速度降低。

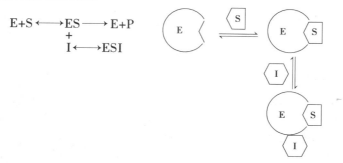

图 6.14 反竞争性抑制作用机制示意图

6.4 酶活力测定

酶活力测定是酶的研究和分离纯化中必须进行的工作程序,通过测定酶活力的大小可以知道酶的分离纯化过程的优劣以及生物体是否患上某些疾病。

6.4.1 酶活力

酶活力就是酶催化一定化学反应的能力,也就是酶促反应的速度。酶活力的测定就是测定酶促反应速度,酶促反应速度越大,酶活力就越高。酶促反应速度的大小通常用单位时间内底物的减少量或者产物的增加量来表示。研究酶促反应速度通常以酶促反应初速度为准,此时酶活力与产物浓度成直线关系。

衡量酶活力大小即酶含量多少用酶活力单位(U)来表示,酶单位定义是:在一定条件下,一定时间内将一定量的底物转化为产物所需的酶量。为使酶活力单位标准化,国际生化协会酶学委员会 1964 年规定:在特定条件下,每 1 min 催化 1 μmol 底物减少或 1 μmol 产物生成所需要的酶量,称为酶国际单位"IU"。特定条件是指:反应温度为25 ℃,其他均为最适条件。

6.4.2 酶的比活力

酶的比活力代表酶的纯度,国际酶学委员会规定比活力用每 mg 蛋白质所含的酶活力单位数表示,对同一种酶来说,比活力越大,表示酶的纯度越高,酶的比活力单位用(U/mg)表示。

6.4.3 酶活力的测定方法

酶活力的测定方法多种多样,常用的有分光光度法、荧光法、同位素测定方法以及电化学方法等,在此不再详述。

案例导入

转氨酶活性检测的意义

在大家进行体检时,其中一个重要的检测指标就是血液中转氨酶活性的检测,那么为什么要检测转氨酶呢?原来转氨酶是人体代谢中必不可少的催化剂,主要存在于肝脏细胞中。当人体肝脏细胞出现炎症、坏死等情况时,肝脏细胞受损,其通透性变大,原来主要存在于肝脏细胞中的转氨酶就会释放到血液中,造成血液中谷丙转氨酶的活性大大升高,从而初步可以判断人的肝脏出了问题,这对于肝脏疾病早期的发现、预防与治疗都具有积极的意义。

6.5 酶在医药学上的应用

6.5.1 酶在医学上的应用

随着生物工程的发展,酶在医学上的应用也越来越广泛,不仅可以根据生物体内酶活力的变化来诊断疾病,还可以利用酶来诊断和治疗疾病。

1)酶与疾病发生

酶与疾病的发生具有密切的联系,主要有以下两种情况。

（1）酶缺陷致病

生物体内酶活性的缺失也会导致疾病。如酪氨酸酶的缺失会导致白化病;β-半乳糖苷酶的缺失会导致乳糖不耐症;6-磷酸葡萄糖脱氢酶缺失会导致蚕豆病。

（2）酶活性异常导致疾病

酶的合成是基因表达的结果，一般健康人体液内所含有的某些酶的量是恒定在某一范围内的。若出现某些疾病，则体液内的某种或某些酶的活性将会发生相应的变化。因此，可以根据体液内某些酶的活力变化情况，而诊断出某些疾病，如酸性磷酸酶是一种在酸性条件下催化磷酸单酯水解生成无机磷酸的水解酶。人血清酸性磷酸酶的最适 pH 为 5~6，最适作用温度37 ℃。正常人血清中的酸性磷酸酶来源于骨、肝、肾、脾、胰等组织，故不论男女老幼，其含量大致相同。而前列腺癌患者以及出现肝炎、甲状旁腺机能亢进、红血球病变等疾病时，血清中酸性磷酸酶的活力都会升高。

生物体内酶的活性也会受到药物的影响，如氰化物会抑制细胞色素氧化酶的活性，重金属离子抑制巯基酶的活性，从而导致相应疾病的发生甚至死亡。

2）酶与疾病诊断

转氨酶是催化氨基从一个分子转移到另一个分子的转移酶类，在疾病诊断方面应用的主要有谷丙转氨酶（GPT）和谷草转氨酶（GOT），血清 GPT 和 GOT 的最适 pH 为 7.4，最适作用温度 37 ℃。血清中 GPT 和 GOT 的活力测定，已在肝病和心肌梗死等疾病的诊断中得到广泛的应用。急性传染性肝炎、肝硬化和阻塞性黄疸型肝炎的患者，其血清中 GPT 和 GOT 的活力急剧升高。心肌梗死患者 GOT 的活力升高尤为显著。

3）酶与疾病治疗

酶可作为药物治疗多种疾病。如蛋白酶、淀粉酶、脂肪酶可作为消化剂，用于治疗消化不良、食欲不振。溶菌酶具有抗菌、消炎、镇痛的作用，除此之外，可与病毒蛋白、DNA 等形成复合物，治疗带状疱疹、水痘、肝炎等病毒性疾病。超氧化物歧化酶（SOD）具有抗氧化、抗衰老、抗辐射的作用，对红斑狼疮、皮肌炎、结肠炎及氧中毒等疾病有显著疗效。

6.5.2 酶在药物生产中的应用

利用酶的催化作用，将前体物质转化为药物的过程，称为酶工程制药。酶工程制药主要完成一些生物自身无法完成的反应，如没有相应的催化酶、非生物反应环境（如有机相）等。如利用固定化磷酸二酯酶生产 5'-复合单核苷酸；固定化氨基酰化酶生产 L-氨基酸；固定化青霉素酰化酶生产 6-氨基青霉烷酸等。

> **知识链接**
>
> 氨基酸作为生化药物的一种，可由化学合成方法得到，但该种方法得到的氨基酸是D-型及 L-型两种构型氨基酸的混旋体，要想进一步利用还需进行拆分，拆分方法有化学法、酶法等多种方法，其中利用氨基酰化酶将 D-型氨基酸转化为 L-型氨基酸最为有效。

· 本章小结 ·

1. 酶是活细胞合成的,对其特异底物有高效催化作用的生物催化剂,包括蛋白质和核酸。酶的催化具有高效性、专一性、可调控性及高度不稳定性。

2. 酶按催化反应类型分为氧化还原酶、转移酶、水解酶、裂合酶、异构酶及合成酶。其命名方法包括习惯命名法和系统命名法。

3. 酶根据组成成分不同分为单纯蛋白酶及结合蛋白酶,其中单纯蛋白酶只有酶蛋白组成,结合蛋白酶则包括酶蛋白及辅助因子,辅助因子又分为辅酶和辅基。

4. 与酶的活性密切相关的基团称为酶的必需基团,包括结合基团、催化基团和调控基团。必需基团在空间靠近,形成具有一定空间结构的区域,可以与底物结合并发挥催化作用,称为酶的活性中心。

5. 没有催化作用的酶的前体称为酶原。酶原转化为酶的过程称为酶原的激活,酶原激活的原因是形成了酶的活性中心。

6. 酶的催化机制是酶与底物通过诱导契合结合成中间复合物,大大降低反应所需的活化能,从而加快反应速度。

7. 酶促反应动力学研究酶浓度、底物浓度、温度、pH、激活剂及抑制剂等对酶促反应速度的影响。米氏方程是反映底物浓度和反应速度之间关系的动力学方程。米氏常数 K_m 是酶的特征性常数,可以用来表示酶与底物之间亲和力的大小。米氏常数与底物浓度和酶浓度无关,而受温度和 pH 的影响。

8. 酶活力是酶催化一定化学反应的能力,也就是酶促反应速度,常用单位时间内底物的减少量或产物的增加量来表示。每 mg 蛋白质所含的酶活力单位数表示酶的比活力,代表酶的纯度。酶活力测定方法有分光光度法、荧光法、同位素测定方法以及电化学方法等。

 复习思考题

一、名词解释

1. 酶的活性中心　　　　2. 酶原　　　　　　　3. 酶原激活
4. 辅酶与辅基　　　　　5. 竞争性抑制作用　　6. 不可逆抑制作用

二、选择题

1. 关于米氏常数 K_m 的说法,哪个是正确的?(　　　)
    A. 饱和底物浓度时的速度　　　　　　　B. 在一定酶浓度下,最大速度的一半
    C. 饱和底物浓度的一半　　　　　　　　D. 速度达最大速度半数时的底物浓度

2. 下面关于酶的描述,哪一项不正确?(　　　)
    A. 所有的蛋白质都是酶　　　　　　　　B. 酶是生物催化剂
    C. 酶在强碱、强酸条件下会失活　　　　D. 酶具有专一性

3. 当 $[S]=4K_m$ 时,$v=($　　　)。
    A. V_{max}　　　　　　B. $4/3V_{max}$　　　　　　C. $3/4V_{max}$　　　　　　D. $4/5V_{max}$

4. 丙二酸对琥珀酸脱氢酶的抑制属于(　　)。

    A. 非竞争性抑制　　B. 反竞争性抑制　　　　C. 不可逆性抑制　　　　D. 竞争性抑制

5. 磺胺药物治病原理是(　　)。

    A. 直接杀死细菌　　　　　　　　　　　B. 细菌生长某必需酶的竞争性抑制剂

    C. 细菌生长某必需酶的非竞争性抑制剂　　D. 细菌生长某必需酶的不可逆抑制剂

6. 有机磷农药作为酶的抑制剂是作用于酶活性中心的(　　)。

    A. 巯基　　　　　　　B. 羟基　　　　　　　C. 羧基　　　　　　　D. 咪唑基

7. 酶不可逆抑制的机制是(　　)。

    A. 使酶蛋白变性　　　　　　　　　　　B. 与酶以共价键结合

    C. 与酶的必需基团结合　　　　　　　　D. 与酶以次级键结合

8. 酶的活性中心是指(　　)。

    A. 酶分子上的几个必需基团

    B. 酶分子与底物结合的部位

    C. 酶分子结合底物并发挥催化作用的关键性三维结构区

    D. 酶分子中心部位的一种特殊结构

9. 酶原激活的实质是(　　)。

    A. 激活剂与酶结合使酶激活

    B. 酶蛋白的变构效应

    C. 酶原分子一级结构发生改变从而形成或暴露出酶的活性中心

    D. 酶原分子的空间构象发生了变化而一级结构不变

10. 酶的竞争性抑制作用特点是指抑制剂(　　)。

    A. 与酶的底物竞争酶的活性中心　　　　B. 与酶的产物竞争酶的活性中心

    C. 与酶的底物竞争非必需基团　　　　　D. 与酶的底物竞争辅酶

11. 酶原激活的生理意义是(　　)。

    A. 保护酶的活性　　B. 恢复酶活性　　　　C. 促进生长　　　　　D. 避免自身损伤

12. 关于酶的叙述哪项是正确的? (　　)

    A. 所有的蛋白质都是酶

    B. 酶与一般催化剂相比催化效率高得多,但专一性不够

    C. 酶活性的可调控性质具有重要生理意义

    D. 所有具催化作用的物质都是酶

13. 关于酶抑制剂的叙述正确的是(　　)。

    A. 酶的抑制剂中一部分是酶的变性剂　　B. 酶的抑制剂只与活性中心上的基团结合

    C. 酶的抑制剂均能使酶促反应速度下降　　D. 酶的抑制剂一般是大分子物质

14. 以下哪项不是酶的特点? (　　)

    A. 多数酶是细胞制造的蛋白质　　　　　B. 易受 pH 和温度等外界因素的影响

    C. 能加快反应,并改变反应平衡点　　　　D. 催化效率极高

15. 酶原之所以没有活性是因为(　　)。

    A. 酶蛋白肽链合成不完全　　　　　　　B. 活性中心未形成或未暴露

    C. 酶原是普通的蛋白质　　　　　　　　D. 缺乏辅酶或辅基

16. 全酶是指什么？（　　　）

    A. 酶的辅助因子以外的部分

    B. 酶的无活性前体

    C. 一种酶一抑制复合物

    D. 一种需要辅助因子的酶，具备了酶蛋白、辅助因子各种成分

17. 根据米氏方程，有关 $[S]$ 与 K_m 之间关系的说法不正确的是（　　　）。

    A. $[S] \ll K_m$ 时，v 与 $[S]$ 成正比

    B. $[S] = K_m$ 时，$v = 1/2 V_{max}$

    C. $[S] \gg K_m$ 时，反应速度与底物浓度无关

    D. $[S] = 2/3 K_m$ 时，$v = 25\% V_{max}$

18. 关于酶活性中心的叙述下列哪项是正确的？（　　　）

    A. 所有酶的活性中心都有金属离子　　　　B. 所有的抑制剂都作用于酶的活性中心

    C. 所有的必需基团都位于酶的活性中心　D. 所有的酶都有活性中心

19. 某酶今有 4 种底物（S），其 K_m 值如下，该酶的最适底物为（　　　）。

    A. S1：$K_m = 5 \times 10^{-5}$　　　　　　　　　　B. S2：$K_m = 1 \times 10^{-5}$

    C. S3：$K_m = 10 \times 10^{-5}$　　　　　　　　　D. S4：$K_m = 0.1 \times 10^{-5}$

三、判断题

1. 酶能改变反应的平衡点，从而加速反应进行。　　　　　　　　　　　　　　　（　　　）

2. 所有的酶都含有辅酶或辅基。　　　　　　　　　　　　　　　　　　　　　（　　　）

3. 必需基团可能位于活性中心以内，也可以位于活性中心以外。　　　　　　　（　　　）

4. 构成酶的活性中心的氨基酸残基在空间结构上相距较近，但在一级结构上可能相距较远。　　　　　　　　　　　　　　　　　　　　　　　　　　　　　　　　　　（　　　）

5. 一个酶可能有多个底物，K_m 值最大的那个底物是酶的最适底物。　　　　　（　　　）

四、问答题

1. 酶作为一种生物催化剂有何特点？

2. 解释酶的活性部位、必需基团两者之间的关系。

3. 说明米氏常数的意义及应用。

4. 什么是竞争性和非竞争性抑制？试用一两种药物举例说明不可逆抑制剂和可逆抑制剂对酶的抑制作用？

5. 当酶促反应进行的速度为 V_{max} 的 80% 时，在 K_m 和 $[S]$ 之间有何关系？

实训 6.1　影响酶促反应速度的因素

一、实训目的

① 了解影响酶促反应速度的因素。

② 通过实验观察温度、pH、激活剂和抑制剂对酶促反应的影响。

二、实训原理

淀粉是非还原性糖,在唾液淀粉酶催化下水解,其最终产物是麦芽糖。在水解反应过程中淀粉的相对分子质量逐渐变小,形成若干相对分子质量不等的过渡性产物,称为糊精。向反应系统中加入碘液可检测淀粉的水解程度,淀粉遇碘成蓝色,麦芽糖对此不显色。糊精相对分子质量较大者呈蓝紫色,随糊精的继续水解,对碘呈橙红色。根据颜色反应,可以了解淀粉被水解的程度。在不同温度、不同酸碱度下,唾液淀粉酶活性不同,淀粉水解程度也不一样。在最适温度,最适 pH 的条件下,酶的活性最大,产物生产的量也多,偏离最适温度、最适 pH,酶的活性减弱,甚至失活。另外,激活剂、抑制剂也能影响淀粉的水解。因此,通过与碘反应的颜色判断淀粉被水解的程度,进而了解温度、pH、激活剂与抑制剂对酶促反应的影响。

三、实训仪器与试剂

（1）实验仪器

试管（10 mm×100 mm）,试管架,恒温水浴,沸水浴,冰浴,蜡笔。

（2）试剂

1% 淀粉溶液:取可溶性淀粉 1 g,加 5 mL 蒸馏水,调成糊状,再加 80 mL 蒸馏水加热并不断搅拌,使其充分溶解,冷却,最后用蒸馏水稀释至 100 mL。

稀释唾液的准备:将痰咳尽,用水漱口（去除食物残渣、洗涤口腔）,含蒸馏水 30 mL,做咀嚼运动,2 min 后吐入烧杯中备用（不同人甚至同一人在不同时间所采集的唾液淀粉酶的活性不一样,结果会有差别,若想得到满意结果,应事先确定稀释倍数）。

pH 6.8 缓冲溶液:取 0.2 mol/L Na_2HPO_4 溶液 772 mL,0.1 mol/L 柠檬酸溶液 228 mL,混合后即成。

pH 3.0 缓冲溶液:取 0.2 mol/L Na_2HPO_4 溶液 205 mL,0.1 mol/L 柠檬酸溶液 795 mL,混合后即成。

pH 8.0 缓冲溶液:取 0.2 mol/L Na_2HPO_4 溶液 972 mL,0.1 mol/L 柠檬酸溶液 28 mL,混合后即成。

稀碘溶液:取碘 2 g,碘化钾 4 g,溶于 1 000 mL 蒸馏水中,储于棕色瓶子。1% NaCl 溶液,1% $CuSO_4$ 溶液,1% Na_2SO_4 溶液。

四、实训方法和步骤

（1）温度对酶促反应的影响

①取 3 支试管,编号,每管各加入 pH 6.8 缓冲溶液 20 滴,1% 淀粉 10 滴。将第 1 管放入 37 ℃ 恒温水浴中,第 2 管放入沸水浴中,第 3 管放入冰浴中。

②各管放置 5 min 后,分别加稀释唾液 5 滴,再放回原处。

③放置 10 min 后取出,分别向各管加入稀碘液 1 滴,观察 3 管中颜色的区别,说明温度对酶促反应的影响。

（2）pH 对酶促反应的影响

①取 3 支试管,编号。按表 6.2 加入试剂。

表6.2　pH 对酶促反应的影响实验所加试剂

管号	缓冲溶液/滴			1%淀粉溶液/滴	唾液/滴
	pH 3.0	pH 6.8	pH 8.0		
1	20	—		10	5
2	—	20	—	10	5
3	—	—	20	10	5

②将上面各管摇匀后放入 37 ℃恒温水浴中保温。

③5～10 min 后,取出分别加入 1 滴稀碘溶液,观察 3 管颜色的区别,说明 pH 对酶促反应的影响。

（3）激活剂与抑制剂对酶促反应的影响

①取 4 支试管,编号按表6.3 加入试剂。

②摇匀各管后放入 37 ℃恒温水浴中保温。

③5～10 min 后,取出分别加入 1 滴稀碘溶液,观察各管颜色的区别,说明激活剂和抑制剂对酶促反应的影响。

表6.3　激活剂与抑制剂对酶促反应实验所加试剂

管号	pH 6.8 缓冲溶液/mL	稀唾液/mL	1%淀粉溶液/mL	蒸馏水/mL	1% NaCl/mL	1% CuSO₄/mL	1% NaSO₄/mL
1	4	1	2	10	—	—	—
2	4	1	2	—	10	—	—
3	4	1	2	—	—	10	—
4	4	1	2	—	—	—	10

五、思考题

①为什么用碘液做指示剂检查各种因素对唾液淀粉酶的影响?

②激活剂与抑制剂有什么区别?

实训 6.2　木瓜蛋白酶的酶活力测定

一、实训目的

①学习测定蛋白酶活力的基本原理。

②掌握用分光光度法测定蛋白酶活力的原理及技术。

二、实训原理

磷钨酸与磷钼酸的混合物,即福林-酚试剂,它在碱性条件下极不稳定,易被酚类化合物还原成蓝色的物质(钼蓝和钨蓝的混合物)。酪蛋白经蛋白酶作用后产生的酪氨酸带有酚基,可与酚试剂反应,所生成的蓝色化合物可用分光光度法测定,从而可确定酶活力的大小。

三、实训试剂和器材

(1)试剂

酚试剂:于 200 mL 磨口回流装置内加入钨酸钠 100 g,钼酸钠 25 g,水 700 mL,85% 磷酸 50 mL,浓盐酸 100 mL。微火回流 10 h 后加入硫酸锂 150 g,蒸馏水 50 mL 和数滴溴,摇匀。煮沸约 15 min,以驱逐残溴,溶液呈黄色。冷却后定容至 1 000 mL,过滤,置于棕色瓶中保存。使用前用氢氧化钠标定,加水稀释(约加 1 倍水)至 1 mol/L。

0.55 mol/L 碳酸钠溶液

10% 三氯乙酸溶液

0.5% 酪蛋白溶液:称取酪蛋白 2.5 g,用 0.5 mol/L 氢氧化钠溶液 4 mL 润湿,加 0.02 mol/L pH 7.5 磷酸缓冲液少许,在水浴中溶解。冷却后,用上述缓冲液定容至 500 mL,此试剂临用时配制。

0.02 mol/L pH 7.5 磷酸缓冲液:称取磷酸氢二钠 71.64 g,用水定容至 1 000 mL 为 A 液。称取磷酸二氢钠 31.21 g,用水定容至 1 000 mL 为 B 液。取 A 液 840 mL,B 液 160 mL,混合后即为 0.2 mol/L pH 7.5 磷酸缓冲液,临用前稀释 10 倍。

100 µg/mL 酪氨酸溶液:准确称取干的酪氨酸 100 mg,用 0.2 mol/L 盐酸溶液溶解,定容至 100 mL,临用时用水稀释 10 倍,再分别配制成几种 10~60 µg/mL 浓度的酪氨酸溶液。

酶液:称取 1 g 木瓜蛋白酶的酶粉,用少量 0.02 mol/L pH 7.5 磷酸缓冲液溶解,然后用同一缓冲液定容至 1 000 mL,振摇约 15 min,使其充分溶解,然后用干纱布过滤。吸取滤液 5 mL,稀释 20 倍数供测定用。(此酶液可以在冰箱中保存 1 周)

(2)实验仪器

721 型或 72 型分光光度计、温水浴锅、试管及试管架、吸管、漏斗。

四、实训方法与步骤

(1)绘制标准曲线

①取 6 支试管,编号,取不同浓度(10~60 µg/mL)酪氨酸溶液各 1 mL,每支试管分别加入 0.55 mol/L 碳酸钠 5 mL,酚试剂 1 mL。置于 30 ℃ 恒温水浴中显色 15 min,用分光光度计在 680 nm 处测定吸光值,用空白管(仅加水、碳酸钠溶液和酚试剂)做对照。

②以光吸收值为纵坐标,以酪氨酸的微克数为横坐标,绘制标准曲线。

(2)酶活力测定

①样品液准备:吸取 0.5% 酪蛋白溶液 2 mL 置于试管中,在 30 ℃ 恒温水浴中预热 5 min 后,加入已经 30 ℃ 水浴预热 5 min 的酶液 1 mL,立即计时,反应 10 min 后,由水浴锅取出,并立即加入 10% 三氯乙酸溶液 3 mL,充分混匀后,放置 15 min,用漏斗过滤,收集滤液为样品液。

②对照液准备:加酶液 1 mL 于试管中,先加入 10% 三氯乙酸溶液 3 mL,充分混匀后,再加入 0.5% 酪蛋白溶液 2 mL,30 ℃ 水浴保温 10 min,放置 15 min,用漏斗过滤,收集滤液为对照液。

③酶活力的测定:取 3 支试管,编号。分别加入样品滤液(编号为管 1)、对照滤液(编号为管 2)和水(编号为管 3)各 1 mL。然后各管加入 0.55 mol/L 碳酸钠溶液 5 mL,混匀后再各加

入酚试剂 1 mL,立即混匀,在 30 ℃恒温水浴中显色 15 min。在 680 nm 处测定 3 支管的光吸收值。

（3）计算酶活力

①酶活力定义:在 30 ℃、pH 7.5 的条件下,水解酪蛋白每分钟产生酪氨酸 1 μg 为 1 个酶活力单位。

②采用式 6.1 计算 1 g 木瓜蛋白酶在 30 ℃、pH 7.5 的条件下所具有的活力单位为:

$$(A_样 - A_对) \times K \times \left(\frac{v}{t}\right) \times N \tag{6.2}$$

式中 $A_样$——样品液的光吸收值;

$A_对$——对照液的光吸收值;

K——标准曲线上光吸收值为 1 时的酪氨酸的微克数;

t——酶促反应的时间(min),本实验 $t=10$;

v——酶促反应管的总体积(毫升数),本实验 $v=6$ mL;

N——酶液的稀释倍数,本实验 $N=20\ 000$。

五、思考题

①你对酶的活力单位是如何理解的?

②在进行酶活力测定时,为什么要做对照液吸光值的测定?

第7章 维生素与辅酶

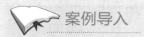 学习目标

➤ 掌握维生素的概念、生理功能以及与活性辅酶之间的关系。

➤ 熟悉维生素的分类、命名及维生素缺乏症。

➤ 了解维生素的来源及性质。

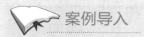 知识点

维生素的概念、命名及分类;维生素的活性辅酶形式;来源、性质、生理功能及缺乏症。

案例导入

维生素的发现

人类对维生素的认识始于 3 000 多年前,当时古埃及人发现夜盲症可以被一些食物治愈,虽然他们并不清楚食物中什么物质起了医疗作用,这是人类对维生素最朦胧的认识。中国唐代医学家孙思邈曾经指出,用动物肝可以防治夜盲症,用谷皮熬粥可以防治脚气病。实际起作用的因素正是维生素,动物肝中多含丰富的维生素 A,而谷皮中多含维生素 B_1,分别是夜盲症和脚气病的对症良药。直到 1886 年荷兰医生艾克曼在荷属东印度研究亚洲普遍流行的脚气病,最初企图找出引起该病的细菌,但未成功。1890 年,在他的实验鸡群中爆发了多发性神经炎,表现与脚气病极为相似。1897 年,他终于证明该病是由于用白米喂养而引起的,将丢弃的米糠放回到饲料中就可以痊愈。后来格林证明米糠中含有一种营养因素,并首先提出营养缺乏症这个概念。1911 年,在英国工作的波兰生物化学家卡西米尔·芬克在艾克曼和格林等人的试验基础上,采取了一种独特的提取方法,从米糠中成功地提取到一种晶体物质,这种物质含氮,为碱性,属于胺类,因此,芬克把它称为"生命胺"。这就是艾克曼所说的可以防治脚气病的物质,现被称为维生素"B_1"。1913 年,麦克柯鲁姆和戴维斯发现了 V_A 和 V_B。其后,其他维生素被陆续发现。

7.1 维生素概述

7.1.1 维生素的概念

维生素是各种生物维持正常生理功能所必需的一类低分子有机化合物。这类物质体内不能合成或者合成量不足,必须由食物供给。当机体缺乏维生素时,物质代谢发生障碍。缺乏不同的维生素会导致不同的疾病,这种由于缺乏维生素而引起的疾病称为维生素缺乏症;但某些维生素也不能过量摄入,否则会导致维生素中毒。

7.1.2 维生素分类及命名

1)命名

维生素命名方法通常有4种:

①按照维生素发现的先后以英文字母顺序命名,如维生素 A、B、C、D、E 等。

②按照维生素生理功能命名,如抗干眼病维生素、抗坏血酸、抗佝偻病维生素等。

③按照维生素的化学结构命名,如视黄醇、硫胺素、生物素等。

④有些维生素在最初发现的时候被认为是一种,后证明是经过多种维生素混合存在,命名时便在其字母下方标注 1、2、3 等数字加以区别,如维生素 B_1、B_2、B_6等。

2)分类

维生素的种类有很多,一般按其溶解性将维生素分为脂溶性维生素和水溶性维生素。

①脂溶性维生素:维生素 A、D、E、K 等。

②水溶性维生素:维生素 B 族和维生素 C。

 课堂活动

煮饭时,要先把米洗一洗,但是又不能洗的次数过多,时间过长,否则会造成营养物质的损失,为什么?

7.1.3 维生素与辅酶的关系

维生素在生物体内的作用不同于糖类、脂肪和蛋白质,不是用来供能或者构成生物体的组成部分,而是代谢过程中所必需的。已知绝大多数维生素作为酶的辅酶或辅基的组成成分,在物质代谢中起重要作用。现将各种维生素的辅酶、辅基形式以及在酶促反应中的主要作用列于表7.1。

表7.1　各种维生素的辅酶(辅基)形式及酶反应中的主要功能

类　型		辅酶、辅基或其他活性形式	主要功能
水溶型维生素	维生素 B_1(硫胺素)	硫胺素焦磷酸(TPP)	醛基转移和 α-酮酸的脱羧作用
	维生素 B_2(核黄素)	黄素单核苷酸(FMN)	氧化还原反应
	维生素 PP(烟酸和烟酰胺)	烟酰胺腺嘌呤二核苷酸磷酸(NADP)	氢原子(电子)转移
	维生素 B_6[吡哆醛(醇、胺)]	磷酸吡哆醛、磷酸吡哆胺	氨基酸转氨基、脱羧作用
	泛　酸	辅酶 A(CoA)	酰基转移作用
	生物素	生物胞素	传递 CO_2
	叶　酸	四氢叶酸	传递一碳单位
	维生素 B_{12}(钴胺素)	脱氧腺苷钴胺素(辅酶 B_{12})、甲基钴胺素	氢原子1,2交换(重排作用),甲基化
	硫辛酸	硫辛酸赖氨酸	酰基转移,氧化还原反应
	维生素 C(抗坏血酸)	—	羟基化反应辅助因子
脂溶性维生素	维生素 A	11-顺视黄醛	视循环
	维生素 D	1,25-二羟胆钙甾醇 $[1,25-(OH)_2D_3]$	调节钙、磷代谢保护膜纸质、抗氧化剂羧化反应的辅助因子,参与氧化还原反应
	维生素 E		
	维生素 K		

 案例导入

维生素 A 中毒

　　早期,探险家去北极探险时,由于缺乏食物,而服用了大量的北极熊内脏,结果导致了探险家中毒死亡,那么探险家为什么会死亡呢?原来北极熊肝脏中含有大量的维生素A,属于脂溶性维生素的一种,而脂溶性维生素是指不溶于水而溶于脂肪及有机溶剂的维生素,其一大特性就是可以在生物体内大量储存,主要储存于肝脏部位,摄入过量会引起中毒,甚至导致死亡。

7.2　脂溶性维生素

　　维生素 A、D、E、K 等不溶于水,而溶于脂肪及脂溶剂(如苯、乙醚及氯仿)中,故称为脂溶性维生素。在食物中,它们常与脂类共存,因此它们的吸收与脂类吸收有关。当脂类吸收不良时,脂溶性维生素的吸收大大减少,甚至会引起缺乏症。当摄入量超过机体需要量时,可以在

肝脏为主的器官储存。如长期摄入量过多,可引起中毒。能在人及动物体内转化为维生素的物质称为维生素原,如麦角固醇、7-脱氢胆固醇、胡萝卜素。

7.2.1 维生素 A

1)来源及性质

维生素 A 又称抗干眼病维生素,包括 A_1 和 A_2 两种(图 7.1)。A_1 存在于哺乳动物及咸水鱼的肝脏中,即一般所说的视黄醇,A_2 存在于淡水鱼的肝脏中,即 3-脱氢视黄醇。植物性食物中没有维生素 A,但在胡萝卜、甘薯及黄玉米、红辣椒、菠菜、芥菜等有色蔬菜中有类似维生素 A 结构的一类胡萝卜素,无生理活性,它们在人和动物的小肠和肝脏中能转化为维生素 A,因此称为维生素 A 原。维生素 A 原包括 α、β、γ-胡萝卜素和玉米黄素等,其中最重要的是 β-胡萝卜素。

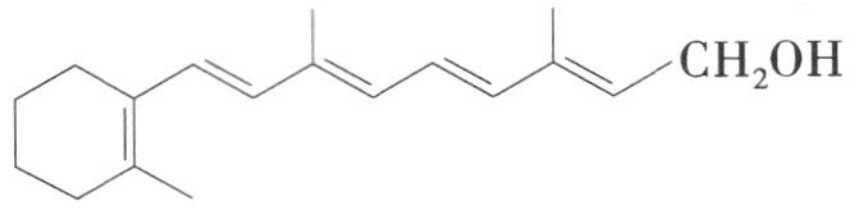

视黄醇(维生素A_1)

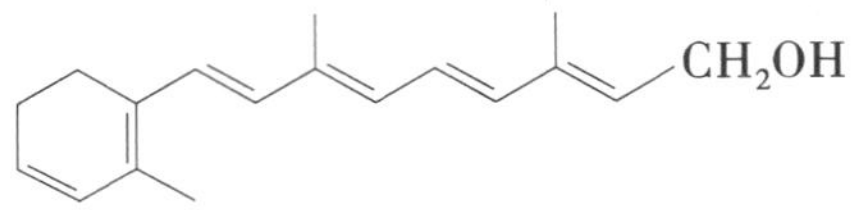

3-脱氢视黄醇(维生素A_2)

图 7.1 维生素 A_1 和维生素 A_2 的化学结构式

2)生理功能与缺乏症

(1)构成视觉细胞内感光物质

维生素 A 是构成视觉细胞中感受弱光的视紫红质的组成部分。视紫红质是由视蛋白和 11-顺视黄醛组成,可保证视杆细胞能持续感光,出现暗视觉。当维生素 A 缺乏时,顺视黄醛得不到足够的补充,视杆状细胞合成视紫红质减少,对暗光敏感度降低,暗适应能力下降,因此会引起夜盲症。

(2)维持上皮组织结构的完整和健全所必需的物质

维生素 A 缺乏会影响上皮细胞糖蛋白及膜糖蛋白的合成,导致上皮干燥、增生及角化,其中以眼睛、呼吸道、消化道、尿道及生殖道的上皮受影响最为显著。上皮组织的不健全,抵抗微生物侵袭的能力降低,易感染疾病。泪腺上皮不健全,分泌减少甚至停止,易产生干眼病。

(3)促进生长、发育及繁殖

维生素 A 具有类固醇激素的作用,能促进生长发育及维持健康,如果缺乏维生素 A,相关类固醇激素的合成减少,导致生长发育迟缓、成人生殖能力衰退等现象。

维生素 A 虽有许多重要的生理功能,但长期过量摄入会引起不良反应,引发头痛、恶心、肝脾肿大、腹泻及鳞状皮炎等症状。孕妇摄取过多可引起胎儿畸形,因而应适量摄取。

电脑"偷"走维生素 A:连续对着电脑工作 3 小时以上,视神经细胞就会缺乏维生素 A,因为它与视网膜感光直接相关。所以,电脑一族应多吃富含维生素 A 的食物,如胡萝卜、南瓜及多种奶制品等。

7.2.2 维生素 D

1) 来源及性质

维生素 D 又称为抗佝偻病维生素,是类固醇衍生物,其种类很多,以 D_2 和 D_3 较为重要,D_3 最为重要。维生素 D 主要存在于动物性食品中,如动物的肝脏、肾、脑、皮肤和蛋黄、牛奶中含量都较高,尤其是鱼肝油中含有丰富的维生素 D。人和动物的皮肤下含有 7-脱氢胆固醇,当皮肤被紫外线(日光)照射后,可转变成维生素 D_3。植物、酵母及其他真菌中含的麦角固醇经紫外线(日光)照射后,也可转变成维生素 D_2。

2) 生理功能与缺乏症

维生素 D_3 在机体内本没有生物活性,它们必须经肝脏和肾脏羟化为 $1,25-(OH)_2D_3$ 才具有生物活性,这也是维生素 D_3 在体内的活性形式。$1,25-(OH)_2D_3$ 主要功能是促进钙、磷吸收,调节钙磷代谢,维持血中钙磷浓度正常,促进骨骼和牙齿的钙化。当维生素 D 缺乏时,儿童易患佝偻病,成人可导致软骨病。

鱼肝油是由海鱼中提炼的一种脂肪油,主要成分是维生素 A,可促进视觉细胞内感光色素的形成,调试眼睛适应外界光线强弱的能力,以降低夜盲症和视力减退的发生,维持正常的视觉反应。此外鱼肝油中的维生素 D 有助于促进人体对钙的吸收,婴幼儿缺乏维生素 D 会引起佝偻病,成人缺乏维生素 D 会造成骨骼软化症。

7.2.3 维生素 E

1) 来源及性质

维生素 E 与动物的生育有关,又称生育酚,主要存在于植物油中,尤其以麦胚油、大豆油、玉米油和葵花籽油中含量最为丰富。豆类及蔬菜含量也较多。已知具有维生素 E 作用的物质有 8 种,其中 α、β、γ、δ 较为重要,α-生育酚活性最高。但就抗氧化作用论,δ-生育酚作用最强,α-生育酚作用最弱。

2）生理功能与缺乏症

维生素 E 极易氧化而保护其他物质不被氧化，是动物和人体中最有效的抗氧化剂。它能对抗生物膜磷脂中不饱和脂肪酸的过氧化反应，因而避免脂质过氧化物产生，保护生物膜的结构和功能，因此其预防衰老的作用受到重视。

维生素 E 与动物生殖功能有关，动物缺乏维生素 E 时，其生殖器官受损而不育。临床上常用维生素 E 治疗先兆性流产和习惯性流产。

维生素 E 能促进血红素的合成。研究证明，当人体血浆维生素 E 水平低时，红细胞增加氧化性溶血，若供给维生素 E 可以延长红细胞的寿命。这是由于维生素 E 具有抗氧化剂的功能，保护红细胞膜不饱和脂肪酸免于氧化破坏，因而防止了红细胞破裂而造成溶血。

维生素 E 一般不易缺乏。在严重的脂类吸收障碍和肝严重受损时可出现缺乏症，表现为红细胞数量减少，寿命缩短，体外实验见到红细胞脆性增加，常表现为贫血或血小板增多症。

7.2.4 维生素 K

1）来源及性质

维生素 K 具有凝血功能，故又称为凝血维生素。天然维生素 K 有两种：维生素 K_1 和 K_2。K_1 在绿叶植物及动物肝脏中含量较丰富，K_2 是人体肠道细菌的代谢产物，它们都是 2-甲基-1,4-萘醌的衍生物。目前临床上常用的 K_3、K_4 是人工合成的。

2）生理功能与缺乏症

维生素 K 促进凝血因子的合成，并使凝血酶原转变为凝血酶，从而加速血液凝固。缺乏维生素 K 时，凝血时间延长，常发生肌肉及肠胃道出血。新生儿肠道无细菌合成维生素 K，因此常在孕妇产前或新生儿出生后给予维生素 K，可防止出血。

维生素 K 还参与生物氧化过程，作为电子传递体系的一部分，参与氧化磷酸化过程。

一般情况下人体不会缺乏维生素 K，因为维生素 K 在自然界绿色植物中含量丰富，另一方面，人和哺乳动物肠道中的大肠杆菌可以合成维生素 K。

 案例导入

维生素 C 的发现

200 多年前，随着欧洲国家的海外探险，商业贸易和殖民扩张的兴起，远洋航行迅速发展。对远航者而言，可怕的不是遇上暴风雨和海盗，而是一种让人精神消退、肌肉酸痛、牙龈出血、牙齿脱落、皮肤大片出血、严重疲惫、腹泻、呼吸困难，甚至死亡的疾病——坏血病，因为人们对此病束手无策。1747 年，英国海军医生詹姆斯·林德意外发现，食用蔬菜和水果可以防治坏血病，但并不明其理。直到 20 世纪，预防坏血病的物质才被发现，命名为抗坏血酸，这就是维生素 C。

7.3 水溶性维生素

水溶性维生素包括维生素 B 族、维生素 C。属于维生素 B 族的主要有维生素 B_1、B_2、PP、B_6、泛酸、生物素、叶酸及 B_{12} 等。与脂溶性维生素不同的是,水溶性维生素摄入量达到饱和以后,多余部分就会随尿排出。所以必须从食物中摄取,也少有中毒现象。除维生素 C 以外,其他水溶性维生素均作为辅酶或辅基的组成部分,参与物质代谢,因此缺乏时可造成机体生长障碍。

7.3.1 维生素 B_1

1)来源及性质

维生素 B_1 又称抗脚气病维生素或抗神经炎维生素,化学结构是由含硫的噻唑环和含氨基的嘧啶环组成,故称硫胺素。硫胺素在体内经硫胺素激酶催化,与 ATP 作用,生成焦磷酸硫胺素(TPP)才具有生物活性(图 7.2)。

维生素 B_1 为白色晶体,主要存在于外皮及胚芽中,米糠、麦麸、黄豆、酵母、瘦肉等食物中含量最丰富。维生素 B_1 耐酸,在中性和碱性中容易破坏,耐热,极易溶于水,故米不易多淘洗以免损失。

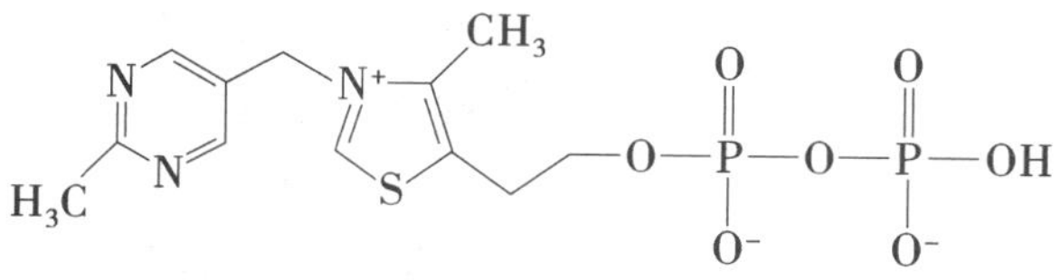

图 7.2 焦磷酸硫胺素的化学结构式

2)生理功能与缺乏症

维生素 B_1 和糖代谢密切相关。当维生素 B_1 缺乏时,糖代谢受阻,丙酮酸积累,出现多发性神经炎、皮肤麻木、心力衰竭、四肢无力、肌肉萎缩及下肢浮肿等症状,临床上称为脚气病。

维生素 B_1 可抑制乙酰胆碱活性。乙酰胆碱是一种神经递质。当维生素 B_1 缺乏时,胆碱酯酶活性增高,乙酰胆碱水解加强,神经传导受到影响,造成胃肠蠕动缓慢,消化液分泌减少,食欲不振,消化不良等症状。

7.3.2 维生素 B_2

1)来源及性质

维生素 B_2 又称核黄素,在体内的活性形式为黄素单核苷酸(FMN)和黄素腺嘌呤二核苷酸(FAD)两种活性形式存在。它们是生物体内一些氧化还原酶(黄素蛋白)的辅基。

维生素 B_2 是橙黄色针状结晶,在酸性溶液中稳定,在碱性溶液中易被热和光破坏。对光敏感,水溶液呈黄绿色荧光,可作为定量分析的依据。维生素 B_2 广泛存在于动植物中,在酵母、肝、肾、蛋黄、奶及大豆中含量丰富,所有植物和很多微生物都能合成。

2)生理功能与缺乏症

FMN 和 FAD 广泛参与体内各种氧化还原反应,在生物氧化中,FMN 和 FAD 分子中异咯嗪环上的 1 位和 10 位氮原子上可加氢或脱氢,故在生物氧化中主要起到递氢作用,因此维生素 B_2 能促进糖、脂肪和蛋白质的代谢,对维持皮肤、黏膜和视觉的正常机能均有一定的作用。当维生素 B_2 缺乏时,引起口角炎、舌炎、唇炎、结膜炎、皮炎等。

7.3.3 维生素PP

1)来源及性质

维生素 PP 又称抗癞皮病维生素,包括尼克酸和尼克酰胺。它们都是吡啶的衍生物,在体内可以相互转换。其中尼克酰胺是动物体内的主要存在形式。

尼克酰胺在体内的活性形式有两种。一种是尼克酰胺腺嘌呤二核苷酸,简称 NAD^+(又称辅酶Ⅰ),另一种是尼克酰胺腺嘌呤二核苷酸磷酸,简称 $NADP^+$(又称辅酶Ⅱ)。

维生素 PP 广泛存在于自然界,以酵母、花生、谷类、肉类和动物肝脏中含量丰富,体内色氨酸可转变成尼克酰胺,故人类一般不会缺乏。但玉米中缺乏色氨酸和尼克酸,故长期只食用玉米,则有可能患癞皮病。

维生素 PP 为无色晶体,性质稳定,不易受热的破坏,耐酸碱,是维生素中性质最稳定的一种。在 260 nm 处有一吸收峰,与溴化氰作用生成黄绿色化合物,此反应可用于定量测定。

2)生理功能与缺乏症

维生素 PP 与核糖、磷酸、腺嘌呤组成了辅酶Ⅰ和辅酶Ⅱ,是多种不需氧脱氢酶的辅酶,通过递氢作用参与体内生物氧化的过程。糖、蛋白质及脂肪代谢中均需此类辅酶参加。

大剂量的尼克酸可以降低血浆甘油三酯和胆固醇以及扩张血管的作用。

维生素 PP 能维持神经组织的健康,当缺乏维生素 PP 时表现出神经营养障碍,主要症状为皮炎、腹泻和痴呆,常在裸露或易摩擦部位出现对称性皮炎,称为癞皮病。

知识链接

生物体内的氧化作用主要是通过脱氢反应来实现的。代谢物在脱氢酶的作用下,经由 NAD^+ 或 $NADP^+$、FMN 或 FAD 等一系列递氢体的传递,最后和氧结合生成水,并且在递氢过程中通过磷酸化而被储存到 ATP 中,满足机体能量的需求。

7.3.4　维生素 B_6

1）来源及性质

维生素 B_6 又称抗皮炎维生素,其化学本质为吡啶衍生物,包括吡哆醛、吡哆醇和吡多胺 3 种化合物(图 7.3)。

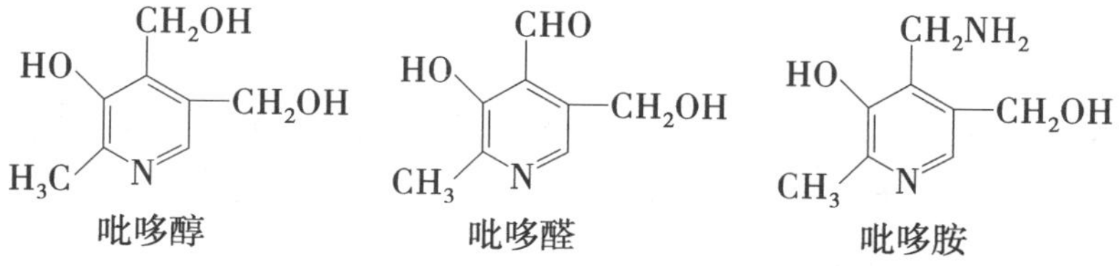

图 7.3　维生素 B_6

维生素 B_6 是无色晶体,易溶于水及乙醇,在酸溶液中稳定,在碱溶液中易被破坏,对光敏感,不耐高温。与三氯化铁作用呈红色,与对氨基苯磺酸作用呈橘色,可用于定量测定。

维生素 B_6 在动植物中分布很广,谷类外皮尤其含量丰富,同时肠道细菌可以合成维生素 B_6 供人体需要,因此人类很少发生维生素 B_6 缺乏症。

2）生理功能与缺乏症

维生素 B_6 在体内的活性形式为磷酸吡哆醛和磷酸吡多胺。磷酸吡哆醛是氨基酸脱羧酶的辅酶,维生素 B_6 可以促进谷氨酸脱羧生成 γ-氨基丁酸,γ-氨基丁酸是一种抑制性神经递质,抑制中枢神经系统,故临床上可用来治疗婴儿惊厥和妊娠呕吐。

维生素 B_6 缺乏时,血红素合成受阻,造成滴血色素小细胞性贫血和血清铁增高。

异烟肼能与吡哆醛结合形成腙,可引起维生素 B_6 缺乏症,故抗结核治疗时,要注意补充维生素 B_6。

7.3.5　维生素 B_{12}

1）来源及性质

维生素 B_{12} 又称抗恶性贫血维生素,化学结构中含有金属元素钴,也称钴胺素,是唯一含有金属元素的维生素。

维生素 B_{12} 广泛来源于动物性食品,特别是肉类和肝脏中含量丰富。人和动物的肠道细菌能合成,一般情况下,不会缺少维生素 B_{12}。

维生素 B_{12} 是粉红色结晶,在弱酸中稳定,强酸、强碱下极易分解,日光、氧化剂及还原剂均易被破坏,故应选棕色试剂瓶密闭保存。

2）生理功能与缺乏症

维生素 B_{12} 参与体内一碳单位的代谢,增加叶酸的利用率,促进蛋白质的生物合成。当缺

乏维生素 B_{12} 时,叶酸不能再生,一碳单位转运受阻,影响嘌呤和嘧啶的合成,最终导致核酸合成障碍,红细胞不能发育和成熟,产生巨幼红细胞性贫血,即恶性贫血。

维生素 B_{12} 的另一种辅酶形式为甲基钴胺素,参与生物合成中的甲基化作用。例如,胆碱、甲硫氨酸等化合物的生物合成过程中起着传递甲基的作用。

7.3.6 叶酸

1) 来源及性质

叶酸在绿叶中含量十分丰富,因此命名为叶酸。它是由 2-氨基-4-羟基-6-甲基蝶啶、对氨基苯甲酸和 L-谷氨酸 3 部分组成,又称蝶酰谷氨酸。

叶酸广泛存在于肝、酵母及蔬菜中,人体肠道细菌也能合成叶酸,故一般不易发生缺乏症。叶酸是黄色晶体,微溶于水,不耐酸碱,高温、紫外线均可使之失活,应遮光密闭保存。

2) 生理功能与缺乏症

叶酸在体内的活性形式为四氢叶酸(FH_4),是一碳单位转移酶的辅酶,参与嘧啶、嘌呤、胆碱等多种重要物质的合成。当叶酸缺乏时,DNA 合成受阻,骨髓巨红细胞中 DNA 合成减少,细胞分类速度降低,细胞体积较大,细胞核染色质疏松,称巨红细胞,这种红细胞大部分在骨髓内成熟前就被破坏造成贫血,称巨红细胞性贫血。

叶酸虽一般不易发生缺乏症,但孕妇及哺乳期因叶酸需要量增加,应适量补充叶酸。

磺胺类药物与叶酸分子的对氨基苯甲酸结构相似,可竞争性抑制二氢叶酸在体内的合成,这是磺胺类药物抗菌作用的主要机理。由于叶酸对核酸代谢有重要的影响,根据此原理设计出叶酸类抗代谢物作为抗癌药物用于临床。

7.3.7 泛酸

1) 来源及性质

泛酸广泛存在于生物界,故又称遍多酸。泛酸在酵母、肝、肾、蛋、小麦、米糠、花生和豌豆中含量丰富,在蜂王浆中含量最多。

泛酸为浅黄色油状物,易溶于水、乙醇,钠、钾、钙盐,以及醋酸乙酯、冰醋酸等,中性溶液中耐热,对氧化剂还原剂稳定。

辅酶 A 是泛酸的主要活性形式,常简写为 CoA,由泛酸、β-氨基乙硫醇、3'-磷酸腺苷和 5'-焦磷酸组成(图 7.4)。

泛酸的另一种活性形式为酰基载体蛋白(ACP),与脂肪酸的合成关系密切。

2) 生理功能与缺乏症

CoA 和 ACP 广泛参与糖、脂类、蛋白质的代谢及肝的生物转化作用。由于泛酸在食物中含量充足,因此很少见泛酸缺乏症。

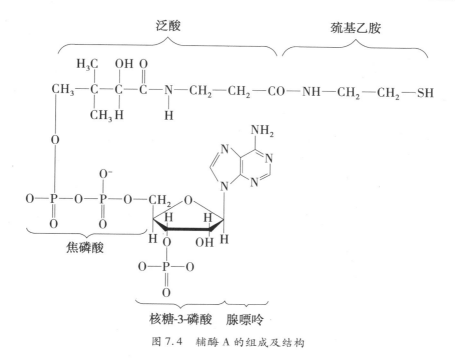

图7.4 辅酶A的组成及结构

7.3.8 生物素

1)来源及性质

生物素又称维生素 B_7 或维生素 H,是由带有戊酸侧链的噻吩与尿素结合的骈环化合物。生物素为无色针状晶体,对酸稳定,在普通温度下相当稳定,但高温和氧化剂会使其失活。生物素来源广泛,如在肝、肾、蛋黄、酵母、蔬菜和谷类中都含有。肠道细菌也能合成供人体需要。

2)生理功能与缺乏症

生物素是羧化酶的辅酶,与糖、脂肪、蛋白质和核酸的代谢密切相关,在代谢过程中起 CO_2 载体的作用。

生物素对某些微生物如酵母菌、细菌等生长有强烈的促进作用。所以在微生物制药工业中,用发酵法生产抗生素,培养基中需加入生物素。

人类一般不易发生生物素缺乏症,但当长期口服抗生素药物或过多吃生鸡蛋清,就会发生生物素缺乏症,引起疲劳、恶心、皮炎和毛发脱落等症状。

🔖 知识链接

　　生鸡蛋里含有抗生物素蛋白,服用生鸡蛋会影响食物中生物素的吸收,使身体出现食欲不振、全身无力、肌肉疼痛、皮肤发炎、脱眉等"生物素缺乏症"。

7.3.9　维生素 C

1）来源及性质

维生素 C，具有防治坏血病的功能，故又称抗坏血酸，是一种具有多烯醇结构的多羟基六碳化合物，具有较强的酸性，也有较强的还原性。在生物体内维生素 C 以氧化型和还原型两种形式存在，两种形式之间可以互相转换（图 7.5），在生物氧化体系中发挥着重要作用。

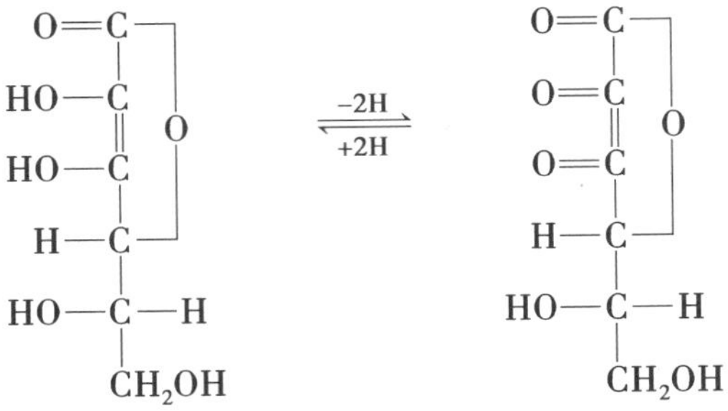

抗坏血酸（还原型）　　　　脱氧抗坏血酸（氧化型）

图 7.5　维生素 C 的化学结构及相互转换

人体不能合成维生素 C，维生素 C 广泛存在于新鲜水果和蔬菜中，储存久的蔬菜维生素 C 含量会大大减少。干菜中几乎没有维生素 C。维生素 C 在酸性溶液中比在碱性溶液中稳定，易被光、热和某些金属离子破坏。

2）生理功能与缺乏症

（1）维生素 C 参与体内的氧化还原反应

①保持巯基酶的活性和谷胱甘肽的还原状态，起解毒作用。维生素 C 能使酶分子的 SH 维持在还原状态，从而使巯基酶保持活性。维生素 C 还与谷胱甘肽的氧化还原有密切联系，它们在体内往往共同发挥抗氧化与解毒的作用。如防止细胞膜的膜脂过氧化。

②红细胞的维生素 C 可直接还原高铁血红蛋白成为血红蛋白，恢复其运氧功能。

③作为供氢体，促使叶酸转变为四氢叶酸。

（2）维生素 C 参与羟化反应

①促进胶原蛋白的合成。维生素 C 是羟化酶维持活性的必须辅助因子之一。当胶原蛋白合成时，多肽链中的脯氨酸及赖氨酸等残基分别在胶原脯氨酸羟化酶及胶原赖氨酸羟化酶催化下羟化成羟脯氨酸及羟赖氨酸残基。

②与胆固醇代谢有关。正常情况下体内的胆固醇约有 80% 转变成胆酸排出体外，缺乏维生素 C 可能影响胆固醇的羟基化，使其不能变成胆酸而排出体外。因此，维生素 C 有降低血中胆固醇的作用。

（3）维生素 C 具有刺激机体免疫系统的作用

维生素 C 抑制白血细胞的氧化破坏，增加它们的流动性。免疫球蛋白的血清水平在维生素 C 存在下增加。

维生素 C 缺乏时会引起坏血病。但如果长期大量服用，会引起维生素 C 中毒，应合理服用。

• 本章小结 •

1. 维生素是各种生物维持正常生理功能所必需的一类低分子有机化合物,通常分为水溶性和脂溶性两类。

2. 脂溶性维生素有 A、D、E、K 4 种,该类维生素在生物体内均具有重要的作用,当缺乏时会患上各种疾病。脂溶性维生素会在生物体内贮存,当摄入过多时,会引起中毒。

3. 水溶性维生素有维生素 B 族和维生素 C,该类维生素在生物体主要作为各种酶的辅酶,当缺乏时会导致正常的生化反应不能进行,从而导致机体障碍和疾病的发生。水溶性维生素不会在生物体内储存,一般不会发生中毒。除维生素 C 外,其他水溶性维生素均作为辅酶或辅基的成分,参与物质代谢过程,因此,缺乏时可造成机体生长障碍。

 复习思考题

一、名词解释

1. 维生素　　　2. 脂溶性维生素　　　3. 水溶性维生素　　　4. 维生素缺乏症

二、选择题

1. 抗干眼病维生素是(　　　)。
  A. 维生素 A　　　　B. 维生素 D　　　　C. 维生素 B_1　　　　D. 叶酸

2. 下列何种维生素缺乏会导致"脚气病"? (　　　)
  A. 维生素 B_{12}　　　B. 维生素 B_2　　　C. 维生素 B_1　　　D. 维生素 B_6

3. 下列何种维生素容易在人体内积累? (　　　)
  A. 维生素 E　　　　B. 维生素 C　　　　C. 维生素 B_1　　　D. 维生素 B_6

4. 临床治疗先兆性流产应选用(　　　)。
  A. 维生素 C　　　　B. 维生素 E　　　　C. 维生素 D　　　　D. 维生素 B_{12}

5. 对钙磷调节和小儿骨骼生长有重要影响的是(　　　)。
  A. 维生素 K　　　　B. 维生素 E　　　　C. 维生素 D　　　　D. 维生素 B_2

6. 含有金属元素的维生素是(　　　)。
  A. 维生素 C　　　　B. 泛酸　　　　　C. 维生素 B_{12}　　　D. 维生素 B_2

7. 以玉米为主食,容易导致下列哪种维生素的缺乏? (　　　)
  A. 维生素 PP　　　　B. 生物素　　　　C. 维生素 D　　　　D. 维生素 B_6

8. 泛酸作为辅酶的成分参与下列哪个过程? (　　　)
  A. 脱羧作用　　　　B. 脱氢作用　　　　C. 转氨作用　　　　D. 转酰基作用

9. 坏血病是由下列哪种维生素缺乏引起的? (　　　)
  A. 维生素 C　　　　B. 维生素 D　　　　C. 维生素 K　　　　D. 维生素 B_6

10. 一般不会发生缺乏症,孕妇及哺乳期需要增加的维生素(　　　)。
  A. 生物素　　　　B. 叶酸　　　　　C. 维生素 D　　　　D. 维生素 B_1

三、判断题

1. 维生素对人体有益,所以摄入得越多越好。 （　　）
2. 叶酸是转移一碳单位酶系的辅酶。 （　　）
3. 麦角固醇、7-脱氢胆固醇在紫外线的作用下都可以转化为维生素 D,故称为维生素 D原。 （　　）
4. 维生素 B_{12} 与四氢叶酸的协同作用,可促进红细胞的发育和成熟。 （　　）
5. 泛酸的结构是由蝶呤啶、对氨基苯甲酸和谷氨酸构成。 （　　）

四、问答题

1. 简述维生素的概念及分类。
2. 试总结维生素的活性形式及缺乏症。

实训 7.1　果蔬中维生素 C 的提取与测定

一、实训目的

① 学习定量测定维生素 C 的原理和方法。
② 了解果蔬中维生素 C 的含量。

二、实训原理

维生素 C 是不饱和多羟基物,属于水溶性维生素。它分布很广,在许多水果、蔬菜中的含量十分丰富。维生素 C 具有很强的还原性。还原型抗坏血酸能还原染料 2,6-二氯酚靛酚,本身则氧化为脱氢型。在酸性溶液中,2,6-二氯酚靛酚呈红色,还原后变为无色。因此,当用此染料滴定含有维生素 C 的酸性溶液时,维生素 C 尚未全部被氧化前,则滴下的染料立即被还原成无色。一旦溶液中的维生素 C 已全部被氧化时,则滴下的染料立即使溶液变成粉红色。所以,当溶液从无色变成微红色时即表示溶液中的维生素 C 刚刚全部被氧化,此时即为滴定终点。如无其他杂质干扰,样品提取液所还原的标准染料量与样品中所含还原型抗坏血酸量成正比。

三、实训试剂和仪器

（1）试剂

2% 草酸溶液:草酸 2 g 溶于 100 mL 蒸馏水中。

1% 草酸溶液:草酸 1 g 溶于 100 mL 蒸馏水中。

标准抗坏血酸溶液(0.1 mg/mL):准确称取 50.0 mg 纯抗坏血酸(应为洁白色,如变为黄色则不能用)溶于 1% 草酸溶液中,并稀释至 500 mL,贮于棕色瓶中,冷藏。最好临用前配制。

0.1% 2,6-二氯酚靛酚溶液:250 mg 的 2,6-二氯酚靛酚溶于 150 mL 含有 52 mg 的 $NaHCO_3$ 的热水中,冷却后加水稀释至 250 mL,贮于棕色瓶中冷藏(4 ℃),约可保存一周。每次临用时,以标准抗坏血酸溶液标定。

（2）仪器

锥形瓶 100 mL、吸量管 10 mL、容量瓶(100 mL、250 mL)、微量滴定管 5 mL、研钵、漏斗、纱布。

四、实训材料

新鲜水果或蔬菜。

五、实训方法与步骤

（1）提取

水洗干净待测的新鲜蔬菜或水果，用纱布或吸水纸吸干表面水分。然后称取 20 g，加入 10～20 mL 的 2% 草酸，研磨成浆状，抽滤，合并滤液，滤液总体积定容至 50 mL。或者研磨后以 2% 草酸洗涤离心（4 000 rpm，10 min）2～3 次，合并上清液于 50 mL 容量瓶中，定容至刻度。

（2）标准液滴定

准确吸取标准抗坏血酸溶液 1 mL 置 50 mL 锥形瓶中，加 9 mL 的 1% 草酸，以 0.1% 2,6-二氯酚靛酚溶液滴定至淡红色，并保持 15 s 不褪色，即达终点；取 10 mL 的 1% 草酸作空白对照，按以上方法滴定。由所用染料的体积计算出 1 mL 染料相当于多少毫克抗坏血酸。

（3）样品滴定

准确吸取滤液两份，每份 10 mL，分别放入 2 个锥形瓶内，滴定方法同前。另取 10 mL 1% 草酸作空白对照滴定。

（4）计算

维生素 C 含量的计算采用公式 7.1。

$$维生素 C 含量（mg/100 g 样品）=\frac{(V_A-V_B)\times C\times T\times 100}{D\times W} \tag{7.1}$$

式中　V_A——滴定样品所耗用的染料的平均毫升数；

　　　　V_B——滴定空白对照所耗用的染料的平均毫升数；

　　　　C——样品提取液的总毫升数；

　　　　D——滴定时所取的样品提取液毫升数；

　　　　T——1 mL 染料能氧化抗坏血酸毫克数（由操作 2 计算出）；

　　　　W——待测样品的质量，g。

六、注意事项

①某些水果、蔬菜浆状物泡沫太多，可滴加数滴丁醇或辛醇。

②整个操作过程要迅速，防止还原型抗坏血酸被氧化。滴定过程一般不超过 2 min。滴定所用的染料不应小于 1 mL 或多于 4 mL，如果样品含维生素 C 太高或太低时，可酌情增减样液用量或改变提取液稀释倍数。

③提取的浆状物如不易过滤，亦可离心，留取上清液进行滴定。

④本实验必须在酸性条件下进行。在此条件下，干扰物反应进行得很慢。

第8章 生物氧化

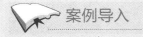 学习目标

➤ 掌握生物氧化及呼吸链的概念、呼吸链的组成成分及其作用、ATP 的生成方式,氧化磷酸化的概念及其偶联部位。

➤ 熟悉生物氧化的方式、特点、ATP 的贮存与利用的方式,二氧化碳生成的方式。

➤ 了解非线粒体氧化体系。

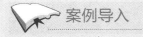 知识点

生物氧化、呼吸链、氧化磷酸化、底物水平磷酸化、ATP 循环。

案例导入

鱼藤酮为什么可以毒鱼

鱼藤属于豆科藤本植物,其根常常拿来毒鱼,那么鱼藤的根部含有什么成分可以毒鱼,其机理又是什么呢? 原来鱼藤的根部含有杀虫活性物质鱼藤酮及其类似物,鱼藤酮对鱼及昆虫的毒性很大,所以常常用于毒鱼,其机理是作为呼吸链的抑制剂能在特异部位阻断氧化呼吸链中电子传递,从而降低生物体内的 ATP 水平最终使之得不到能量供应,最终导致鱼的死亡。

8.1 生物氧化概述

8.1.1 生物氧化的概念

生物体在生命活动中如肌肉收缩、神经传导、体温维持、细胞分裂、生物合成、物质转运等需要利用能量,这些能量最终来自于糖、脂肪、蛋白质等营养物质在体内的氧化分解。物质在

生物体内氧化分解,生成二氧化碳和水并释放能量的过程称为生物氧化。由于这一过程是在组织细胞内进行的,并伴随消耗氧和产生二氧化碳,故生物氧化又称为细胞呼吸。

8.1.2　生物氧化的方式

1)加氧

底物分子直接加入氧原子或氧分子(图8.1)。

$$RCHO + \frac{1}{2}O_2 \longrightarrow RCOOH$$

醛　　　　　　酸

图8.1　加氧的氧化反应

2)失电子

底物分子失去电子而被氧化(图8.2)。

$$Fe^{2+} \longrightarrow Fe^{3+} + e$$

图8.2　失电子的氧化反应

3)脱氢

底物分子失去 H 而被氧化(图8.3)。

$$CH_3CH(OH)COOH \longrightarrow CH_3COCOOH + 2H$$

乳酸　　　　　　　丙酮酸

图8.3　脱氢的氧化反应

8.1.3　生物氧化的特点

生物体内体外氧化的化学本质相同,其消耗氧量,终产物及释放的能量都相同,但生物氧化又有其自身的特点:

①反应条件温和:体外氧化(燃烧)时反应条件剧烈,而生物氧化反应是在细胞内体温,接近中性的条件下进行的。

②氧化方式:体内的氧化方式主要是脱氢,失电子;而体外氧化主要方式是加氧。

③能量逐步释放:物质在体外氧化能量是一步完成的,而生物氧化是经体内一系列的酶催化逐步进行的,能量是逐步释放的。

④二氧化碳的生成方式:生物氧化是有机酸脱羧,而体外氧化则是碳和氢的直接结合。

⑤水的生成:生物氧化是由代谢物脱氢经递氢体通过呼吸链传递至氧结合而生成的,体外氧化则是氢和氧的直接结合。

8.2　CO_2 的生成

生物氧化 CO_2 的生成是来源于有机酸的脱羧反应。根据被脱去 CO_2 的羧基在有机酸分子中的位置,可将脱羧反应分为 α-脱羧和 β-脱羧,伴有反应的称为氧化脱羧,不伴有氧化的为单纯脱羧。

8.2.1 α-单纯脱羧

氨基酸脱羧放出二氧化碳并生成相应胺(图8.4)。

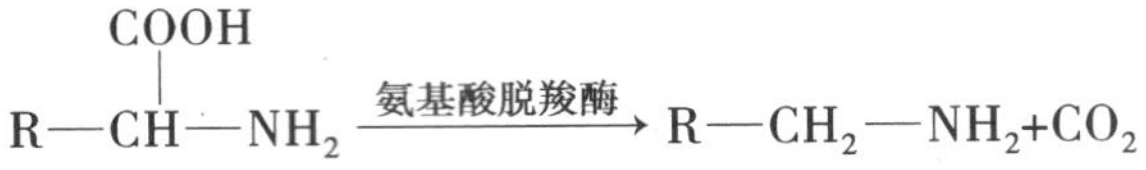

$$R-\underset{\underset{NH_2}{|}}{\overset{\overset{COOH}{|}}{CH}} \xrightarrow{\text{氨基酸脱羧酶}} R-CH_2-NH_2+CO_2$$

图 8.4　α-单纯脱羧

8.2.2 β-单纯脱羧

草酰乙酸经 β-直接脱羧基反应产生丙酮酸和 CO_2(图8.5)。

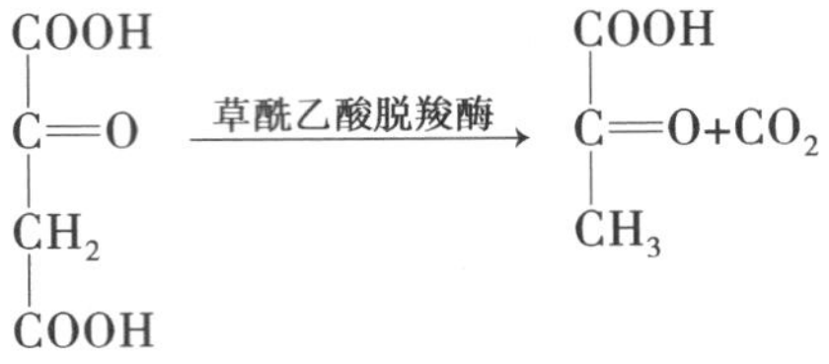

$$\begin{array}{c} COOH \\ | \\ C=O \\ | \\ CH_2 \\ | \\ COOH \end{array} \xrightarrow{\text{草酰乙酸脱羧酶}} \begin{array}{c} COOH \\ | \\ C=O \\ | \\ CH_3 \end{array} +CO_2$$

图 8.5　β-单纯脱羧

8.2.3 α-氧化脱羧

丙酮酸氧化脱羧反应是 α-氧化脱羧基作用(图8.6)。

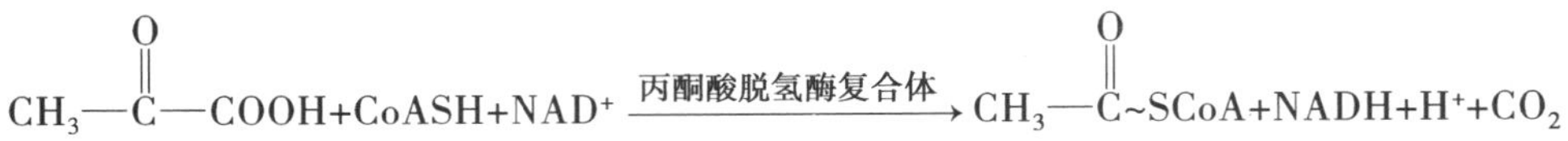

$$CH_3-\overset{\overset{O}{\|}}{C}-COOH+CoASH+NAD^+ \xrightarrow{\text{丙酮酸脱氢酶复合体}} CH_3-\overset{\overset{O}{\|}}{C}\sim SCoA+NADH+H^++CO_2$$

图 8.6　α-氧化脱羧

8.2.4 β-氧化脱羧

苹果酸氧化脱羧是 β-氧化脱羧基作用(图8.7)。

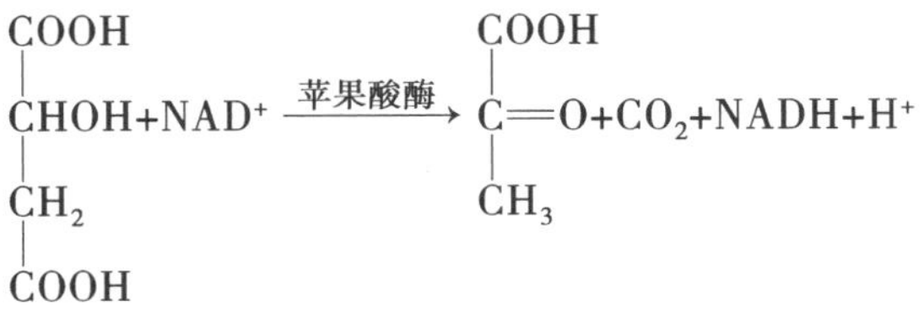

$$\begin{array}{c} COOH \\ | \\ CHOH \\ | \\ CH_2 \\ | \\ COOH \end{array} +NAD^+ \xrightarrow{\text{苹果酸酶}} \begin{array}{c} COOH \\ | \\ C=O \\ | \\ CH_3 \end{array} +CO_2+NADH+H^+$$

图 8.7　β-氧化脱羧

8.3 呼吸链

8.3.1 呼吸链的概念

代谢物脱下的成对氢原子(2H)通过多种酶和辅酶所催化的连锁反应,并逐步传递,最终与氧结合生成水,并释放能量,常将这一传递体系叫做电子传递链。由于此过程与细胞呼吸有关,所以将此传递链称为呼吸链。

8.3.2 呼吸链的组成

呼吸链由四种复合体组成见表8.1。

表8.1 呼吸链的组成及作用

复合体	酶名称	成 分
复合体 I	NADH-泛醌还原酶	FMN,Fe-S
复合体 II	琥珀酸泛醌还原酶	FAD,Fe-S
泛醌(CoQ)	泛醌-细胞色素 C 还原酶	CoQ
复合体 III		细胞色素 b,细胞色素 c_1,Fe-S
细胞色素 c		细胞色素 c
复合体 IV	细胞色素 C 氧化酶	细胞色素 aa_3

①复合体 I(NADH-泛醌还原酶):含有以 FMN 为辅基的黄素蛋白和铁硫蛋白,作用是将电子从 NADH 传递给泛醌。

②复合体 II(琥珀酸泛醌还原酶):含有以 FAD 为辅基的黄素蛋白、Fe-S、细胞色素b。作用是将电子从琥珀酸传递给泛醌。

③复合体 III(泛醌-细胞色素 C 还原酶):含有 Cyt b、Cyt c_1 和 Fe-S。作用是将电子从泛醌传递给细胞色素c。

④复合体 IV(细胞色素 C 氧化酶):含有细胞色素 aa_3,其作用是将电子从细胞色素 c 传递给 O_2。

呼吸链上的酶和辅酶按照一定顺序排列在线粒体内膜上(图8.8),其中传递氢原子的酶和辅酶称为递氢体,传递电子的称为递电子体。

1)递氢体

(1)NAD$^+$和 NADP$^+$

NAD$^+$(尼克酰胺腺嘌呤二核苷酸,辅酶 I,Co I)和 NADP$^+$(尼克酰胺腺嘌呤二核苷酸磷

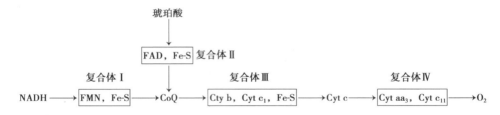

图 8.8　呼吸链的组成

酸,辅酶Ⅱ,CoⅡ)是不需氧脱氢酶的辅酶。NAD^+和$NADP^+$分子中尼克酰胺的氮为 5 价,能可逆的接受氢称为 3 价氮。其对侧的碳原子比较活泼,能可逆的加氢和脱氢。NAD^+和$NADP^+$在进行加氢反应的时候,只能接受 1 个氢原子和 1 个电子,将另一个 H^+ 游离出来,生成 NADH+H^+和 NADPH+H^+(图 8.9)。

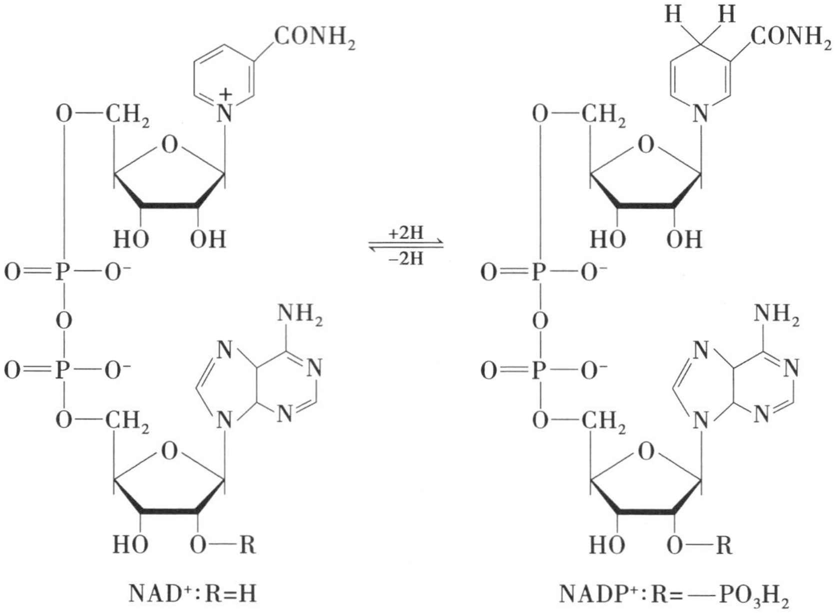

NAD^+:R=H

$NADP^+$:R=—PO_3H_2

图 8.9　NAD^+和 $NADP^+$的加氢反应

（2）黄素蛋白

黄素蛋白因其辅基中含有核黄素呈黄色而得名。黄色蛋白有多种,辅基只有两种,即黄素单核苷酸(FMN)和黄素腺嘌呤二核苷酸(FAD),FMN 和 FAD 发挥功能的结构是异咯嗪环,其异咯嗪环上的 1 位和 10 位氮原子能可逆地进行加氢和脱氢反应(图 8.10)。

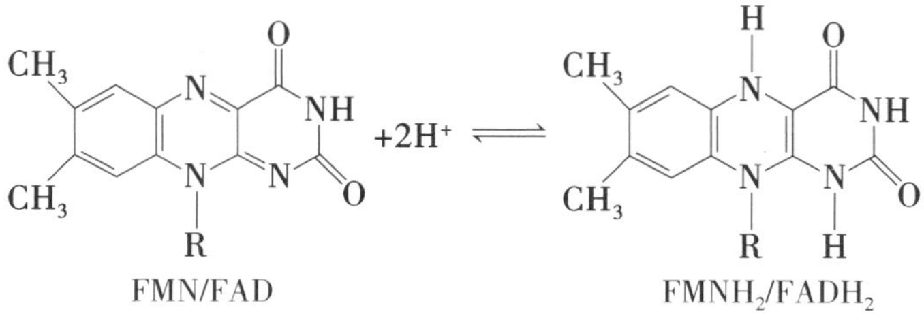

FMN/FAD　　$+2H^+$　　$FMNH_2/FADH_2$

图 8.10　FMN 和 FAD 的加氢反应

2）递电子体

（1）铁硫蛋白

铁硫蛋白（Fe-S）又称铁硫中心，含有等量的铁原子和硫原子，常与其他传递体结合成复合物，其中铁原子可通过进行可逆的 $Fe^{2+} \rightleftharpoons Fe^{3+}+e$ 反应而传递电子，将电子传递给醌。

（2）泛醌

泛醌是一种脂溶性的小分子醌类化合物，不包含在 4 种复合体内。泛醌可接受 2 个电子和 2 个质子还原成二氢泛醌，后者又可以脱去电子和质子被氧化成泛醌（图 8.11）。

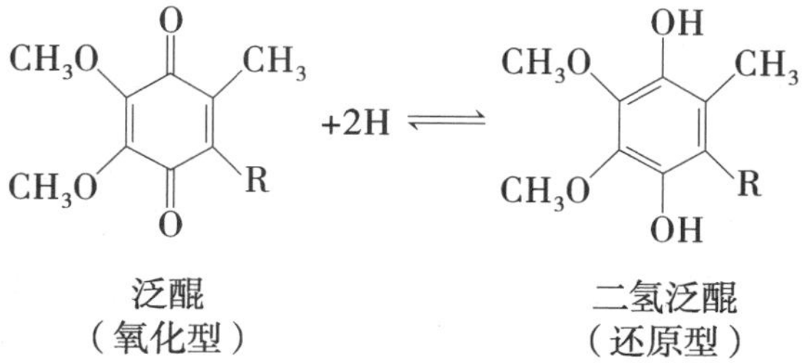

$$CH_3O \qquad +2H \rightleftharpoons \qquad CH_3O$$

泛醌
（氧化型）　　　　　　　二氢泛醌
　　　　　　　　　　　　（还原型）

图 8.11　泛醌的还原反应

（3）细胞色素体系

细胞色素（Cyt）是一类以铁卟啉为辅基催化电子传递的酶类，又因具有颜色而得名。根据其吸收光谱的不同而分为 a、b、c 3 类。每一类中又因其最大吸收峰的微小差别而分为若干亚类。人体线粒体内膜上至少有 5 种不同的细胞色素，它们分别是 Cyt a、Cyt a_3、Cyt b、Cyt c、Cyt c_1。各种色素的主要区别在于辅基铁卟啉环的侧链及铁卟啉与蛋白质的连接方式不同（图 8.12）。Cyt a 和 Cyt a_3 结合在一条多肽链上，因两者结合紧密，很难分离，故称为 Cyt aa_3。Cyt aa_3 将电子直接传递给氧。细胞色素中铁原子通过化合价的变化来传递电子。

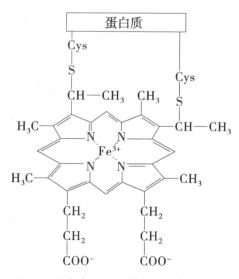

图 8.12　细胞色素 C 的辅基与酶蛋白的连接方式

8.3.3　呼吸链的种类

电子传递链组分的排列顺序是根据其标准氧化还原电位高低、抑制剂阻断氧化还原过程、各组分特有的吸收光谱及体外呼吸链的拆开和重组实验来确定的。根据其发现,体内主要有两条呼吸链,即 NADH 氧化呼吸链和琥珀酸氧化呼吸链。如果代谢物是由 NAD⁺为辅酶的脱氢酶所催化,该代谢物脱下的氢由 NAD⁺接受进入 NADH 氧化呼吸链;如果代谢物是由 FAD 为辅基的脱氢酶所催化,该代谢物脱下的氢由 FAD 接受进入琥珀酸氧化呼吸链。两条呼吸链均把电子传递给 O_2,并与氢结合生成水,且伴有能量的释放。

1）NADH 氧化呼吸链

NADH 氧化呼吸链由复合体 Ⅰ、Ⅲ、Ⅳ、CoQ 和 Cyt c 组成。体内糖、脂肪、蛋白质等氧化分解途径中绝大多数脱氢酶(如乳酸脱氢酶、苹果酸脱氢酶等)是以 NAD⁺为辅酶,NAD⁺接受氢生成 NADH+H⁺,然后通过 NADH 氧化呼吸链逐步传递给氧。这是体内最主要的一条呼吸链,也是体内物质氧化生成水的主要途径。

2）琥珀酸氧化呼吸链

琥珀酸氧化呼吸链由复合体 Ⅱ、Ⅲ、Ⅳ、CoQ 和 Cyt c 组成。体内只有少数几种代谢物(如琥珀酸、脂肪酰 CoA 和磷酸甘油等)的脱氢酶是以 FAD 为辅酶,FAD 接受 2H 生成 $FADH_2$,后者把 2H 经复合体 Ⅱ 传给 CoQ,后面的传递与 NADH 氧化呼吸链相同。

 课堂活动

试比较 NADH 氧化呼吸链和琥珀酸氧化呼吸链的异同?

8.4　能量的生成、利用及贮存

8.4.1　高能化合物

水解时释放能量大于 20 kJ/mol 化学键为高能键,用 ～ 表示。体内的高能键主要是高能磷酸键,用 ～P 表示。含有 ～P 的化合物为磷酸化合物,包括各种三磷酸核苷(如 ATP、GTP、CTP、UTP、dATP、dGTP、dCTP、dTTP)、二磷酸核苷(如 ADP、GDP、CDP、UDP、dADP、dGDP、dCDP、dTDP)以及含有高能硫酯键的高能化合物(如乙酰 CoA、琥珀酰 CoA 和脂肪酰 CoA 等),见表8.2。

体内重要的高能磷酸化合物是 ATP。它是细胞可以直接利用的主要能量形式。营养物在

进行生物氧化过程中逐步释放的能量相当一部分以热能散发,以维持体温,另一部分使 ADP 磷酸化为 ATP,供给生命活动所需。体内 ATP 的生成有两种方式:底物水平磷酸化和氧化磷酸化,其中氧化磷酸化是主要方式。

表8.2 常见的高能化合物

化合物	通 式	释放能量/(kJ·mol^{-1}) /(kcal·mol^{-1})(pH 7.0,25 ℃)
磷酸肌酸	$\overset{NH}{\underset{H}{R-C-N-PO_3H}}$	−43.9(−10.5)
磷酸烯醇式丙酮酸	$\overset{CH}{RC-O\sim PO_3H_2}$	−61.9(−14.8)
乙酰磷酸	$\overset{O}{RC-O\sim PO_3H_2}$	−41.8(−10.1)
ATP,GTP,UTP,CTP	$\overset{O\ \ \ \ O}{-P-O\sim P-OH}_{OH\ \ OH}$	−30.5(−7.3)
乙酰 CoA	$\overset{O}{RC\sim SCoA}$	−31.4(−7.5)

8.4.2 能量的生成

1)底物水平磷酸化

物质分解代谢时,有些底物分子中由于内部能量重排能产生高能键,将此高能键直接转移给 ADP 生成 ATP 的过程,称为底物水平磷酸化。体内共有 3 次反应可以通过底物水平磷酸化产生 ATP,分别是在糖酵解过程中 1,3-二磷酸甘油酸转变为 3-磷酸甘油酸、磷酸烯醇式丙酮酸转变成烯醇式丙酮酸,以及三羧酸循环的琥珀酰 CoA 转变为琥珀酸的酶促反应过程中。

2)氧化磷酸化

(1)氧化磷酸化概念

代谢物脱下的氢经线粒体呼吸传递给氧生成水的过程中伴有能量的释放,所释放的能量可使 ADP 磷酸化生成 ATP,这种氢的氧化与 ADP 磷酸化之间的密切偶联作用称为氧化磷酸化。这是体内生成 ATP 的主要方式(图8.13)。

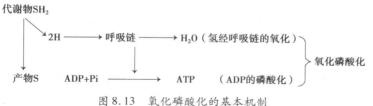

图 8.13 氧化磷酸化的基本机制

（2）氧化磷酸化偶联部位

实验表明，NADH 呼吸链中氧化磷酸化的偶联部位有 3 个，琥珀酸氧化呼吸链氧化磷酸化的偶联部位有两个。分别位于 NADH 与 CoQ 之间、CoQ 与 Cyt c 之间、Cyt aa₃ 与 O₂ 之间（图8.14）。由此可见，NADH 氧化呼吸链传递 2H 可生成 2.5 个 ATP，而琥珀酸氧化呼吸链则生成 1.5 个 ATP。

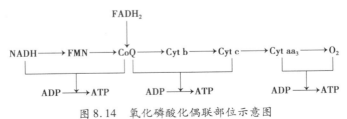

图 8.14　氧化磷酸化偶联部位示意图

（3）氧化磷酸化的影响因素

①ADP/ATP 的比值：此比值是氧化磷酸化最主要的因素。当机体消耗较多 ATP 时，ADP 浓度升高，ATP 浓度降低，使氧化磷酸化速度加快以补充 ATP。反之，当机体耗能减少时，氧化磷酸化减慢。这种调节作用使机体能够合理使用能源，避免能源物质浪费。

②抑制剂：根据抑制部位不同分为呼吸链抑制剂、解偶联剂和氧化磷酸化抑制剂。

a. 呼吸链抑制剂：这类抑制剂阻断呼吸链某些部位的电子传递，又叫电子传递抑制剂。如鱼藤酮、粉蝶霉素 A、异戊巴比妥等。它们可与复合体Ⅰ的铁硫蛋白结合，阻断电子传递到 CoQ。抗霉素 A、二巯基丙醇抑制复合体Ⅲ中 Cyt b 到 Cyt c₁ 间的电子传递。CO、CN⁻、H₂S 等抑制细胞色素氧化酶，阻断电子由 Cyt aa₃ 到氧的传递（图8.15）。这些抑制剂均为毒性物质，可以使得细胞呼吸停止，与此相关的细胞生命活动中止，引起机体迅速死亡。

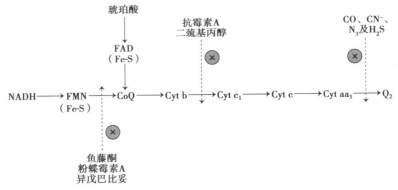

图 8.15　电子传递抑制剂对呼吸链的阻断作用

知识链接

CN⁻、CO 这类抑制剂可与呼吸链中的细胞色素氧化酶牢固结合，使其丧失传递电子能力，迅速引起脑部损害。几分钟可致死。临床上抢救此类中毒，就是用亚硝基异戊酯和注射亚硝酸钠，使部分血红蛋白氧化成高铁血红蛋白，当高铁血红蛋白含量达到总量 20% ~30%，就能夺取已与细胞色素氧化酶结合的氰化物，恢复细胞色素氧化酶的功能。

而高铁氰化物血红蛋白又能很快解离释放出 CN^-，此时再注射硫代硫酸钠，在肝脏中可使 CN^- 转变为无毒的硫氰化物，随尿排出。

b. 解偶联剂：这类物质不阻断呼吸链中氢和电子的传递，而是抑制 ADP 磷酸化生成 ATP 的过程，即解除氢的氧化与 ADP 磷酸化之间的偶联作用，结果物质氧化释放的能量不能贮存到 ATP 中去，而以热能形式释放，导致体温升高。如 2,4-二硝基苯酚是最早发现的解偶联剂。

 课堂活动

感冒或患传染性疾病时，为什么体温会升高？

c. 氧化磷酸化抑制剂：此类抑制剂同时抑制电子传递及 ADP 磷酸化，如寡霉素。

③甲状腺激素：甲状腺激素能诱导细胞膜上 Na^+、K^+-ATP 酶的生成，使 ATP 分解加快，ADP 增多，从而促进氧化磷酸化过程。甲状腺功能亢进的病人，其体内甲状腺激素水平升高，ATP 的生成与分解都增强，导致机体耗氧量和产热量增加。因此，病人基础代谢率升高，并出现食欲亢进、心悸、怕热、多汗等症状。

3）胞液中 NADH 的氧化

线粒体内生成的 NADH 可直接进入呼吸链氧化。然而细胞液中 NADH 不能自由的通透线粒体内膜。因此必须要通过一定的转运机制才可能进入线粒体，然后再经过呼吸链进行氧化磷酸化。这种转运机制有两种，分别是 α-磷酸甘油穿梭作用和苹果酸-天冬氨酸穿梭途径。

（1）α-磷酸甘油穿梭途径

线粒体外的 NADH 经胞浆中 α-磷酸甘油脱氢酶催化，使磷酸二羟丙酮还原生成 α-磷酸甘油，后者穿过线粒体外膜，然后经线粒体内膜外侧的 α-磷酸甘油脱氢酶催化，重新生成磷酸二羟丙酮和 $FADH_2$。$FADH_2$ 进入琥珀酸氧化呼吸链，生成 1.5 分子 ATP，磷酸二羟丙酮则穿出线粒体外膜进入细胞液，被重复利用（图 8.16）。此种穿梭途径存在于脑和骨骼肌中。在这些组织中，1 分子葡萄糖彻底氧化生成 30 分子 ATP。

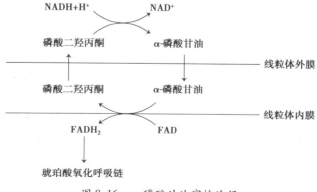

图 8.16 α-磷酸甘油穿梭途径

（2）苹果酸-天冬氨酸穿梭途径

细胞液中的 NADH 在苹果酸脱氢酶的作用下使草酰乙酸还原生成苹果酸,苹果酸通过线粒体内膜上的 α-酮戊二酸载体进入线粒体内,再经线粒体内苹果酸脱氢酶的作用,重新生成草酰乙酸和 NADH。后者进入 NADH 氧化呼吸链,生成 2.5 分子的 ATP。草酰乙酸不能透过线粒体内膜,在谷草转氨酶作用下生成天冬氨酸,天冬氨酸经线粒体内膜上的酸性氨基酸载体转运出线粒体进入细胞液。在细胞液中,天冬氨酸再经谷草转氨酶作用生成草酰乙酸,继续进行穿梭作用(图 8.17)。此种穿梭作用存在于肝脏和心肌中。因此在这些组织中,1 分子葡萄糖彻底氧化生成 32 个分子 ATP。

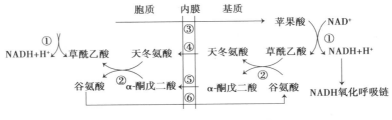

①苹果酸脱氢酶;②转氨酶;③④⑤⑥转位酶

图 8.17　苹果酸-天冬氨酸穿梭途径

8.4.3　能量的储存与利用

生物氧化中 ATP 的生成主要意义就是将营养物质氧化所释放的能量以化学能的形式储存起来,成为机体可利用的能量形式。当机体需要时,ATP 水解成 ADP,再将这些能量释放出来满足机体各种需要。

还有一些代谢过程需要其他的三磷酸核苷供能。比如糖原合成需要 UTP 供能,磷脂合成需要 CTP 供能,蛋白质合成需要 GTP 供能。这些高能磷酸化合物的磷酸键都是由 ATP 提供(图 8.18)。

$$UDP+ATP \longrightarrow UTP+ADP$$

$$CDP+ATP \longrightarrow CTP+ADP$$

$$GDP+ATP \longrightarrow GTP+ADP$$

图 8.18　ATP 的能量转移

ATP 是能量的直接利用形式,但不是能量的贮存形式。当 ATP 生成较多时,ATP 将高能磷酸键转移给肌酸生成磷酸肌酸。肌酸主要存在于肌肉和脑组织中,所以磷酸肌酸是肌肉和脑组织中能量的贮存形式(图 8.19)。

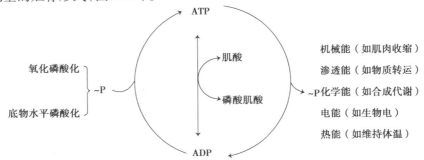

图 8.19　ATP 的生成、贮存与利用

·本章小结·

1. 本章所解决的主要是3个方面的问题，CO_2 的生成，H_2O 的生成以及 ATP 的生成，其中 CO_2 的生成主要是有机酸的脱羧基作用。

2. 线粒体是机体能量代谢的中心，呼吸链是指一系列递氢体和递电子体按一定顺序在线粒体内膜上，构成与细胞利用氧密切相关的链式反应体系，又称电子传递链。线粒体内主要有两条呼吸链：NADH 氧化呼吸链和琥珀酸氧化呼吸链。

3. 体内重要的高能磷酸化合物是 ATP。体内生成 ATP 的方式有两种，氧化磷酸化和底物水平磷酸化，主要是以前者为主。每 2H 经 NADH 呼吸链氧化生成水可生成 2.5 个 ATP，而 2H 经琥珀酸氧化呼吸链则可生成 1.5 个 ATP。

 复习思考题

一、名词解释

1. 生物氧化　　2. 呼吸链　　3. 氧化磷酸化　　4. 底物水平磷酸化

二、选择题

1. 下列关于营养物质在体外燃烧和生物体内氧化的叙述，正确的是（　　）。
   A. 都是逐步释放能量　　　　　　　B. 都需要催化剂
   C. 都需要在温和条件下进行　　　　D. 生成的终产物基本相同

2. 生物氧化在体内 CO_2 生成方式（　　）。
   A. 碳原子被氧原子氧化　　　　　　B. 磷脂分解
   C. 有机酸脱羧　　　　　　　　　　D. 呼吸链的氧化还原过程

3. 调节氧化磷酸化的重要激素是（　　）。
   A. 甲状腺素　　　　B. 生长素　　　　C. 胰岛素　　　　D. 肾上腺素

4. CO 中毒是由于抑制了下列哪种细胞色素？（　　）
   A. Cyt a　　　　　B. Cyt aa_3　　　　C. Cyt b　　　　D. Cyt c

5. 在呼吸链中参与递氢作用的维生素是（　　）。
   A. 维生素 A　　　　B. 维生素 D　　　　C. 维生素 B_2　　　　D. 维生素 B_6

6. 肌肉组织中肌肉收缩所需的大部分能量以哪种形式贮存？（　　）
   A. ADP　　　　B. 磷酸肌酸　　　　C. ATP　　　　D. 磷酸烯醇式丙酮酸

7. ATP 生成的主要方式是（　　）。
   A. 氧化磷酸化　　B. 底物水平磷酸化　C. 肌酸磷酸化　　D. 有机酸的脱羧

8. 代谢物每脱下 2H 经 NADH 氧化呼吸链传递可生成（　　）个 ATP。
   A. 1　　　　　　B. 2　　　　　　C. 3　　　　　　D. 4

9. 解偶联剂的作用是（　　）。
   A. 抑制电子由细胞色素 aa_3 传递给 O_2
   B. 抑制呼吸链氧化过程中所伴有的磷酸化

C. 抑制底物磷酸化过程

D. 抑制 H^+ 传递

10. 在调节氧化磷酸化的因素中,最主要的因素是(　　)。

　　A. [ADP]/[ATP]　　　B. 氧　　　　　　C. 电子传递链数目　D. NADH

三、判断题

1. 物质在空气中燃烧和在体内的生物氧化的化学本质是完全相同的。　　　　　　（　　）

2. 在生物体内,6-磷酸葡萄糖是高能化合物。　　　　　　　　　　　　　　　　（　　）

3. 2,4-二硝基苯酚是氧化磷酸化的解偶联剂。　　　　　　　　　　　　　　　　（　　）

4. 生物体中琥珀酸氧化呼吸链应用最广。　　　　　　　　　　　　　　　　　　（　　）

5. 各种细胞色素组分,在电子传递体系中都有相同的功能。　　　　　　　　　　（　　）

四、问答题

1. 生物氧化与体外氧化之间的异同点是什么?

2. 试述两条呼吸链的组成,排列顺序和偶联产生 ATP 数量及部位。

3. 什么叫氧化磷酸化? 氧化磷酸化的影响因素有哪些?

4. 试述 ATP 在生物体内的储存与利用方式。

实训 8.1　　生物氧化与电子传递

一、实训目的

①掌握电子在电子传递链中的传递过程。

②了解体外实验中研究电子传递链的方法。

二、实训原理

生物氧化过程中代谢物脱下的氢由 NAD^+ 或 FAD 接受生成还原型 NADH 或 $FADH_2$,再经一系列电子传递体传递,最后与氧结合生成水。这些存在于线粒体内膜上的氧化还原酶及其辅酶依次排列,顺序地起传递电子或电子和质子的作用,称为电子传递链或呼吸链。

在体内,代谢中间产物琥珀酸在线粒体琥珀酸脱氢酶(辅酶 FAD)的作用下脱氢氧化生成延胡索酸,脱下的氢使 FAD 还原成 $FADH_2$,再经电子传递链传递,即 $FADH_2 \rightarrow Q \rightarrow$ 细胞色素($b \rightarrow c_1 \rightarrow c \rightarrow aa_3$),最后与氧结合生成水。

在体外实验中,组织细胞生物氧化生成琥珀酸的量可采用在琥珀酸脱氢时伴有颜色变化的化合物作氢受体来研究。

本实验以 2,6-二氯酚锭酚(DPI)为氢受体,蓝色的 DPI 从还原型黄素蛋白($FADH_2$)接受电子,生成无色的还原型 DPI·2H,蓝色消失,其反应过程如图 8.20 所示。

$$琥珀酸 + FAD \longrightarrow 延胡索酸 + FADH_2$$

$$DPI(蓝色) + FADH_2 \longrightarrow DPI·2H(无色) + FAD$$

图 8.20　DPI 的还原

根据褪色时间可测定生物氧化过程中各代谢物与琥珀酸之间在代谢途径中的距离。

三、实训仪器及试剂

（1）仪器

绞肉机、纱布、细砂、研钵、冰浴、恒温水浴。

（2）试剂

磷酸钾缓冲溶液（PBS，50 mmol/L，pH 7.4）：0.2 mol/L 磷酸二氢钾溶液 500 mL 和 0.2 mol/L氢氧化钠溶液 395 mL 混合加水至 2 000 mL。

2,6-二氯酚锭酚（1.5 mmol/L PBS），葡萄糖溶液（90 mmol/L PBS），琥珀酸溶液（90 mmol/L PBS），乳酸溶液（90 mmol/L PBS），NAD^+（5 mmol/L 磷酸盐缓冲溶液）。

四、实训材料

猪心。

五、实训方法与步骤

（1）心肌提取液的制备

称取绞碎的心肌糜 3 g，置 250 mL 烧杯中，加冰冷的去离子水 200 mL，搅拌 1 min，静置 1 min，小心倾去水层，同法洗涤 3 次后，以细纱布过滤并轻轻挤压除去过多液体。将肉糜转移至冰冷的研钵中，加等量细砂和 PBS 5 mL，在冰浴中研磨至糊状，再加 PBS 15 mL，抽提（至少 5 min），双层纱布过滤，滤液收集于试管，置冰浴中备用。

（2）底物的氧化

取 6 支试管编号，按表 8.3 依次加入各试剂（单位：mL）

表 8.3　底物氧化所添加试剂

管　号	1	2	3	4	5	6
DPI	0.5	0.5	0.5	0.5	0.5	0.5
葡萄糖溶液	0.5	0.5	—	—	—	—
琥珀酸溶液	—	—	0.5	0.5	—	—
乳酸溶液	—	—	—	—	0.5	0.5
NAD^+	0.5	—	0.5	—	0.5	—
PBS	0.5	1.0	0.5	1.0	0.5	1.0

将试管摇匀后于 37 ℃ 中保温 5 min，加已经 37 ℃ 水浴预保温 5 min 的心肌提取液各 1 mL，混匀并继续保温。

（3）观察

观察各管颜色变化，记录各管褪色时间，30 min 不褪色者记为不褪色。分析实验结果所说明的问题。

六、实训注意事项

①无色（还原型）DPI·2H 与氧接触可重新氧化成蓝色的（氧化型）DPI，所以观察本实验结果时切勿振摇试管。

②体外实验亦可用甲烯蓝作为受氢体，在类似实验条件下蓝色的甲烯蓝（氧化型）受氢还原成无色甲烯蓝（还原型）。

七、思考题

常见的呼吸链电子传递抑制剂有哪些？它们的作用机制是什么？

第9章 糖代谢

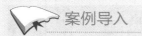

学习目标

➤ 掌握糖原分解、糖的无所分解、有氧分解、糖异生作用及血糖的来源及去路。

➤ 熟悉磷酸戊糖途径、糖原合成的反应过程。

➤ 了解糖的消化、吸收;糖异生作用的调节及生理意义;激素对血糖浓度的调节。

知识点

糖的消化与吸收;糖原的分解代谢;糖酵解途径;糖的有氧氧化;磷酸糖途径;糖原的合成;糖的异生;血糖浓度的调节。

案例导入

剧烈运动后肌肉为什么会酸痛

不常锻炼的人,进行较剧烈的运动后,局部肌肉都会疼痛,这与肌肉内部的能量代谢有关。人体各种形式的运动,主要靠肌肉的收缩来完成。肌肉收缩需要能量,这能量主要依靠肌肉组织中的糖类物质分解来提供。

在氧气充足的情况下,如人体处于静息状态时,肌肉中的糖类物质直接分解成二氧化碳和水,释放大量能量。但人体在剧烈活动时,骨骼肌急需大量的能量,尽管此时呼吸运动和血液循环都大大加强了,可仍然不能满足肌肉组织对氧的需求,致使肌肉处于暂时缺氧状态。结果糖类物质分解出乳酸,释放的能量也比较少。乳酸在肌肉内大量堆积,便刺激肌肉块中的神经末梢产生酸痛感觉;乳酸的积聚又使肌肉内的渗透压增大,导致肌肉组织内吸收较多的水分而产生局部肿胀。

9.1 糖代谢概述

9.1.1 糖的消化与吸收

1) 糖的消化

人类食物中的糖主要有植物淀粉、动物糖原以及麦芽糖、蔗糖、乳糖、葡萄糖等,其中以淀粉为主。消化部位主要在小肠,少量在口腔。食物中的淀粉经唾液中的α-淀粉酶作用,催化淀粉中α-1,4-糖苷键的水解,产物是葡萄糖、麦芽糖、麦芽寡糖及糊精。由于食物在口腔中停留时间短,淀粉的主要消化部位在小肠,小肠中含有胰腺分泌的α-淀粉酶,催化淀粉水解成麦芽糖、麦芽三糖、α-糊精和少量葡萄糖。在小肠黏膜刷状缘上,含有α-糊精酶,此酶催化α-临界糊精的α-1,4-糖苷键及α-1,6-糖苷键水解,使α-糊精水解成葡萄糖;刷状缘上还有麦芽糖酶可将麦芽三糖及麦芽糖水解为葡萄糖(图9.1)。小肠黏膜还有蔗糖酶和乳糖酶,前者将蔗糖分解成葡萄糖和果糖,后者将乳糖分解成葡萄糖和半乳糖。

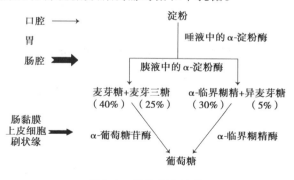

图 9.1 糖的消化过程

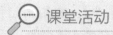 课堂活动

当我们吃馒头时,为什么馒头刚入口时没有甜味,咀嚼一段时间后就感觉到变甜了?

2) 糖的吸收

糖被消化成单糖后的主要吸收部位是小肠上段,己糖尤其是葡萄糖被小肠上皮细胞摄取是一个依赖 Na^+ 的耗能的主动摄取过程(图9.2),有特定的载体参与:在小肠上皮细胞刷状缘上,存在着与细胞膜结合的 Na^+-葡萄糖联合转运体,当 Na^+ 经转运体顺浓度梯度进入小肠上皮细胞时,葡萄糖随 Na^+ 一起被移入细胞内,这时对葡萄糖而言是逆浓度梯度转运。这个过程的

能量是由 Na^+ 的浓度梯度(化学势能)提供的,它足以将葡萄糖从低浓度转运到高浓度。当小肠上皮细胞内的葡萄糖浓度增高到一定程度,葡萄糖经小肠上皮细胞基底面单向葡萄糖转运体顺浓度梯度被动扩散到血液中。小肠上皮细胞内增多的 Na^+ 通过钠钾泵(Na^+-K^+ ATP 酶),利用 ATP 提供的能量,从基底面被泵出小肠上皮细胞外,进入血液,从而降低小肠上皮细胞内 Na^+ 浓度,维持刷状缘两侧 Na^+ 的浓度梯度,使葡萄糖能不断地被转运。

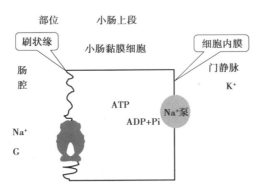

图 9.2　Na^+ 依赖型葡萄糖转运体

被吸收的单糖,经门静脉入肝,其中一部分转变为肝糖原,一部分经肝静脉进入人体循环,运输至全身各组织(图 9.3),各种组织细胞依赖于其表面分布的葡萄糖转运体(GLUT)摄取葡萄糖,已发现 5 种葡萄糖转运体 GLUT1～5,它们分别在不同的组织细胞中起作用。

图 9.3　葡萄糖吸收途径

9.1.2　糖的代谢概况

活细胞中的代谢,一方面是进行糖的分解,产生 CO_2、H_2O 及 ATP 等;另一方面是进行糖类的合成,利用各种可能转变为糖类物质。具体来说,糖代谢主要是指葡萄糖在体内的一系列复杂的化学反应,包括合成代谢和分解代谢(图 9.4)。糖的合成代谢包括糖原合成、糖异生和结构多糖的合成。糖的分解代谢主要包括无氧氧化(糖酵解)、有氧氧化、磷酸戊糖途径及糖原分解等。糖的分解代谢主要用以完成能量供应任务,而糖的合成代谢主要用以协调糖的储存和利用及完成糖的构造作用。无论分解或合成都需要通过糖的磷酸化合物为中间产物,其中葡萄糖-6-磷酸更重要。

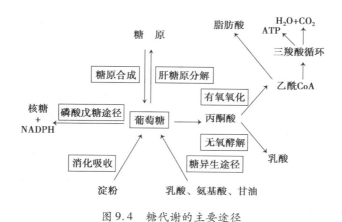

图 9.4　糖代谢的主要途径

9.2　糖的分解代谢

9.2.1　糖原的分解代谢

糖原分解是指分解为葡萄糖的过程。糖原是动物体内糖的储存形式,肝脏和肌肉是储存糖原的主要组织器官。肌糖原主要供肌肉收缩时能量的需要;肝糖原是血糖的重要来源。

糖原的磷酸解由磷酸化酶 a、转移酶和脱支酶共同作用。磷酸化酶 a 催化 1,4-糖苷键 l 磷酸解断裂;转移酶催化寡聚葡萄糖片段转移;脱支酶(催化 1,6-糖苷键水解断裂)。

磷酸化酶从糖原(G_n)非还原末端催化 α-1,4 糖苷键断裂,产物为 G-1-P 和少一个葡萄糖的糖原(G_{n-1})。糖链上的葡萄糖残基逐个磷酸化而被移去,当距分支点约 4 个葡萄糖残基时,糖原磷酸化酶就终止作用,此时由转移酶催化寡聚葡萄糖片段转移。脱支酶(α-1,6 糖苷键)催化 α-1,6 糖苷键水解断裂,切下糖原分支,三种酶在糖原降解过程中的作用见图 9.5。

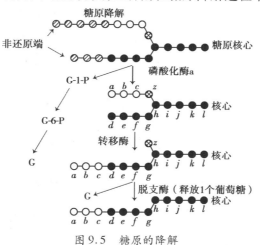

图 9.5　糖原的降解

9.2.2 糖的无氧氧化

多糖被消化吸收后,进入人体细胞的单糖主要是葡萄糖,还有少量的半乳糖、果糖,它们被吸收后几乎全部转变成葡萄糖,所以糖代谢的中心是葡萄糖的代谢。

葡萄糖在不同的组织细胞、不同的条件下,可以进行不同的分解代谢。主要有 3 条途径:糖酵解、有氧分解、磷酸戊糖途径。

1)糖酵解概念

糖酵解是指在不需要氧气的情况下,葡萄糖或糖原氧化分解为乳酸并释放能量的过程。此反应全过程均在细胞液中进行,是动物、植物和微生物细胞中葡萄糖分解的共同代谢途径。可以分为两个阶段:

①第一阶段即由葡萄糖生成丙酮酸,又称为糖酵解途径。

②第二个阶段由丙酮酸还原为乳酸或者酒精。

由于该反应过程中葡萄糖并没有彻底氧化分解为水和二氧化碳,所以生成的能量很少。

2)糖酵解过程

糖酵解由 10 个酶催化的 10 步反应来完成,催化反应的关键酶有己糖激酶、6-磷酸果糖激酶-1 和丙酮酸激酶。具体过程如下:

①葡萄糖磷酸化形成 6-磷酸葡萄糖(图 9.6):催化此反应的酶是己糖激酶,其是糖氧化反应过程的限速酶或称关键酶。己糖激酶催化的反应不可逆,反应需要消耗能量 ATP,Mg^{2+} 是反应的激活剂,它能催化葡萄糖、甘露糖、氨基葡萄糖、果糖进行不可逆的磷酸化反应,生成相应的 6-磷酸酯,6-磷酸葡萄糖是己糖激酶的反馈抑制物。

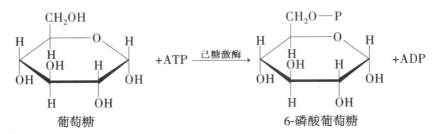

图 9.6 葡萄糖磷酸化形成 6-磷酸葡萄糖

②6-磷酸葡萄糖异构化成 6-磷酸果糖(图 9.7):这一步不需特别供给能量,由磷酸己糖异构酶催化生成 6-磷酸果糖,此反应可逆且需要 Mg^{2+} 作为辅助因子。

③6-磷酸果糖磷酸化形成 1,6-二磷酸果糖(图 9.8):这一步反应与第一步反应类似,由 ATP 提供磷酸基,需要 Mg^{2+},由果糖磷酸激酶催化,它是一个别构酶。受许多效应剂的调节,也是整个糖酵解中的限速酶,是整个糖酵解中最关键的调节酶。

④1,6-二磷酸果糖裂解成磷酸二羟丙酮和 3-磷酸甘油醛(图 9.9):1 分子 1,6-二磷酸果糖在醛缩酶的作用下裂解成 2 分子磷酸冰糖,即磷酸二羟丙酮和 3-磷酸甘油醛。

⑤磷酸二羟丙酮同分异构化生成 3-磷酸甘油醛(图 9.10):磷酸二羟丙酮不能进入糖酵解,而是异构成 3-磷酸甘油醛继续进行反应。在逆反应中,醛缩酶能催化二羟丙酮磷酸的醇基

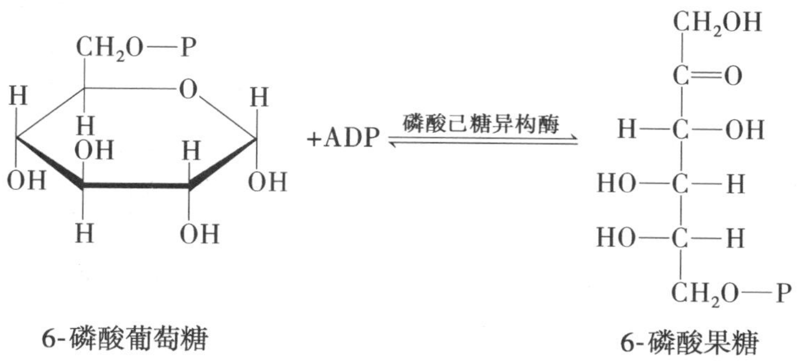

图 9.7 6-磷酸葡萄糖异构化成6-磷酸果糖

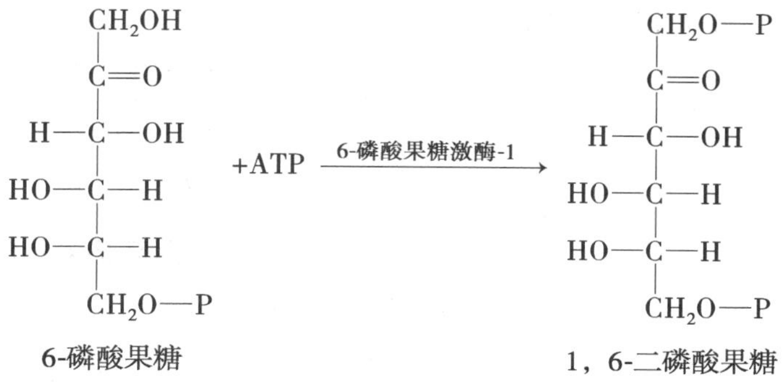

图 9.8 6-磷酸果糖磷酸化形成1,6-二磷酸果糖

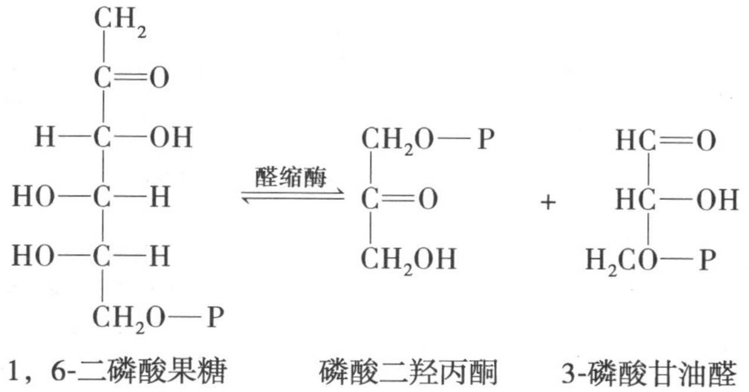

图 9.9 1,6-二磷酸果糖裂解

与甘油醛磷酸的醛基缩合。二羟丙酮磷酸与甘油醛-3-磷酸是同分异构体,它们都是丙糖磷酸,磷酸丙糖异构酶可催化它们互变,其互变机制是通过烯醇式中间物。

图 9.10 磷酸二羟丙酮异构化

⑥3-磷酸甘油醛氧化成1,3-二磷酸甘油酸(图9.11):3-磷酸甘油醛在3-磷酸甘油醛脱氢

酶的作用下脱氢,脱下的2H由氧化型的辅酶Ⅰ接受,使其转化为还原型辅酶;氧化过程中释放的能量含有高能磷酸基团的1,3-二磷酸甘油酸。

$$
\begin{array}{c}
\text{HC}=\text{O} \\
| \\
\text{HC}-\text{OH} \\
| \\
\text{H}_2\text{CO}-\text{P}
\end{array}
+ \text{H}_3\text{PO}_4 + \text{NAD}^+
\xrightleftharpoons{\text{3-磷酸甘油醛脱氢酶}}
\begin{array}{c}
\text{O}=\text{C}-\text{O}\sim\text{P} \\
| \\
\text{HC}-\text{OH} \\
| \\
\text{H}_2\text{CO}-\text{P}
\end{array}
+ \text{NADH} + \text{H}^+
$$

3-磷酸甘油醛　　　　　　　　　　　　　　　　**1,3-二磷酸甘油酸**

图9.11　3-磷酸甘油醛氧化成1,3-二磷酸甘油酸

⑦1,3-二磷酸甘油酸转变为3-磷酸甘油酸(图9.12):1,3-二磷酸甘油酸在磷酸甘油酸激酶的作用下,使高能磷酸基团转移给ADP生成ATP,并生成3-磷酸甘油酸。这是糖酵解过程中第一次发生底物水平磷酸化生成ATP。

$$
\begin{array}{c}
\text{O}=\text{C}-\text{O}\sim\text{P} \\
| \\
\text{HC}-\text{OH} \\
| \\
\text{H}_2\text{CO}-\text{P}
\end{array}
+ \text{ADP}
\xrightleftharpoons{\text{磷酸甘油酸激酶}}
\begin{array}{c}
\text{COOH} \\
| \\
\text{HC}-\text{OH} \\
| \\
\text{H}_2\text{CO}-\text{P}
\end{array}
+ \text{ATP}
$$

1,3-二磷酸甘油酸　　　　　　　　　　　　　**3-磷酸甘油酸**

图9.12　1,3-二磷酸甘油酸转变为3-磷酸甘油酸

⑧3-磷酸甘油酸异构为2-磷酸甘油酸(图9.13):在磷酸甘油酸变位酶的作用下3-磷酸甘油酸生成2-磷酸甘油酸。

$$
\begin{array}{c}
\text{COOH} \\
| \\
\text{HC}-\text{OH} \\
| \\
\text{H}_2\text{CO}-\text{P}
\end{array}
\xrightleftharpoons{\text{磷酸甘油酸变位酶}}
\begin{array}{c}
\text{COOH} \\
| \\
\text{HCO}-\text{P} \\
| \\
\text{H}_2\text{C}-\text{OH}
\end{array}
$$

3-磷酸甘油酸　　　　　　　　　　**2-磷酸甘油酸**

图9.13　3-磷酸甘油酸异构化2-磷酸甘油酸

⑨2-磷酸甘油酸转变为磷酸烯醇式丙酮酸(图9.14):2-磷酸甘油酸在烯醇化酶的作用下,其分子内部能量重新分布,生成磷酸烯醇式丙酮酸,这是酵解过程中第2次形成高能磷酸化合物的反应。

$$
\begin{array}{c}
\text{COOH} \\
| \\
\text{HCO}-\text{P} \\
| \\
\text{H}_2\text{C}-\text{OH}
\end{array}
\xrightleftharpoons{\text{烯醇化酶}}
\begin{array}{c}
\text{COOH} \\
| \\
\text{CO}\sim\text{P} \\
\| \\
\text{CH}_2
\end{array}
$$

2-磷酸甘油酸　　　**磷酸烯醇式丙酮酸**

图9.14　2-磷酸甘油酸转变为磷酸烯醇式丙酮酸

⑩磷酸烯醇式丙酮酸变成丙酮酸(图9.15):在丙酮酸激酶的催化作用下,磷酸烯醇式丙酮酸最初转变为烯醇式丙酮酸,同时将高能磷酸基团转移到ADP上生成ATP。烯醇式丙酮酸经非酶催化迅速转变为丙酮酸,该步也是酵解途径中第2次发生底物水平磷酸化生成ATP。

$$\underset{\substack{\text{磷酸烯醇式丙酮酸}}}{\overset{\substack{\text{COOH}\\|\\\text{CO}\sim\text{P}\\|\\\text{CH}_2}}{}}\ +\text{ADP}\ \xrightarrow{\text{丙酮酸激酶}}\ \underset{\substack{\text{烯醇式丙酮酸}}}{\overset{\substack{\text{COOH}\\|\\\text{COH}\\||\\\text{CH}_2}}{}}\ \rightleftharpoons\ \underset{\substack{\text{丙酮酸}}}{\overset{\substack{\text{COOH}\\|\\\text{COH}\\||\\\text{CH}_2}}{}}\ +\text{ATP}$$

图 9.15　磷酸烯酸式丙酮酸变成丙酮酸

3）丙酮酸生成乳酸或者酒精

糖酵解途径生成的最终产物丙酮酸在不同的生物体内可以按照不同的途径转化成不同的产物：在动物体内，如果氧气供应不足，丙酮酸会被还原成乳酸，称之为酵解；在有些微生物（如酵母、乳酸杆菌）中，丙酮酸被还原成乙醇或乳酸，称之为发酵。

4）糖酵解特点

生物体中，糖酵解的主要特点为：

①在细胞质中发生反应，不需氧。

②3 步不可逆反应：葡萄糖磷酸化形成 6-磷酸葡萄糖；6-磷酸果糖磷酸化形成 1,6-二磷酸果糖；磷酸烯醇式丙酮酸变成丙酮酸。3 个关键酶为己糖激酶、6-磷酸果糖激酶-1 和丙酮酸激酶。

③总反应式如图 9.16 所示。

$$C_6H_{12}O_6+2NAD^++2ADP+2Pi\longrightarrow 2C_3H_4O_3+2NADH+2H^++2ATP+2H_2O$$

图 9.16　糖酵解总反应式

④糖酵解过程中能量的产生：在无氧酵解过程中产生 4 个 ATP，用去 2 个 ATP，即 1 分子葡萄糖经糖酵解成 2 分子丙酮酸净增 2 个 ATP。

5）糖酵解的生理意义

糖酵解的生理意义主要有：

①在缺氧条件下迅速提供少量的能量以应急，也是某些组织或细胞的主要获能方式，如红白细胞、皮肤、神经、骨髓、视网膜等。

②糖酵解途径是葡萄糖在生物体内进行有氧分解的必经途径。

③糖酵解是糖异生作用大部分的逆过程。非糖物质可以逆着糖酵解的途径异生成糖，但必须绕过不可逆反应。

④糖酵解也是糖、脂肪和氨基酸代谢相联系的途径。其中间产物是许多重要物质合成的原料。

⑤工业中酒精发酵生产白酒、啤酒、曲酒、面包等；乳酸发酵生产酸奶、奶酪、泡菜、酱菜等。

⑥若糖酵解过度，可因乳酸生成过多而导致乳酸中毒。

 课堂活动

葡萄糖的酵解过程分哪几个阶段？1 分子葡萄糖通过酵解可产生多少能量？

9.2.3 糖的有氧分解

葡萄糖通过糖酵解转变成丙酮酸。在有氧条件下葡萄糖的分解代谢并不停止在丙酮酸,而是继续进行有氧分解。葡萄糖在有氧条件下彻底氧化分解生成 CO_2 和 H_2O,并释放出大量能量的过程称为糖的有氧氧化。有氧氧化是葡萄糖分解的主要方式。

1)有氧氧化的过程

有氧氧化分为三个阶段进行。

(1)第一阶段

糖酵解途径(在细胞质中完成)。具体步骤详见糖酵解途径和图 9.17。

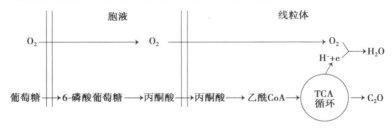

图 9.17 糖有氧氧化过程

(2)第二阶段

乙酰 CoA 的产生(在线粒体中进行)。具体过程如下:

①丙酮酸穿梭:丙酮酸穿过线粒体膜进入线粒体。

②丙酮酸氧化生产乙酰 CoA:丙酮酸在线粒体中,氧化脱羧生产乙酰 CoA。此反应在丙酮酸脱氢酶系的催化下进行。催化该反应的关键酶是:丙酮酸脱氢酶系。

丙酮酸脱氢酶系包括 3 种酶和 6 种辅助因子,具体如下。

a.3 种酶:丙酮酸脱羧酶、二氢硫辛酸乙酰转移酶和二氢硫辛酸脱氢酶。

b.6 种辅助因子:TPP、Mg^{2+}、硫辛酸、辅酶 A、FAD 和 NAD^+。

丙酮酸氧化脱羧的总反应式如图 9.18 所示。

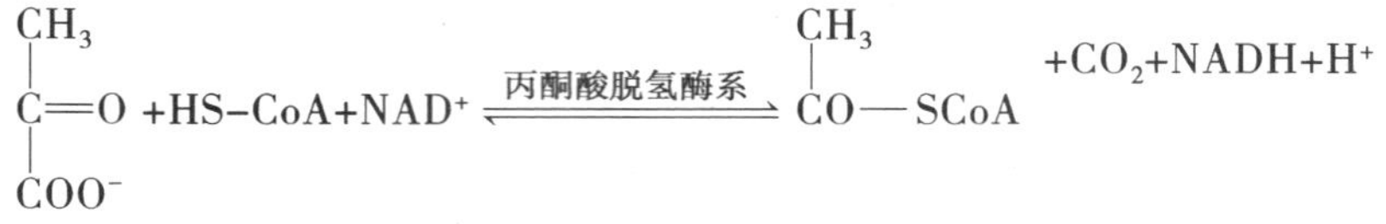

$$\begin{array}{ccc} CH_3 & & CH_3 \\ | & & | \\ C{=}O & +HS{-}CoA+NAD^+ \xrightarrow{\text{丙酮酸脱氢酶系}} & CO{-}SCoA \quad +CO_2+NADH+H^+ \\ | & & \\ COO^- & & \end{array}$$

丙酮酸   乙酰辅酶A

图 9.18 丙酮酸氧化脱羧

(3)第三阶段

三羧酸循环又称为柠檬酸循环(图 9.27),它是在线粒体中进行的。因为在循环的一系列反应中,关键的化合物是柠檬酸,因此,称柠檬酸酸循环;又因柠檬酸有 3 个羧基,也称为三羧酸循环。这个循环是德国生物化学家 H. A. Krebs 在 1937 年提出的,所以又称 Krebs 循环。催化该反应的关键酶为:柠檬酸合成酶、异柠檬酸脱氢酶和 α-酮戊二酸脱氢酶系。

具体反应过程如下。

①柠檬酸的形成(图9.19):在柠檬酸合成酶催化作用下,乙酰 CoA 与草酰乙酸缩合成柠檬酸,此过程为单向不可逆反应,柠檬酸合成酶是三羧酸循环的一个关键酶,也是一个限速酶,对三羧酸循环起着重要的调控作用。

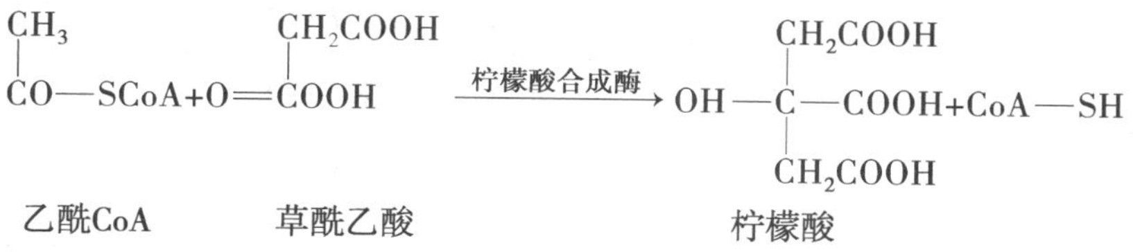

图 9.19　柠檬酸的形式

②异柠檬酸的形成(图9.20):在顺乌头酸酶的催化作用下,柠檬酸首先生成顺乌头酸,然后再转化为异柠檬酸。

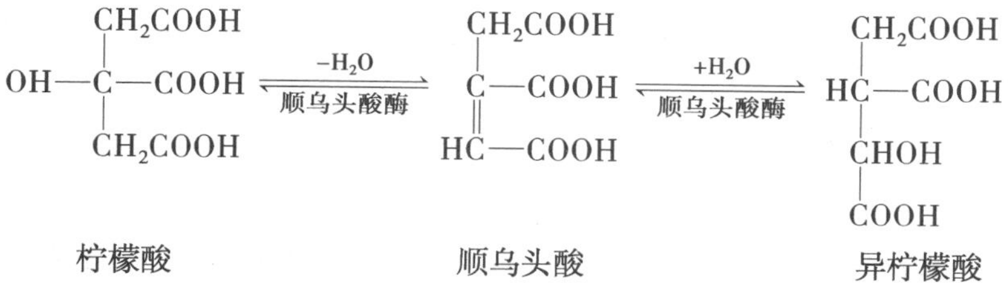

图 9.20　异柠檬酸的形成

③α-酮戊二酸的生成(图9.21):在异柠檬酸脱氢酶的催化作用下,异柠檬酸氧化脱羧生产 α-酮戊二酸,该过程为单向不可逆反应,这是该反应中第一次氧化脱氢、脱羧反应,脱下的氢由 NAD^+ 接受。

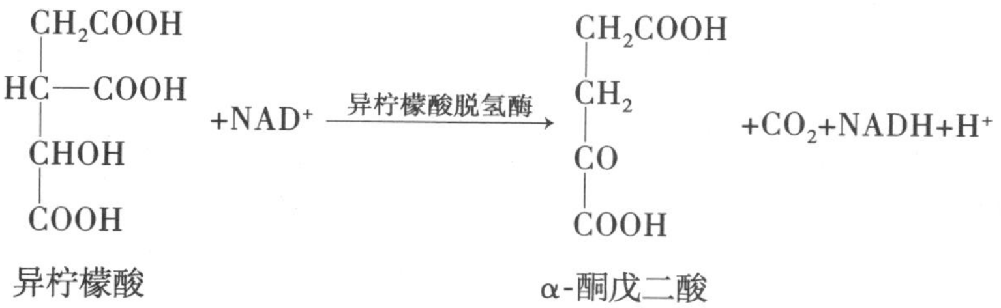

图 9.21　α-酮戊二酸的生成

④琥珀酰 CoA 的生成(图9.22):在 α-酮戊二酸脱氢酶复合体的催化作用下 α-酮戊二酸氧化脱羧生产琥珀酰 CoA,这是该反应中第二次氧化脱氢、脱羧反应,脱下的氢由 NAD^+ 接受,该反应为单向不可逆反应。α-酮戊二酸脱氢酶复合体的组成与催化的反应过程与丙酮酸脱氢酶系类似。

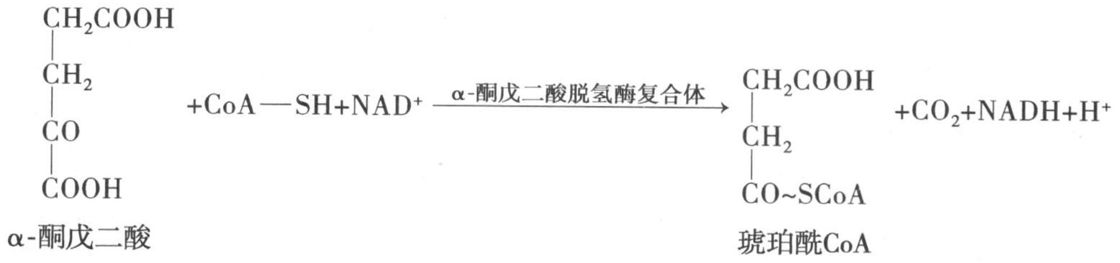

图 9.22　琥珀酰 CoA 的生成

⑤琥珀酸和 GTP 的生成(图 9.23):在 H_3PO_4 和 GTP 存在下,琥珀酰辅酶 A 合成酶催化琥珀酰 CoA 高能硫酯水解生产 GTP 和琥珀酸。这是三羧酸循环中唯一的底物水平磷酸化直接生成高能磷酸键的反应。

$$
\begin{array}{c}
CH_2COOH \\
| \\
CH_2 \\
| \\
CO\sim SCoA
\end{array}
+H_3PO_4+GDP \xrightarrow{\text{琥珀酰辅酶A合成酶}}
\begin{array}{c}
CH_2COOH \\
| \\
CH_2COOH
\end{array}
+GTP+CoA-SH
$$

琥珀酰CoA   琥珀酸

图 9.23 琥珀酸和 GTP 的生成

⑥延胡索酸的生成(图 9.24):在琥珀酸脱氢酶的催化,琥珀酸脱氢生产延胡索酸,此反应是三羧酸循环中第三次脱氢反应,脱下的氢由 FAD 接受。

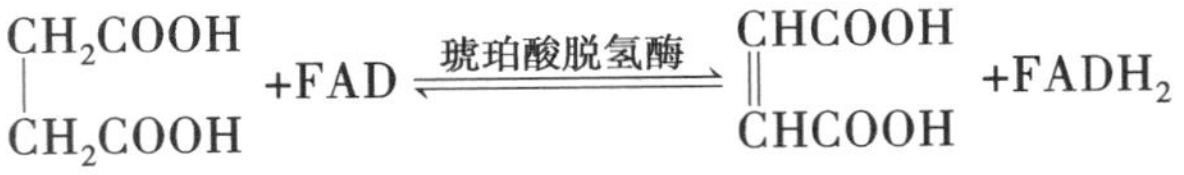

$$
\begin{array}{c}
CH_2COOH \\
| \\
CH_2COOH
\end{array}
+FAD \xrightarrow{\text{琥珀酸脱氢酶}}
\begin{array}{c}
CHCOOH \\
\| \\
CHCOOH
\end{array}
+FADH_2
$$

琥珀酸   延胡索酸

图 9.24 延胡索酸的生成

⑦苹果酸的生成(图 9.25):在延胡索酸酶催化作用下,延胡索酸加水生产苹果酸。

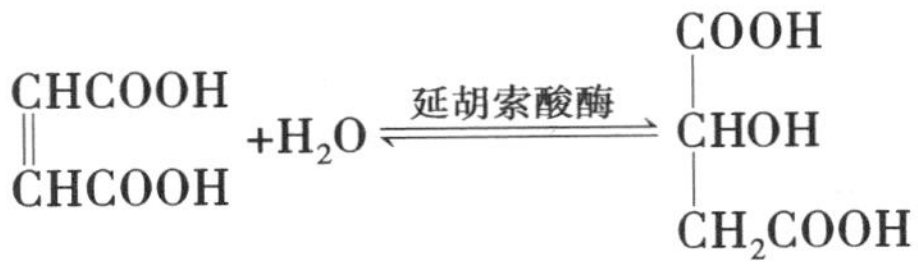

$$
\begin{array}{c}
CHCOOH \\
\| \\
CHCOOH
\end{array}
+H_2O \xrightarrow{\text{延胡索酸酶}}
\begin{array}{c}
COOH \\
| \\
CHOH \\
| \\
CH_2COOH
\end{array}
$$

延胡索酸   苹果酸

图 9.25 苹果酸的生成

⑧草酰乙酸的再生(图 9.26):在苹果酸脱氢酶催化作用下,苹果酸脱氢生产草酰乙酸,此反应是三羧酸循环中第四次脱氢反应,脱下的氢由 NAD^+ 接受。草酰乙酸可以携带乙酰基进入下一轮三羧酸循环。

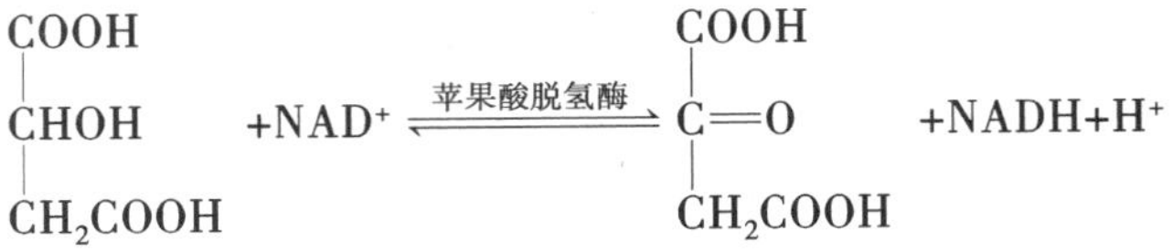

$$
\begin{array}{c}
COOH \\
| \\
CHOH \\
| \\
CH_2COOH
\end{array}
+NAD^+ \xrightarrow{\text{苹果酸脱氢酶}}
\begin{array}{c}
COOH \\
| \\
C=O \\
| \\
CH_2COOH
\end{array}
+NADH+H^+
$$

苹果酸   草酰乙酸

图 9.26 草酰乙酸的再生

三羧酸循环总过程如图 9.27 所示。

2)有氧氧化的特点

生物体中,有氧氧化的主要特点有:

①葡萄糖的有氧分解必须在有氧条件进行。当氧供给充足时,丙酮酸氧化脱羧生产乙酰 CoA,进入三羧酸循环彻底氧化。

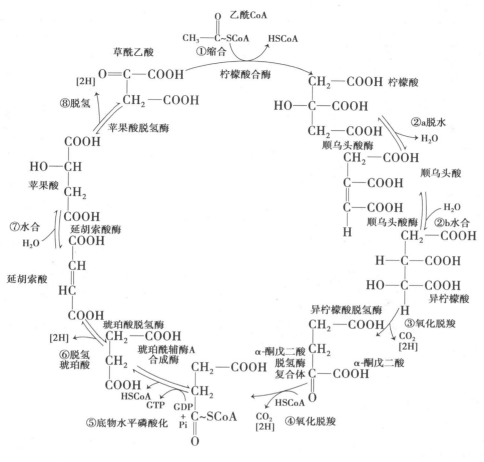

图 9.27 三羧酸循环

②进行的部位是细胞质和线粒体,在细胞质中不需要氧,在线粒体中需要氧。

③葡萄糖的有氧分解在无氧时进行糖酵解,在有氧时进行三羧酸循环彻底氧化分解生产 CO_2 和 H_2O。

④三羧酸循环是单向反应体系,循环中的柠檬酸合成酶、异柠檬酸脱氢酶、α-酮戊二酸脱氢酶系是该代谢途径的关键酶。

⑤有氧氧化比无氧分解提供更多能量,1 mol 葡萄糖有氧氧化可以产生 30 或 32 mol 的 ATP,见表9.1。

表9.1 葡萄糖有氧分解的 ATP 生产量(按 1 mol 葡萄糖计)

反应阶段	反应步骤	产生 ATP 数
第一阶段	葡萄糖——→6-磷酸葡萄糖	−1
	6-磷酸果糖——→1,6-二磷酸果糖	−1
	2×3-磷酸甘油醛——→2×1,3-二磷酸甘油酸	+5 或+3[①]
	2×1,3-二磷酸甘油酸——→2×3-磷酸甘油酸	+2
	2×磷酸烯醇式丙酮酸——→2×丙酮酸	+2

续表

反应阶段	反应步骤	产生 ATP 数
第二阶段	2×丙酮酸——2×乙酰 CoA	+5
第三阶段	2×异柠檬酸——2×α-酮戊二酸	+5
	2×α-酮戊二酸——2×琥珀酸 CoA	+5
	2×琥珀酸 CoA——2×琥珀酸	+2
	2×琥珀酸——2×延胡索酸	+3
	2×苹果酸——2×草酰乙酸	+5
合计		32 或 30

注:1 mol 葡萄糖产生 2 mol 磷酸丙糖,脱氢产生 2 mol NADH+H$^+$,根据穿梭进入线粒体的方式不同,
1 mol NADH+H$^+$ 既可产生 2.5 mol ATP,也可产生 1.5 mol ATP。

 课堂活动

CoA 与 ATP 在丙酮酸分解代谢中起什么作用？在糖酵解与三羧酸循环中,在哪些反应步骤产生 ATP?

3)有氧分解的生理意义

有氧分解的主要生理意义有:

①有氧氧化广泛存在于生物界。

②有氧氧化是有机体获得生命活动所需能量的主要途径。

③有氧氧化是糖、脂肪、蛋白质等物质代谢和转化的中心枢纽。糖、脂肪、蛋白质在体内进行生物氧化,以各自不同的方式进入三羧酸循环。如脂肪可以分解为乙酰 CoA,蛋白质可以分解生产其碳架(草酰乙酸、丙酮酸、α-酮戊二酸等)进入。

④有氧氧化形成多种重要的中间产物(如乙酰 CoA、丙酮酸、α-酮戊二酸、草酰乙酸等),为合成代谢提供原料。

⑤有氧氧化是物质被氧化的最终途径,如发酵产物的重新氧化。

9.2.4 磷酸戊糖途径

1)磷酸戊糖途径的定义

磷酸戊糖途径是由 6-磷酸葡萄糖开始,在 6-磷酸葡萄糖脱氢酶催化下形成 6-磷酸葡萄糖酸,进而产生 5-磷酸核酸和 NADPH。此反应主要发生在肝、脂肪组织、哺乳期乳腺、肾上腺皮质、性腺、骨髓和红细胞等细胞的胞浆中。

2)磷酸戊糖途径的过程

磷酸戊糖途径分为两个阶段,由 6 步反应来完成,具体代谢途径如图 9.28 所示。

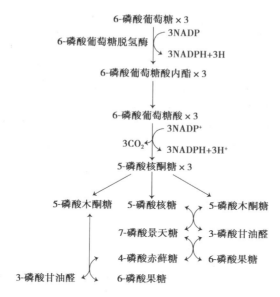

图 9.28　磷酸戊糖代谢途径

①第一阶段为氧化反应,6-磷酸葡萄糖经两次脱氢和一次脱羧生成 NADH、5-磷酸核酮糖和 CO_2。6-磷酸葡萄糖脱氢酶位催化该代谢途径的关键酶。

②第二阶段为非氧化反应,包括一系列基团转移反应,最终生成 3-磷酸甘油醛和 6-磷酸果糖进入糖酵解途径代谢。

3) 磷酸戊糖途径的生理意义

磷酸戊糖途径的主要生理意义有:

①磷酸戊糖途径是糖类普遍存在的一种代谢方式。

②磷酸戊糖途径产生大量的 NADPH,为细胞的各种合成反应提供还原剂。

③该途径的反应起始物为 6-磷酸葡萄糖,不需要 ATP 参与起始反应。因此,磷酸戊糖途径可在低 ATP 浓度下进行。

④此途径中产生的 5-磷酸核酮糖是辅酶及核苷酸生物合成的必需原料。

⑤当无氧分解和有氧分解同时受阻时,磷酸戊糖途径在有氧的条件下,也可以产生大量能量,供应各种代谢活动。

9.3　糖的合成代谢

9.3.1　糖原的合成

1) 糖原合成的定义

糖原是由若干葡萄糖单位组成的具有多分支结构的大分子化合物,是动物体内葡萄糖的存储形式,主要储存在肌肉组织和肝组织中,有肌糖原和肝糖原之分。肌糖原主要用于供应肌肉收缩时所需能量,而肝糖原则分解为血糖。由葡萄糖合成糖原的过程称为糖原合成。

2)糖原合成过程

糖原合成过程是一个耗能的过程。该过程与支链淀粉合成过程相似,但参与合成的引物、酶、糖基供体等是不相同的。具体反应过程如下所述。

①葡萄糖生成6-磷酸葡萄糖(G-6-P)(图9.29):此反应是由己糖激酶(葡萄糖激酶)催化的不可逆反应,由 ATP 供应能量。

$$葡萄糖+ATP \xrightarrow{己糖激酶} 6\text{-}磷酸葡萄糖+ADP+Pi$$

图 9.29　6-磷酸葡萄糖的生成

②6-磷酸葡萄糖转换为1-磷酸葡萄糖(G-1-P)(图9.30):此反应是变位酶催化的可逆反应。

$$6\text{-}磷酸葡萄糖 \xrightleftharpoons{变位酶} 1\text{-}磷酸葡萄糖$$

图 9.30　1-磷酸葡萄糖的生成

③尿苷二磷酸葡萄糖(UDPG)的生成(图9.31):在 UDPG 焦磷酸化酶作用下,1-磷酸葡萄糖与 UTP 作用,生产 UDPG。

$$UTP+G\text{-}1\text{-}P \xrightarrow{UDPG 焦磷酸化酶} UDPG+PPi$$

图 9.31　UDPG 的生成

④UDPG 合成糖原(图9.32):UDPG 中葡萄糖单位在糖原合成作用下,在糖原引物上增加一个葡萄糖单位,形成 α-1,4-糖苷键。

$$UDPG+G_n \xrightarrow{糖原合成酶} UDP+G_{n+1}$$

图 9.32　UDPG 合成糖原

⑤当糖链长度达到12～18个葡萄糖基时,糖原分支酶将一段6～7个葡萄糖基的糖链转移到邻近的糖链上,以 α-1,6-糖苷键相接,从而形成分支。

3)糖原合成与分解的生理意义

糖原合成与分解的生理意义主要有:
①当机体糖供应丰富及细胞中能量充足时,即合成糖原将能量进行储存。
②当糖的供应不足或能量需求增加时,储存的糖原即分解为葡萄糖,维持血糖浓度稳定。

9.3.2　糖异生作用

1)糖异生的定义

糖异生作用是非糖物质转变为葡萄糖或糖原的过程。主要原料有甘油、有机酸(乳酸、丙酮酸及三羧酸循环中的各种羧酸)和生糖氨基酸等。糖异生作用发生部位主要是肝;长期饥饿或酸中毒时,肾的糖异生作用可大大加强。

2)糖异生的过程

糖异生的途径基本上是糖酵解途径的逆过程。糖酵解途径中由己糖激酶、磷酸果糖激酶-1及丙酮酸激酶催化的单向反应,构成所谓"能障"。实现糖异生必须绕过这3个"能障"。
①由丙酮酸激酶催化的可逆反应是由丙酮酸羧化酶和磷酸烯醇式丙酮酸羧激酶催化的两

步反应来完成的。它们催化丙酮酸逆向转变为磷酸烯醇式丙酮酸,此过程称为丙酮酸羧化支路(图9.33)。

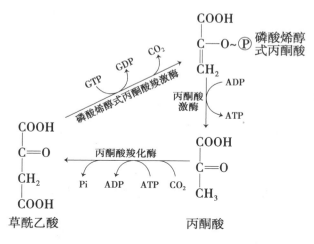

图9.33　丙酮酸羧化支路

②果糖1,6-二磷酸酶催化1,6-二磷酸果糖水解,脱去C-1位上的磷酸,生产6-磷酸果糖,完成磷酸果糖激酶-1催化反应的逆过程(图9.34)。

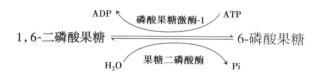

图9.34　1,6-二磷酸果糖生成6-磷酸果糖的可逆反应

③由葡萄糖-6-磷酸酶催化6-磷酸葡萄糖水解,生产葡萄糖(图9.35)。葡萄糖-6-磷酸酶存在于肝、肾细胞,肌肉组织中不含此酶,所以肌糖原不能转化为血糖。

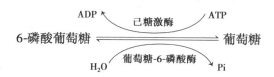

图9.35　6-磷酸葡萄糖生成葡萄糖的可逆反应

3)糖异生的生理意义

糖异生的生理意义主要为:

①维持血糖浓度:在体内糖来源不足的情况下,利用糖异生维持血糖浓度。这对于保证脑细胞的葡萄糖供应是十分必要的。

②有利于乳糖的再利用:葡萄糖在肌肉组织中经糖的无氧酵解产生的乳酸,可经血液循环转运至肝脏,再经糖异生作用生成自由葡萄糖后转运至肌肉组织加以利用。

③调节酸碱平衡:长期禁食后,脂肪代谢旺盛,产生的酸性物质含量升高,糖异生作用促使α-酮戊二酸转变成糖,从而使谷氨酸脱氨基作用增强,生产的NH_3可以中和酸。

9.4　血糖及其浓度的调节

9.4.1　血糖的来源和去路

血液中的糖主要是葡萄糖,称为血糖,血糖的含量是反映体内糖代谢状况的一项重要指标。正常情况下,血糖含量有一定的波动范围,正常人空腹静脉血含葡萄糖 3.89 ~ 6.11 mmol/L,当血糖的浓度高于 8.89 ~ 10.00 mmol/L,超过肾小管重吸收的能力,就可出现糖尿现象,通常将 8.89 ~ 10.00 mmol/L,血糖浓度称为肾糖阈,即尿中出现糖时血糖的最低界限。

为什么血糖含量能经常地维持在一定范围内? 这是血糖有许多来源和去路,这些来源和去路在神经和激素的调节下,使血糖处于动态平衡状态。

9.4.2　激素对血糖的调节

调节血糖浓度的激素可分为两大类,即降低血糖浓度的激素和升高血糖浓度的激素。降低血糖的激素,为胰岛素;升高血糖的激素,如肾上腺素、胰高血糖素、肾上腺糖皮质激素和生长素等。各类激素调节糖代谢反应从而影响血糖浓度的机制,它们对血糖的调节主要是通过对糖代谢各主要途径的影响来实现的。

1)胰岛素

胰岛素是胰岛 β 细胞分泌的一种蛋白类激素,由 51 个氨基酸组成。血中葡萄糖或氨基酸浓度高时,可促进胰岛素的分泌。胰岛素的作用是促进糖、脂肪、蛋白质三大营养物质的合成代谢,它的最主要功能是调节糖代谢,促进全身组织对糖的摄取、储存和利用,从而使血糖浓度降低。

胰岛素对血糖的调节机制,首先是使肌肉和脂肪组织细胞膜对葡萄糖的通透性增加,利于血糖进入这些组织进行代谢。胰岛素还能诱导葡萄糖激酶、磷酸果糖激酶和丙酮酸激酶的合成,加速细胞内葡萄糖的分解利用。胰岛素通过使细胞内 cAMP 含量减少,激活糖原合成酶和丙酮酸脱氢酶系,抑制磷酸化酶和糖异生关键酶等,使糖原合成增加,糖的氧化利用、糖转变为脂肪的反应增加,血糖去路增快;使糖原分解和糖异生减少或受抑制,使血糖来源减少,最终使血糖浓度降低。

2)胰高血糖素

胰高血糖素是胰岛 α 细胞合成和分泌的,由 29 个氨基酸组成的肽类激素,分子量为 3 500。其一级结构和一些胃肠道活性肽如胰泌素、肠抑制胃肽(GIP)等类似。血糖降时胰高血糖素分泌增加,高糖饮食后其分泌则减少。

胰高血糖素主要通过提高靶细胞内 cAMP 含量达到调节血糖浓度的目的。细胞内的

cAMP 可激活依赖 cAMP 的蛋白激酶,后者通过酶蛋白的共价修饰改变细胞内酶的活性,即激活糖原分解和糖异生的关键酶,抑制糖原合成和糖氧化的关键酶,使血糖升高。该蛋白激酶还激活脂肪组织的激素敏感性脂肪酶,加速脂肪的动员和氧化供能,减少组织对糖的利用,从而加重血糖升高。目前认为,胰高血糖素是使血糖浓度升高的最重要的激素。

胰高血糖素的前体为无活性的胰高血糖素原。由肠道上皮细胞生成和分泌的类似胰高血糖素的物质称为肠高血糖素。所以,用一般免疫法测得的高血糖素由胰高血糖素、胰高血糖素原、肠高血糖素 3 种形式组成,正常血浆中的基础浓度为 50 ~ 100 ng/L。

在激素发挥调节血浆浓度的作用中,最重要的是胰岛素和胰高血糖素。肾上腺素在应激时发挥作用,而肾上腺皮质激素、生长激素等都可影响血糖水平,但在生理性调节中仅居次要地位。

综上所述,胰岛素和胰高血糖素是调节血糖浓度的主要激素,而血糖水平保持恒定则是糖、脂肪、氨基酸代谢协调的结果。

9.4.3 **糖代谢障碍**

高血糖及糖尿症空腹血糖浓度高于 7.22 ~ 7.78 mmol/L 称为高血糖,超过肾糖阈时出现糖尿。在生理情况下也会出现高血糖和糖尿,如情绪激动时交感神经兴奋,使肾上腺素分泌增加,肝糖原分解,血糖浓度上升而出现糖尿,称为情感性糖尿,一次食入大量的糖,血糖急剧增高,出现糖尿称为饮食性糖尿。临床上静脉点滴葡萄糖速度过快,每小时每公斤体重超过 0.4 ~ 0.5 g 时,也会引起糖尿。

(1)持续性高血糖和糖尿

特别是空腹血糖和糖耐量曲线高于正常范围,主要见于糖尿病。某些慢性肾炎、肾病综合征等引起肾脏对糖的重吸收障碍而出现糖尿,但血糖及糖耐量曲线均正常。

(2)低血糖

空腹血糖浓度低于 3.33 ~ 3.89 mmol/L 时称为低血糖。低血糖影响脑的正常功能,因为脑细胞中含糖原极少,脑细胞所需要的能量主要来自葡萄糖的氧化,当血糖含量降低时,就会影响脑细胞的机能活性,因而出现头晕、倦怠无力、心悸、手颤、出冷汗、严重时出现昏迷,称为低血糖休克,如不及时给病人静脉注入葡萄糖液,就会死亡。

🐟 知识链接

临床上常用糖耐量试验来诊断病人有无糖代谢异常,常用口服的糖耐量试验,被试者清晨空腹静脉采血测定血糖浓度,然后一次服用 100 g 葡萄糖,服糖后的 0.5 h、1 h、2 h(必要时可在 3 h)各测血糖 1 次,以测定血糖的时间为横坐标(空腹时为 0 时),血糖浓度为纵坐标,绘制糖耐量曲线,正常人服糖后 0.5 ~ 1 h 达到高峰,然后逐渐降低,一般在 2 h 左右恢复正常值,糖尿病患者空腹血糖高于正常值,服糖后血糖浓度急剧升高,2 h 后仍可高于正常。

·本章小结·

糖代谢是三大营养物质代谢的基础,通过对各种糖代谢途径的学习,有助于其他物质代谢和能量代谢的研究,有助于熟悉代谢途径,并在实践中灵活运用。

本章内容主要有以下:

1. 糖原的分解是磷酸化酶和脱支酶的催化下生产 G-1-P,继而在变位酶的催化下生产 G-6-P,可进入糖酵解途径,也可进入磷酸戊糖途径。

2. 糖的无氧分解是葡萄糖在有 ATP、Mg^{2+} 存在下,由己糖激酶催化生产 G-6-P,进而开始经过一系列的变化,生成丙酮酸,对于动物和乳酸菌,丙酮酸还原生产乳酸(即酵解),对酵母菌,丙酮酸还原生成乙醇(即发酵)。

3. 糖的有氧氧化是葡萄糖酵解途径得到的丙酮酸,在有氧的条件下,进入线粒体,氧化脱羧生产 CoA,进入三羧酸循环。

4. TCA 是细胞内糖等有机物后期分解的必经过程,它在线粒体中进行,其过程是乙酰 CoA 与草酰乙酸缩合生产柠檬酸,再经异柠檬酸、α-酮戊二酸、琥珀酸、苹果酸等中间产物,重复生成草酰乙酸。周而复始,循环不已。1 分子乙酰 CoA 经过三羧酸循环,再经过电子传递,共产生 10 分子 ATP。

5. 磷酸戊糖途径是 G-6-P 在 6-磷酸葡萄糖脱氢酶的催化下开始的一系列反应,其主要产物是 NADPH 和 5-磷酸核糖,NADPH 可作为生物合成中的还原剂,5-磷酸核糖为核糖的生物合成提供了原料。

6. 糖原都的合成是以葡萄糖为原料,首先生产 G-6-P,再活化成 UDPG,在糖原原物存在下,经糖原合成酶和分支酶催化生产糖原,它不需要有 Mg^{2+} 参与,并要消耗能量。

7. 糖异生作用是将非糖物质如甘油、乳酸、丙酮酸及糖氨基酸经过一系列反应转化成葡萄糖的过程。它在肝、肾中进行。基本上糖异生作用是糖酵解途径的逆过程,糖酵解途径中由己糖激酶、磷酸果糖激酶-1 及丙酮酸激酶催化的单向反应,构成所谓"能障"。实现糖异生必须绕过这 3 个"能障"。

8. 血糖的每一来源和去路都是糖代谢反应的一条途径,对血糖的调节主要是神经系统和激素;肾上腺素分泌增加,肝糖原分解,血糖浓度上升而出现糖尿,内分泌异常会出现低血糖。

 复习思考题

一、名词解释

1. EMP 途径 2. HMP 途径 3. TCA 循环 4. 糖异生作用 5. 有氧氧化 6. 无氧氧化

二、选择题

1. 在厌氧条件下,下列哪一种化合物会在哺乳动物肌肉组织中积累?(   )

    A. 丙酮酸   B. 乙醇   C. 乳酸   D. CO_2

2. 磷酸戊糖途径的真正意义在于产生(   )的同时产生许多中间物如核糖等。

A. NADPH　　　　　B. NAD$^+$　　　　　C. ADP　　　　　D. CoASH

3. 磷酸戊糖途径中需要的酶有(　　　)。

　　A. 异柠檬酸脱氢酶　　　　　　B. 6-磷酸果糖激酶

　　C. 6-磷酸葡萄糖脱氢酶　　　　　D. 转氨酶

4. 生物体内 ATP 最主要的来源是(　　　)。

　　A. 糖酵解　　　　　B. TCA 循环　　　C. 磷酸戊糖途径D. 氧化磷酸化作用

5. 在 TCA 循环中,下列哪一个阶段发生了底物水平磷酸化?(　　　)

　　A. 柠檬酸——→α-酮戊二酸　　　　B. 琥珀酰辅酶 A ——→琥珀酸

　　C. 琥珀酸——→延胡索酸　　　　　D. 延胡索酸——→苹果酸

6. 丙酮酸脱氢酶系不需要下列哪个因子作为辅酶?(　　　)

　　A. NAD$^+$　　　　　B. Fe^{2+}　　　　　C. FAD　　　　　D. Cu^{2+}

7. 下列化合物中哪一种是琥珀酸脱氢酶的辅酶?(　　　)

　　A. 生物素　　　　　B. FAD　　　　　C. NADP$^+$　　　　　D. NAD$^+$

8. 在三羧酸循环中,由 α-酮戊二酸脱氢酶系所催化的反应需要(　　　)。

　　A. NAD$^+$　　　　　B. NADP$^+$　　　　　C. CoASH　　　　　D. ATP

9. 草酰乙酸经转氨酶催化可转变成为(　　　)。

　　A. 苯丙氨酸　　　　　B. 天门冬氨酸　　　C. 谷氨酸　　　　　D. 丙氨酸

10. 糖酵解是在细胞的什么部位进行的?(　　　)

　　A. 线粒体基质　　　B. 细胞液中　　　C. 内质网膜上　　　D. 细胞核内

11. 糖酵解中,下列哪一个催化的反应不是限速反应?(　　　)

　　A. 丙酮酸激酶　　　B. 磷酸果糖激酶C. 己糖激酶　　　D. 磷酸丙糖异构酶

12. 糖异生途径中哪一种酶代替糖酵解的己糖激酶?(　　　)

　　A. 丙酮酸羧化酶　　　　　　B. 磷酸烯醇式丙酮酸羧激酶

　　C. 葡萄糖-6-磷酸酯酶　　　　　D. 磷酸化酶

13. 下面哪种酶既在糖酵解又在葡萄糖异生作用中起作用?(　　　)

　　A. 丙酮酸激酶　　　　　　B. 3-磷酸甘油醛脱氢酶

　　C. 1,6-二磷酸果糖激酶　　　　D. 己糖激酶

14. 丙酮酸脱氢酶复合体中最终接受底物脱下的 2H 的辅助因子是(　　　)。

　　A. FAD　　　　　B. CoA　　　　　C. NAD$^+$　　　　　D. TPP

15. 糖原分解过程中磷酸化酶催化磷酸解的键是(　　　)。

　　A. α-1,6-糖苷键　　　　　　B. β-1,6-糖苷键

　　C. α-1,4-糖苷键　　　　　　D. β-1,4-糖苷键

16. 1 分子葡萄糖在大肠杆菌中通过有氧氧化可生成多少分子 ATP?(　　　)

　　A. 36　　　　　B. 38　　　　　C. 32　　　　　D. 33

三、判断题

1. 剧烈运动后肌肉发酸是由于丙酮酸被还原为乳酸的结果。　　　　　　　　(　　　)

2. 糖酵解过程在有氧和无氧条件下都能进行。 （   ）

3. 糖酵解过程中,因葡萄糖和果糖的活化都需要 ATP,故 ATP 浓度高时,糖酵解速度加快。 （   ）

4. 在生物体内 NADH+H$^+$和 NADPH+H$^+$的生理生化作用是相同的。 （   ）

5. HMP 途径的主要功能是提供能量。 （   ）

6. TCA 中底物水平磷酸化直接生成的是 ATP。 （   ）

7. 糖酵解是将葡萄糖氧化为 CO_2 和 H_2O 的途径。 （   ）

8. 三羧酸循环提供大量能量是因为经底物水平磷酸化直接生成 ATP。 （   ）

9. 甘油不能作为糖异生作用的前体。 （   ）

四、问答题

1. 为什么说三羧酸循环是糖、脂和蛋白质三大物质代谢的共同通路?

2. 磷酸戊糖途径有何特点,其生物学意义?

3. 为什么糖酵解途径中产生的 NADH 必须被氧化成 NAD$^+$才能被循环利用?

4. 草酰乙酸的代谢来源与去路有哪些?

5. 增加以下各种代谢物的浓度对糖酵解有什么影响?

（a）葡萄糖-6-磷酸（b）果糖-1.6-二磷酸（c）柠檬酸（d）果糖-2.6-二磷酸

实训 9.1　血糖浓度的测定（葡萄糖氧化酶法）

一、实训目的

①了解葡萄糖氧化酶法测定血糖的原理,能进行血糖测定的操作。

②掌握血糖测定的临床意义。

二、实训原理

葡萄糖氧化酶(GOD)能将葡萄糖氧化分解为葡萄糖酸和过氧化氢。后者在过氧化氢酶的作用下,分解为水和氧的同时将无色的 4-氨基安替比林与酚氧化缩合生成红色的醌类化合物,即 Trinder 反应。其颜色的深浅在一定范围内与葡萄糖浓度成正比,在 505 nm 波长处测定吸光度,与标准管比较可计算出血糖的浓度。反应式如图 9.36 所示。

$$葡萄糖+O_2+H_2O \xrightarrow{葡萄糖氧化酶} 葡萄糖酸+H_2O$$

$$2H_2O_2+4-氨基安替比林 \xrightarrow{过氧化氢酶} 红色醌类化合物+4H_2O$$

图 9.36　葡萄糖氧化酶法测定血糖浓度的反应式

血糖测定的临床意义是通过测定血糖浓度,为疾病的诊断提供依据,有利于疾病的治疗。

三、实训仪器与试剂

（1）仪器

试管、吸管、试管架、恒温水浴锅、分光光度计、微样加样器（多个吸头）。

（2）试剂

0.1 mol/L 磷酸盐缓冲液（pH 7.0）：称取无水磷酸氢二钠 8.5 g 及无水磷酸二氢钾 5.3 g 溶于 800 mL,蒸馏水中,用 1 mol/L 氢氧化钠（或 1 mol/L 盐酸）调节 pH 至 7.0,然后用蒸馏水稀释至 1 000 mL。

酶试剂：称取过氧化物酶 1 200 U,葡萄糖氧化酶 1 200 U,4-氨基安替比林 10 mg,叠氮钠 100 mg,溶于上述磷酸盐缓冲溶液 80 mL 中,用 1 mol/L NaOH 调 pH 至 7.0,加磷酸缓冲液至 100 mL。置冰箱保存,4 ℃可稳定 3 个月。

酚溶液：称取重蒸馏酚 100 mg 溶于 100 mL 蒸馏水中（酚在空气中易氧化成红色,可先配成 500 g/L 的溶液,贮存于棕色瓶中,用时稀释）,用棕色瓶贮存。

酶酚混合试剂：取上述酶试剂与酚溶液等量混合,4 ℃可存放 1 个月。

12 mmol/L 苯甲酸溶液：溶解苯甲酸 1.4 g 于蒸馏水中,加温助溶,冷却后加蒸馏水至 1 L。

葡萄糖标准贮存液（111.11 mmol/L）：称取已干燥至恒重的无水葡萄糖 2.000 g,溶于 12 mmol/L苯甲酸钠溶液约 70 mL 中,并移入 100 mL 容量瓶内,再以 12 mmol/L 苯甲酸溶液加至 100 mL。

葡萄糖标准应用液（5.56 mmol/L）：吸取葡萄糖标准贮存溶液 5.0 mL 于 100 mL 容量瓶中,加 12 mmol/L 苯甲酸溶液至刻度。

四、实训材料

血清。

五、实训方法与步骤

取 3 支试管,编号,按表 9.2 操作。

表 9.2　血糖测定操作步骤

加入物（mL）	空白管	标准管	测定管		
管号			1	2	3
血清	—	—	0.02	0.02	0.02
葡萄糖标准应用液	—	0.02	—	—	—
蒸馏水	0.02	—	—	—	—
酶酚混合液	3.0	3.0	3.0	3.0	3.0
吸光度	0				
平均吸光度					

混匀,置于 37 ℃水浴锅中保温 15 min,在波长 505 nm 处比色,以空白管调零,读取标准管及测定管吸光度。

六、实训结果及计算分析

血清中葡萄糖浓度的计算见式9.1。

$$血清葡萄糖(mmol/L) = \frac{测定管吸光度}{标准管吸光度} \times 5.56 \tag{9.1}$$

人的血糖的正常值参考范围为 3.96~6.1 mmol/L。

七、思考题

①血糖有哪些来源和去路,机体是如何调节血糖浓度恒定的?

②酚试剂为什么要用磷酸缓冲液配制,用蒸馏水是否可以,为什么?

第 *10* 章　脂代谢

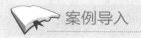【学习目标】

➢ 掌握甘油的分解代谢及脂肪酸的 β-氧化。

➢ 熟悉血脂的概念及分类,血浆脂蛋白的分类及生理功能,酮体的生成及利用。

➢ 了解脂肪消化、吸收及转运,脂肪的合成代谢,磷脂及胆固醇代谢。

【知识点】

脂类的消化、吸收及运输;血脂的概念及分类;血浆脂蛋白的分类及生理功能;甘油的分解;脂肪酸的 β-氧化;酮体的生成及利用;脂肪的合成代谢;磷脂及胆固醇代谢。

案例导入

脂肪的消化及消化不良

日常生活中人们如果吃了过多的大鱼大肉,肠胃就可能开始闹情绪,甚至还会腹泻。这是怎么回事? 搞清这个问题必须先从油腻食物的消化和吸收谈起。

脂类的消化、吸收主要在小肠中进行。参与消化、吸收的有胰腺与小肠的脂肪酶类、胆汁中的胆酸盐,而胰腺与胆汁分泌碳酸氢盐形成的碱性环境,也是不可缺少的环境条件。以中性脂肪为例,它首先要被胆汁中的胆酸盐、卵磷脂等乳化成极细的微滴,脂肪的表面积因而扩大许多倍,就能和消化酶等充分接触。在胆酸盐等催化下,脂肪酶活力大增,将甘油三酯分解为甘油与脂肪酸,后者再一次与胆酸盐、胆固醇结合成水溶性的微胶粒,才能被吸收进入小肠上皮细胞内。

如果进食太多,没有被消化、吸收的脂肪到达大肠后,就会被大肠内细菌分解,产生有害物质,或者刺激大肠蠕动,出现腹泻,此时的大便往往呈稀粥样,色淡发亮,漂浮在水面上,称为脂肪泻。

10.1 脂代谢概述

10.1.1 脂类的消化

正常人每日从食物中摄取的脂类,脂肪占到 90% 以上,此外还有少量的磷脂、胆固醇及其酯和一些游离脂肪酸。

食物中的脂类在成人口腔和胃中不能被消化,这是由于口腔中没有消化脂类的酶,胃中虽有少量脂肪酶,但此酶只有在中性 pH 值时才有活性,因此在正常胃液中此酶几乎没有活性(但是婴儿时期,胃酸浓度低,胃中 pH 值接近中性,脂肪尤其是乳脂可被部分消化)。

脂类不溶于水,必须在小肠经胆汁中胆汁酸盐的作用,乳化并分散成细小的微团后,才能被消化酶消化。胰液及胆汁均分泌入十二指肠,因此小肠上段是脂类消化的主要场所。在小肠上段,通过小肠蠕动,由胆汁中的胆汁酸盐使食物脂类乳化,使不溶于水的脂类分散成水包油的小胶体颗粒,提高溶解度增加了酶与脂类的接触面积,有利于脂类的消化及吸收。在形成的水油界面上,分泌入小肠的胰液中包含的酶类,开始对食物中的脂类进行消化,这些酶包括胰脂肪酶,辅脂酶,胆固醇酯酶和磷脂酶 A_2。

脂类经上述胰液中酶类消化后,生成甘油一酯、脂肪酸、胆固醇及溶血磷脂等,这些产物极性明显增强,与胆汁乳化成混合微团。这种微团体积很小(直径 20 nm),极性较强,可被肠黏膜细胞吸收。

10.1.2 脂类的吸收

脂类消化产物主要在十二指肠下段及空肠上段吸收。其中链脂酸(6~10 C)及短链脂酸(2~4 C)脂肪酸和甘油通过门静脉进入血循环;长链脂肪酸及单酰甘油吸收入小肠黏膜细胞后,重新生成甘油三酯、磷脂、胆固醇酯及少量胆固醇等,与粗面内质网合成的载脂蛋白等结合构成乳糜微粒,通过淋巴最终进入血液,被其他细胞所利用。

10.1.3 脂类的运输

肠道吸收的外源性脂类、机体合成的内源性脂类和甘油三酯水解时产生的脂肪酸需通过血液循环运输到适当组织中利用、贮存或转变。脂类不溶于水,不能直接在血液中运输。脂肪酸与清蛋白结合为可溶性复合体运输,其他脂类以脂蛋白的形式运输。

1) 血脂

血脂是血浆中脂类的总称,血脂的主要成分是甘油三酯、胆固醇、胆固醇酯、磷脂及游离脂肪酸。尽管血脂变化较大,但正常情况下不会超过一定范围。正常成人空腹血浆总胆固醇为 2.80~5.85 mmol/L,甘油三酯低于 1.8 mmol/L。血脂测定可作为高脂血症和心脑血管疾病的辅助诊断指标。

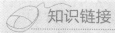知识链接

　　高脂血症可直接引起一些严重危害人体健康的疾病,如动脉粥样硬化、冠心病、胰腺炎等。高脂血症可分为原发性和继发性两类。原发性与先天性和遗传有关,是由于单基因缺陷或多基因缺陷,使参与脂蛋白转运和代谢的受体、酶或载脂蛋白异常所致,或由于环境因素(饮食、营养、药物)和通过未知的机制而致。继发性多发生于代谢性紊乱疾病(如糖尿病、高血压及甲状腺功能低下等)或与其他因素年龄、性别、季节、饮酒、吸烟及情绪活动等有关。

2)血浆脂蛋白

　　血浆中的脂类以血浆脂蛋白的形式存在(脂肪酸除外)。因为甘油三酯、胆固醇及其酯的水溶性很差,不能直接溶解于血浆转运,必须与水溶性强的蛋白质、磷脂形成脂蛋白的形式才能在血浆中转运。血浆脂蛋白是由载脂蛋白与脂质结合形成的类似球状的颗粒,核心由疏水的脂肪和胆固醇酯构成;外层则由兼有极性和非极性基团的载脂蛋白、磷脂和胆固醇包裹。外层分子的非极性基团朝向疏水的内核,极性基团朝外,使脂蛋白成为可溶性颗粒。血浆脂蛋白中的蛋白质统称为载脂蛋白。

　　(1)血浆脂蛋白的分类

　　各种血浆脂蛋白都同时含有胆固醇、脂肪、磷脂和载脂蛋白,但种类和含量比例、颗粒大小、密度和表面电荷数量不同,因此可用密度分离法和电泳分离法进行分离分类。

　　血浆脂蛋白在密度为1.063的氯化钠溶液中超速离心,按其漂浮情况和沉降速度可分为乳糜微粒(CM)、极低密度脂蛋白(VLDL)、低密度脂蛋白(LDL)和高密度脂蛋白(HDL)。4种血浆脂蛋白中,CM颗粒最大,脂质含量最高,密度最低(<0.96 g/mL);HDL颗粒最小,载脂蛋白含量最高,密度最高(1.063~1.210 g/mL)。不同的血浆脂蛋白电泳时移动速度不同,据此可将其分为CM、β-脂蛋白、前β-脂蛋白和α-脂蛋白。两种分类法中4种脂蛋白恰好是一一对应的,如图10.1所示。

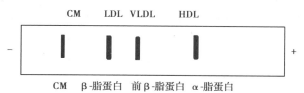

图10.1　血清脂蛋白电泳图谱示意图

　　(2)血浆脂蛋白的功能

　　①乳糜微粒:乳糜微粒(CM)由小肠黏膜细胞合成,主要功能是把外源性脂类运往全身各组织利用或贮存。在小肠黏膜上皮细胞中,外源性脂类吸收时再合成的脂肪,连同合成及吸收的磷脂与胆固醇,包裹上载脂蛋白形成CM。

　　②极低密度脂蛋白:极低密度脂蛋白(VLDL)主要由肝细胞合成,主要成分是甘油三酯,

其功能是将肝脏合成的内源性甘油三酯运往全身各组织利用或贮存。VLDL 合成障碍往往使脂肪堆积在肝脏中,形成脂肪肝。

③低密度脂蛋白:低密度脂蛋白(LDL)在血浆中由 VLDL 转变而来,所含胆固醇总量(包括游离胆固醇和酯型胆固醇)可达50%以上,功能是转运肝脏合成的内源性胆固醇。

④高密度脂蛋白:高密度脂蛋白(HDL)由肝细胞和小肠细胞合成后释放到血液中,主要功能是将肝外组织中衰老及死亡细胞膜上的游离胆固醇通过血液循环运回肝脏。因 HDL 能减少血浆胆固醇,血浆 HDL 水平较高的人不易患高脂血症。

> **知识链接**
>
> 肥胖症指长期能量摄入超过利用,导致体内过多的能量以脂肪形式的过多积聚,导致体内出现一系列病理生理变化。肥胖度的衡量标准常用体重指数(BMI)来表示,其中 BMI = 体重(kg)/ 身高^2。当 BMI 为 24 ~ 26 时表示轻度肥胖;当 BMI 为 26 ~ 28 时表示中度肥胖;当 BMI>28 时表示重度肥胖。

10.2　脂类的分解代谢

10.2.1　甘油三酯的分解代谢

甘油三酯(TG)是长链脂肪酸和甘油形成的脂肪分子。甘油三酯是人体内含量最多的脂类,大部分组织均可以利用甘油三酯分解产物供给能量,同时肝脏、脂肪等组织还可以进行甘油三酯的合成,在脂肪组织中储存。

1)甘油三酯动员

体内除成熟的红细胞外,其他各组织细胞几乎都有氧化利用脂肪及其代谢产物的能力,但它们很少利用自身的脂肪,主要是利用脂肪组织中动员的脂酸。

储存在脂肪组织中的甘油三酯,被脂肪酶逐步水解为游离脂酸及甘油,并释放入血,以供其他组织氧化利用,该过程称为脂肪的动员(图 10.2)。

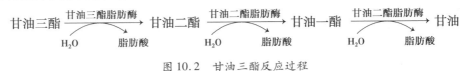

图 10.2　甘油三酯反应过程

催化脂肪动员的酶称为脂肪酶。细胞中的脂肪酶有 3 种:三酰甘油脂肪酶、二酰甘油脂肪酶和单酰甘油脂肪酶。以上 3 种酶的活性以三酰甘油脂肪酶最小,所以该酶是脂肪动员的限速酶。因该酶的活性受激素调节,又称为激素敏感性脂肪酶。因该酶活性受激素调节,在某些生理或病理条件下(饥饿、兴奋、应激及糖尿病等),肾上腺素和胰高血糖素分泌增加,它们与脂肪细胞膜上的受体结合,通过依赖 cAMP 的蛋白激酶途径使 HSL 磷酸化而被激活,促进脂肪水解(图 10.3)。

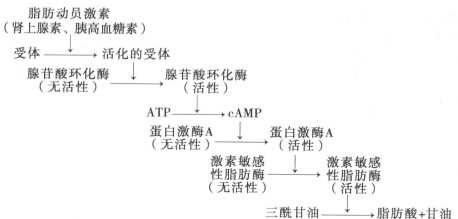

图 10.3　激素对脂肪动员的调节

肾上腺素、去甲肾上腺素、胰高血糖素等直接激活三酰甘油脂肪酶,可加速脂解作用,称为脂解激素。甲状腺激素、生长激素以及肾上腺皮质激素等具有协同作用;胰岛素、前列腺素作用相反,使三酰甘油脂肪酶活性降低,具有抗脂解作用,称为抗脂解激素。正常情况下,通过两类激素的综合作用调控脂解速度,使之达到动态平衡。

脂肪动员产生的甘油是水溶性的,可直接在血液中运输。脂肪酸穿过脂肪细胞膜和毛细血管内皮细胞进入血液后,需与血浆中的清蛋白结合,形成可溶性脂肪酸-清蛋白复合体在血液中运输。脂肪酸-清蛋白复合体随血液到达其他组织后,脂溶性的脂肪酸能通过扩散进入细胞内,扩散速度随其在血液中浓度的升高而加快。

2) 甘油的氧化分解

甘油三酯动员时产生的甘油,主要被各组织细胞用于氧化供能。甘油在甘油激酶催化下磷酸化生成3-磷酸甘油,再经磷酸甘油脱氢酶(其辅酶为 NAD^+)催化,转变为磷酸二羟丙酮(图 10.4)。

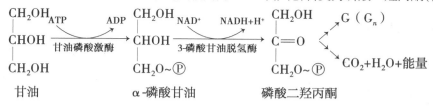

图 10.4　甘油的氧化分解

磷酸二羟丙酮是磷酸丙糖,既可在肝脏沿糖异生途径转变为糖原和葡萄糖;也可经糖酵解变为丙酮酸而进入三羧酸循环彻底氧化供能,生成 CO_2 和 H_2O。

值得注意的是,肝、肾及小肠黏膜细胞富含甘油激酶,而肌肉及脂肪细胞中缺乏甘油激酶,所以后两种组织利用甘油的能力很弱,其中的甘油主要是经血入肝再进行氧化分解。

3) 脂肪酸的氧化分解

脂肪酸是人及哺乳动物的主要能源物质。脂肪酸的分解有 β-氧化、α-氧化以及 ω-氧化等几条不同途径,其中以 β-氧化最为主要和普遍。β-氧化的主要产物是乙酰 CoA、NADH+H$^+$ 和

$FADH_2$。乙酰 CoA 可进入三羧酸循环彻底氧化为 CO_2 和 H_2O，并释放出大量能量；在动物肝脏中可生成乙酰乙酰 CoA，再转化为酮体。除脑组织外，大多数组织都能氧化脂肪酸，但是以肝脏和肌肉组织最活跃。

（1）脂肪酸的 β-氧化过程

①脂肪酸的活化：脂肪酸的活化脂酰 CoA 的生成。脂肪酸的化学性质比较稳定，在氧化分解之前必须活化，活化在细胞液中进行。反应由脂酰 CoA 合成酶催化，在 ATP、HSCoA 和 Mg^{2+} 存在的条件下，催化脂肪酸活化生成脂酰 CoA。脂酰 CoA 合成酶有两种：内质网脂酰 CoA 合成酶，也称硫激酶，活化 12 个碳原子以上的脂肪酸；线粒体脂酰 CoA 合成酶，活化 4～10 个碳原子的脂肪酸。脂肪酸的活化反应如图 10.5 所示。

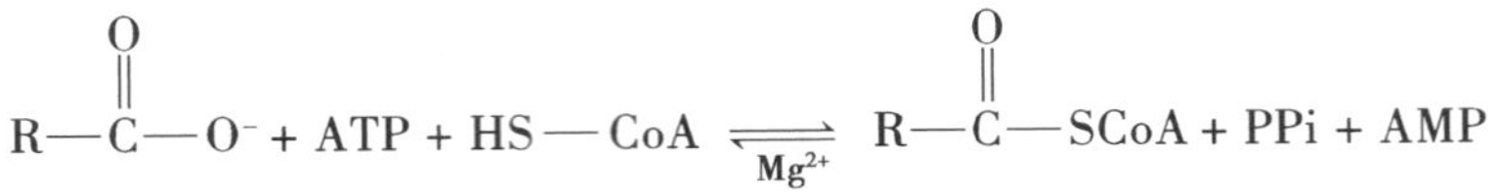

$$R—\overset{\overset{O}{\|}}{C}—O^- + ATP + HS—CoA \underset{Mg^{2+}}{\rightleftharpoons} R—\overset{\overset{O}{\|}}{C}—SCoA + PPi + AMP$$

图 10.5 脂肪酸的活化

反应过程中由 ATP 供能，产生 AMP 和焦磷酸（PPi），生成的焦磷酸立即被焦磷酸酶水解，阻止反应逆向进行。脂肪酸活化生成的脂酰 CoA 带有高能硫酯键，且水溶性增加，提高了脂肪酸的代谢活性。整个反应消耗了 1 个分子 ATP 的两个高能键，故 1 分子脂肪酸活化实际消耗了 2 个高能磷酸键，相当于 2 分子 ATP。

另外，胞浆中生成的长链脂酰 CoA 能抑制己糖激酶活性，因此饥饿等情况下脂解加快，进入细胞的脂肪酸增多使长链脂酰 CoA 浓度升高，可抑制糖的分解以节约糖，这对于维持血糖恒定有重要意义。

②脂肪酸的转运：催化脂酰 CoA 氧化的酶全部分布在线粒体内，脂肪酸的 β-氧化通常在线粒体基质中进行。中、短碳链脂肪酸（10 个碳原子以下）可直接穿过线粒体内膜；长链脂肪酸则需活化为脂酰 CoA 后依靠肉碱（肉毒碱）携带，以脂酰肉碱的形式跨越内膜进入线粒体基质（图 10.6）。

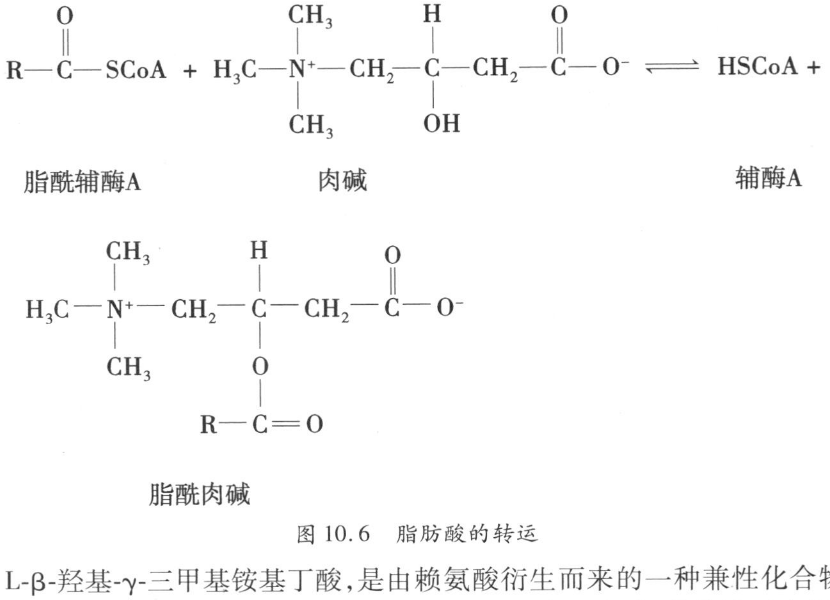

$$R—\overset{\overset{O}{\|}}{C}—SCoA + H_3C—\overset{\overset{CH_3}{|}}{\underset{\underset{CH_3}{|}}{N^+}}—CH_2—\overset{\overset{H}{|}}{\underset{\underset{OH}{|}}{C}}—CH_2—\overset{\overset{O}{\|}}{C}—O^- \rightleftharpoons HSCoA +$$

脂酰辅酶A   肉碱   辅酶A

$$H_3C—\overset{\overset{CH_3}{|}}{\underset{\underset{CH_3}{|}}{N^+}}—CH_2—\overset{\overset{H}{|}}{\underset{\underset{\underset{R—C=O}{|}}{O}}{C}}—CH_2—\overset{\overset{O}{\|}}{C}—O^-$$

脂酰肉碱

图 10.6 脂肪酸的转运

肉碱即 L-β-羟基-γ-三甲基铵基丁酸，是由赖氨酸衍生而来的一种兼性化合物，广泛分布于动植物体内。它在线粒体膜外侧与脂酰 CoA 结合生成脂酰肉碱，催化该反应的酶为肉碱脂酰转移酶 I。脂酰肉碱通过内膜上的肉碱载体蛋白进入线粒体基质，再在内膜上的肉碱脂酰转移酶Ⅱ催化下使脂酰肉碱的脂酰基与线粒体基质中的辅酶 A 结合,重新产生脂酰 CoA,释放肉碱。肉碱则经移位酶协助回到细胞质中进行下一轮转运(图 10.7)。脂酰 CoA 从线粒体外到线粒体内的转运过程是脂肪酸 β-氧化的主要限速步骤,肉碱脂酰转移酶 I 是限速酶,并且决定脂肪酸是进入脂质合成途径还是走向氧化分解。

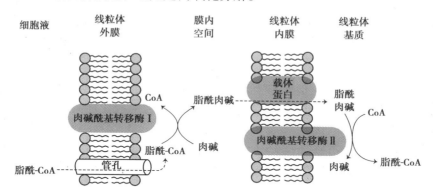

图 10.7　肉碱转运脂酰基进入线粒体机制

③饱和脂肪酸 β-氧化的反应历程:脂酰 CoA 进入线粒体基质后,在脂肪酸 β-氧化多酶复合体的催化下,从脂酰基的 β-碳原子开始,进行脱氢、水化、再脱氢、硫解 4 步连续反应,逐步氧化分解为乙酰 CoA,因为氧化过程发生在脂酰基的 β-碳原子上,所以将此过程称为饱和脂肪酸 β-氧化作用,共分为以下 4 个环节。

a. 脱氢:在脂酰 CoA 脱氢酶催化下,脂酰 CoA 的 α-和 β-碳原子上各脱去一个氢原子,生成 α,β-反烯脂酰 CoA,辅酶为 FAD(图 10.8)。

$$\underset{\text{脂酰CoA}}{RCH_2CH_2\overset{\overset{\displaystyle O}{\|}}{C}{\sim}SCoA} + FAD \longrightarrow \underset{\alpha,\beta\text{-反烯脂酰CoA}}{RCH_2CH{=}CH{-}\overset{\overset{\displaystyle O}{\|}}{C}{\sim}SCoA} + FADH_2$$

图 10.8　脂酰 CoA 的脱氢

b. 水合:在烯脂酰 CoA 水合酶的催化下,α,β-反烯脂酰 CoA 加 1 分子水,生成 L(+)-β-羟脂酰 CoA(图 10.9)。

$$\underset{\alpha,\beta\text{-反烯脂酰CoA}}{RCH_2\overset{\overset{\displaystyle H}{|}}{C}{=}\overset{O}{\overset{\|}{\underset{H}{C}}}{-}C{\sim}SCoA} + H_2O \longrightarrow \underset{\beta\text{-羟脂酰CoA}}{RCH_2\overset{\overset{\displaystyle OH}{|}}{C}H{-}CH_2\overset{\overset{\displaystyle O}{\|}}{C}{\sim}SCoA}$$

图 10.9　α,β-反烯脂酰的水合

c. 再脱氢:在 β-羟脂酰 CoA 脱氢酶催化下,L(+)-β-羟脂酰 CoA 的 β-碳原子脱去 2 个氢原子,生成 β-酮脂酰 CoA,辅酶为 NAD⁺(图 10.10)。

$$\underset{\beta\text{-羟脂酰CoA}}{RCH_2\overset{\overset{\displaystyle OH}{|}}{C}H{-}CH_2\overset{\overset{\displaystyle O}{\|}}{C}{\sim}SCoA} + NAD^+ \longrightarrow \underset{\beta\text{-酮脂酰CoA}}{RCH_2\overset{\overset{\displaystyle O}{\|}}{C}{-}CH_2\overset{\overset{\displaystyle O}{\|}}{C}{\sim}SCoA} + NADH + H^+$$

图 10.10　β-羟脂酰 CoA 的再脱氢

d. 硫解:在 β-酮脂酰 CoA 硫解酶(简称硫解酶)催化下,β-酮脂酰 CoA 被 1 分子辅酶 A 硫解,在 C_α 和 C_β 之间断裂生成 1 分子乙酰 CoA 和 1 分子较原来少 2 个碳原子的脂酰 CoA(图10.11)。

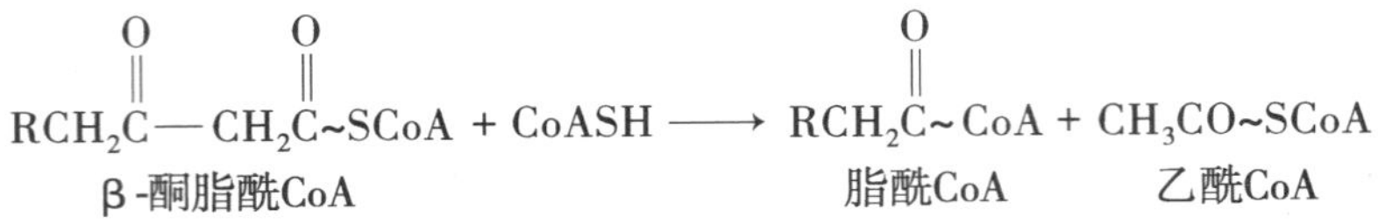

$$\underset{\text{β-酮脂酰CoA}}{RCH_2\overset{O}{\overset{\|}{C}}-CH_2\overset{O}{\overset{\|}{C}}\sim SCoA} + CoASH \longrightarrow \underset{\text{脂酰CoA}}{RCH_2\sim CoA} + \underset{\text{乙酰CoA}}{CH_3\overset{O}{\overset{\|}{C}}O\sim SCoA}$$

图 10.11 β-酮脂酰 CoA 的硫解

此步反应是高度放能反应,促使整个 β-氧化向裂解方向进行。综合这 4 步反应,可以看出,脂酰 CoA 经过一次 β-氧化过程,便缩短了 2 个碳原子,生成比原来少两个碳原子的脂酰 CoA 和 1 分子乙酰 CoA。

新生成的脂酰 CoA 又可经过脱氢、加水、再脱氢和硫解 4 步反应,进行再一次 β-氧化过程,如此重复进行,偶数碳原子饱和脂肪酸完全被降解为乙酰 CoA(图10.12)。

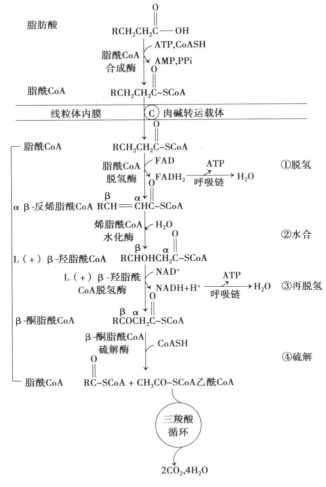

图 10.12 脂酸的 β-氧化过程

软脂肪酸的 β-氧化需经活化、转运和 7 轮循环反应,其总反应式如图 10.13 所示。

$$C_{15}H_{31}COOH+8CoASH+ATP+7FAD+7NAD^++7H_2O \longrightarrow$$
$$8CH_3CO \sim SCoA+AMP+PPi+7FADH_2+7NADH+7H^+$$

图 10.13 软脂肪酸的 β-氧化总反应式

（2）脂肪酸 β-氧化及彻底氧化产生的能量

脂肪酸经 β-氧化产生的 NADH+H⁺ 和 FADH₂ 进入电子传递链被氧化；乙酰 CoA 可进入三羧酸循环继续氧化生成 CO_2 和 H_2O，并释放出大量的能量，以满足人体活动的需要。氧化过程中释放的大量能量，除一部分以热能形式散失维持体温外，其余以化学能形式储存在 ATP 中。

如果被氧化的是软脂酸，则生成 8 分子乙酰辅酶 A，7 分子 FADH₂ 和 7 分子 NADH+H⁺。线粒体中 1 分子 FADH₂ 和 1 分子 NADH 经电子传递链氧化分别生成的 1.5 分子 ATP 和 2.5 分子 ATP，1 分子乙酰辅酶 A 经过三羧酸循环和电子传递链氧化分解产生 10 分子 ATP；那么，1 分子软脂酸经 β-氧化作用生成 ATP 的总数为：(8×10)+(7×1.5)+(7×2.5)＝108，减去脂肪酸活化消耗掉的 1 分子 ATP 中的两个高能磷酸键的能量，实际上 1 分子的棕榈酸氧化分解成二氧化碳和水共获得 106 个 ATP（图 10.12）。脂肪酸 β-氧化生成 ATP 的公式可概括为

$$\frac{n}{2}\times10+\left(\frac{n}{2}-1\right)\times4-2 \qquad （n 为脂肪酸的碳原子数）$$

4）酮体的生成和利用

脂肪酸在心肌、骨骼肌等组织中经 β-氧化生成的乙酰 CoA，能彻底氧化成 CO_2 和 H_2O，并释放 ATP。而在肝细胞中，因具有活性较强的合成酮体的酶系，β-氧化生成的乙酰 CoA 大都转变为乙酰乙酸、β-羟基丁酸和丙酮。这 3 种物质总称为酮体。它们是脂肪酸在肝中氧化分解特有的中间产物，是肝输出能源的一种形式。肝脏是生成酮体的主要器官。

（1）酮体的生成

在肝细胞线粒体中脂肪酸 β-氧化极为活跃，产生的乙酰 CoA 可进入 4 条代谢途径：进入三羧酸循环和呼吸链彻底氧化供能；进入胆固醇合成途径；进入脂肪酸合成途径；转化为酮体（图 10.14）。酮体形成的第 1 步反应是 2 分子乙酰 CoA 在乙酰乙酰辅酶 A 硫解酶作用下缩合形成乙酰乙酰 CoA，并释放出 1 分子 HSCoA。乙酰乙酰辅酶 A 在 HMGCoA 合酶的作用下与 1 分子乙酰辅酶 A 缩合成 HMGCoA，并释放出 1 分子 HSCoA，HMGCoA 合酶是酮体生成的限速酶。HMGCoA 在 HMGCoA 裂解酶的作用下生成乙酰乙酸和乙酰辅酶 A，而这是 β-氧化最后一步的逆反应，这种逆反应在乙酰 CoA 水平升高时加快。因此，积累的乙酰 CoA 转向酮体的生成，使血酮升高。

酮体合成中首先生成乙酰乙酸，它在 β-羟丁酸脱氢酶催化还原为 β-羟丁酸，所需的 H 由 NADH 提供，还原速度取决于 NADH 与 NAD⁺ 的比值。乙酰乙酸可自发脱羧生成丙酮。

（2）酮体的利用

肝内缺乏氧化利用酮体的酶系，所以产生的酮体通过血液循环被运至肝外组织。肝外组织不能生成酮体，却具有很强的氧化和利用酮体的能力。心肌、肾上腺皮质、脑组织等在糖供应不足时，都可利用酮体作为主要能源。

酮体被氧化的关键是乙酰乙酸被激活为乙酰乙酸辅酶 A，激活的途径有两种：一是在肝外组织细胞的线粒体内，β-羟丁酸经 β-羟丁酸脱氢酶作用，被氧化生成乙酰乙酸，乙酰乙酸与琥珀酰 CoA 转硫酶或乙酰乙酸硫激酶的作用下水解为两分子乙酰辅酶 A，同时放出琥珀酸。另

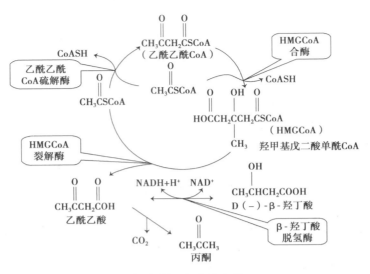

图 10.14　酮体的生成

一途径是在有 HSCoA 和 ATP 存在时,由乙酰乙酸硫激酶催化,使乙酰乙酸形成乙酰乙酰辅酶A,后者再经硫解生成两分子乙酰 CoA。乙酰 CoA 进入三羧酸循环被彻底氧化(图10.15)。

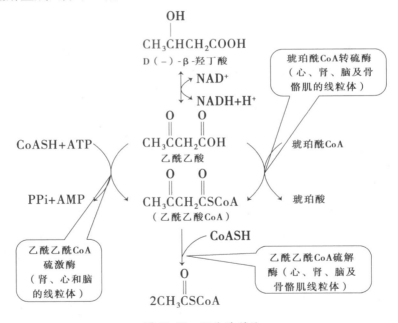

图 10.15　酮体的利用

　　丙酮不能按上述方式氧化,它可随尿排出。丙酮易挥发,如血中浓度过高时,丙酮还可经肺直接呼出。

　　(3)酮体生成的生理意义

　　当机体缺少葡萄糖时,需要动员脂肪供应能量。肌肉组织对脂肪酸的利用能力有限,却能很好地利用酮体以节约葡萄糖,这对维持血糖的恒定有特别重要的意义。脑组织不能氧化脂肪酸,在正常情况下,主要以葡萄糖为能源,但是在长期饥饿或糖尿病状态下,脑中约75%的能源来自酮体。此外,肌肉组织利用酮体,可以抑制肌肉蛋白质的分解,防止蛋白质过多消耗。

　　在某些情况下,如长期饥饿、高脂低糖饮食或糖尿病时,脂肪动员加强,酮体生成增多。若超过肝外组织的利用能力时,引起血中酮体含量升高,导致酮血症,并随尿排出体外,出现酮尿症。由于酮体的主要成分为酸性物质,酮体在体内积存可导致酮症酸中毒。

10.2.2　磷脂的分解代谢

　　磷脂包括甘油磷脂和鞘磷脂。其中甘油磷脂的基本结构如图 10.16 所示,与磷酸相连的取代基包括胆碱、水、乙醇胺、丝氨酸、甘油、肌醇及磷脂酰甘油等。

　　生物体内存在能使甘油磷脂水解的多种磷脂酶类,一般可分为磷脂酶 A、B、C、D 4 类,分别作用于磷脂分子中不同的酯键。在磷脂酶的作用下逐步水解为甘油、脂肪酸、磷酸及各种含氮化合物如胆碱、乙醇胺和丝氨酸等。

　　甘油磷脂的水解产物甘油和磷酸可参加糖代谢,脂肪酸可进一步被氧化,各种氨基醇可参加磷脂的再合成,胆碱还可通过转甲基作用变为其他物质。

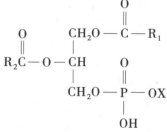

图 10.16　甘油磷脂的基本结构

10.2.3　胆固醇的分解代谢

　　胆固醇的羟基可酯化形成胆固醇酯;胆固醇的环戊烷多氢菲环在动物体内不能被降解,但其侧链可经氧化、还原、降解等反应转变为多种固醇类生理活性物质,如胆汁酸、肾上腺皮质激素.性激素及维生素 D_3 等。

　　1) 转化为胆汁酸及其衍生物

　　在肝脏中转化为胆汁酸是胆固醇的主要代谢途径,内源性胆固醇约 2/5 转化为胆汁酸。在小肠中完成脂类乳化作用后,大部分胆汁酸被重吸收,其余的被排泄。部分胆固醇作为胆汁的成分与胆汁酸盐一起进入肠道,经肠道细菌作用还原为粪固醇随粪便排出体外。这是机体胆固醇转变排泄的主要途径。

　　2) 转化为类固醇激素

　　胆固醇失去侧链氧化形成类固醇激素,是合成类固醇激素的原料。在肾上腺皮质细胞中可转变为醛固酮、皮质醇和雄激素,在睾丸间质细胞中转变为睾丸酮,在卵巢的卵泡内膜细胞及黄体中可转变为雌二醇和孕酮。

　　3) 转化为维生素 D_3

　　胆固醇在肝脏、小肠黏膜和皮肤组织中,可脱氢氧化为 7-脱氢胆固醇。储存于皮下的 7-脱氢胆固醇,经紫外线照射转变为维生素 D_3。维生素 D_3 在肝细胞微粒体中被羟化变为 25-羟基维生素 D_3,25-羟基维生素 D_3 通过血浆转运至肾,在肾脏中进一步羟化转变为维生素 D 的活性形式 1,25-二羟维生素 D_3。活性维生素 D_3 具有调节钙、磷代谢的作用。

10.3 脂类的合成代谢

10.3.1 甘油三酯的合成代谢

甘油三酯是机体储存能量的主要形式,机体摄入糖与脂肪等食物均可合成甘油三酯在脂肪组织中储存,以供禁食饥饿时的需要。

肝、脂肪组织及小肠是合成甘油三酯的主要场所,以肝脏合成能力最强。但肝脏不能储存甘油三酯,合成后即分泌入血。脂肪组织是机体合成甘油三酯的另一重要组织,它可利用食物脂肪中的脂肪酸合成甘油三酯,主要是以葡萄糖为原料合成。小肠黏膜则主要利用脂肪消化产物再合成甘油三酯。

甘油三酯合成的原料主要是甘油和脂肪酸。其中甘油主要由葡萄糖提供,也可是细胞内甘油的再利用。生物合成脂肪酸的直接原料是乙酰 CoA,凡是能够生成乙酰 CoA 的物质都可以成为合成原料,主要亦来自于糖的分解,部分来源于食物脂肪水解和脂肪酸动员。

1)脂肪酸的合成

脂肪酸的生物合成比较复杂,包括饱和脂肪酸从头合成、脂肪酸碳链延长和不饱和脂肪酸合成等途径。

（1）饱和脂肪酸的从头合成

饱和脂肪酸的从头合成过程在胞液中进行,该过程以乙酰 CoA 为碳原,产物是软脂酸(棕榈酸)。整个过程可分为 3 个阶段:乙酰辅酶 A 的转运、丙二酸单酰辅酶 A 的合成及脂肪酸链的合成。

①乙酰 CoA 的转运:脂肪酸合成所需的碳源来自乙酰 CoA,但来自糖代谢的丙酮酸脱羧、氨基酸氧化及脂肪酸 β-氧化产生的乙酰 CoA 都在线粒体基质中,而脂肪酸合成的有关酶系在细胞液中,乙酰 CoA 必须转运到胞液才能参与脂肪酸的合成。但是乙酰 CoA 不能直接穿过线粒体内膜进入胞液,动物细胞通过柠檬酸-丙酮酸循环进行转运(图 10.17)。乙酰 CoA 与草酰乙酸结合成柠檬酸后通过三羧酸载体透出内膜,再由胞浆的柠檬酸裂解酶裂解成草酰乙酸和乙酰 CoA。乙酰 CoA 即可用以合成脂肪酸,而草酰乙酸则被 NADH 还原成苹果酸。苹果酸可经氧化脱羧产生 CO_2、NADPH 和丙酮酸。丙酮酸和苹果酸都可经内膜载体进入线粒体,分别由丙酮酸羧化酶和苹果酸脱氢酶催化生成草酰乙酸,参加乙酰 CoA 转运循环。

脂肪酸合成的原料除乙酰 CoA 外,还需要 ATP、NADPH、HCO_3^-(CO_2) 及 Mn^{2+} 等。脂肪酸合成系还原性合成,所需的氢均由 NADPH 提供。NADPH 主要来源于磷酸戊糖途径,上述乙酰 CoA 转运中苹果酸酶催化苹果酸氧化脱羧生成丙酮酸的反应也可提供少量。

②丙二酸单酰 CoA 的合成:乙酰 CoA 在乙酰 CoA 羧化酶催化下,加上 CO_2 生成丙二酸单酰 CoA(图 10.18)。反应由碳酸氢盐提供 CO_2,ATP 提供羧化过程所需能量。

乙酰 CoA 羧化酶是脂肪酸合成的限速酶,其辅基是生物素(生物素也是其他羧化酶的辅

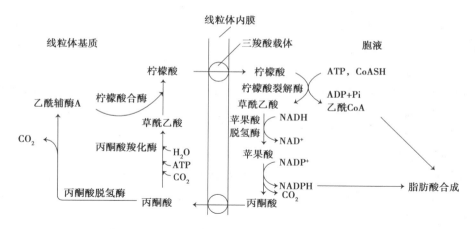

图 10.17　乙酰辅酶 A 从线粒体基质至胞液的运转

$$\underset{\textbf{乙酰辅酶A}}{CH_3C-SCoA} + HCO_3^- + ATP \underset{}{\overset{CT}{\rightleftharpoons}} \underset{\textbf{丙二酸单酰辅酶A}}{HOOC-CH_2-\overset{O}{\overset{\|}{C}}-SCoA} + ADP + Pi$$

图 10.18 丙二酸单酰 CoA 的合成

基）。乙酰 CoA 羧化酶存在于胞液中,辅基生物素是 CO_2 的载体,Mn^{2+} 是激活剂。柠檬酸（或异柠檬酸）是其变构激活剂,软脂酰辅酶 A 及其他长链脂酰辅酶 A 是变构抑制剂。除变构调节外,乙酰辅酶 A 羧化酶还受磷酸化/脱磷酸化共价修饰调节。

③软脂酸的合成:在原核生物（如大肠杆菌中）催化脂肪酸生成的酶是一个由 7 种不同功能的酶与一种酰基载体蛋白（ACP）聚合成的复合体。在真核生物催化此反应是一种含有双亚基的酶,每个亚基有 7 个不同催化功能的结构区和一个相当于 ACP 的结构区,因此这是一种具有多种功能的酶。不同的生物此酶的结构有差异。

脂肪酸的合成需要一个小分子脂酰 CoA 作为引物,乙酰 CoA、丙酰 CoA 和异丁酰 CoA 均可作为引物,但以乙酰 CoA 为主。由于脂肪酸合成是从甲基端向羧基端延长碳链的循环过程,每次延长一个 2C 单位,故引物甲基成为脂肪酸甲基端;以乙酰 CoA 为引物时生成偶数碳链脂肪酸,以丙酰 CoA 为引物时生成奇数碳链脂肪酸。当异丁酰 CoA 引导时,则生成支链脂肪酸。

软脂酸的合成需乙酰 CoA 引导,以丙二酸单酰 CoA 和 $NADPH+H^+$ 为原料,经过 7 轮循环反应,每轮循环包括"脂酰基转移、丙二酸单酰基转移、缩合、还原、脱水、还原"6 步反应。饱和脂肪酸合成中第 1 轮循环的产物是丁酰 ACP。经过 7 轮循环,每轮增加两个碳原子,至生成软脂酰 ACP 为止。合成的脂酰-ACP 可由硫酯酶水解其硫酯键,生成脂肪酸。由乙酰 CoA 合成软脂酸的总反应式如图 10.19 所示。

$$8CH_3CO-SCoA + 7ATP + 14(NADPH+H^+) + H_2O \xrightarrow{\text{脂肪酸合成酶系}}$$

$$CH_3(CH_2)_{14}COOH + 14NADP^+ + 8CoA-SH + 7ADP + 7Pi$$

图 10.19　乙酰 CoA 合成软脂酸的总反应式

（2）饱和脂肪酸链的延长

以软脂肪酸为前体，在其他酶系催化下，通过碳链延长与脱饱和可合成更长碳链的脂肪酸。人体内脂肪酸链的延长过程发生在线粒体和内质网中。

线粒体中，脂肪酸链延长过程基本是脂肪酸 β-氧化过程的逆反应，只是脱氢反应变为由还原酶催化的还原反应，第一次还原以 NADH 作还原剂，第二次还原以 NADPH 作还原剂。通过这种延长方式，每一次缩合反应可加入 2 个碳原子，一般可延长碳链至 24 或 26C，以 18C 的硬脂酸为主的脂肪酸。

内质网中，延长途径与胞液中脂肪酸的从头合成途径基本相同，只是酰基载体为辅酶 A 而不是 ACP，延长的二碳单位来自丙二酸单酰 CoA。通过这种延长方式，一般可延长碳链至 22 或 24C，也以 18C 的硬脂酸为主。

2）α-磷酸甘油的合成

α-磷酸甘油可通过两种方式合成，一是在胞浆中，由糖酵解途径产生的磷酸二羟丙酮还原生成；二是在甘油激酶催化下，由脂肪水解产生的甘油磷酸化形成（图 10.20）。

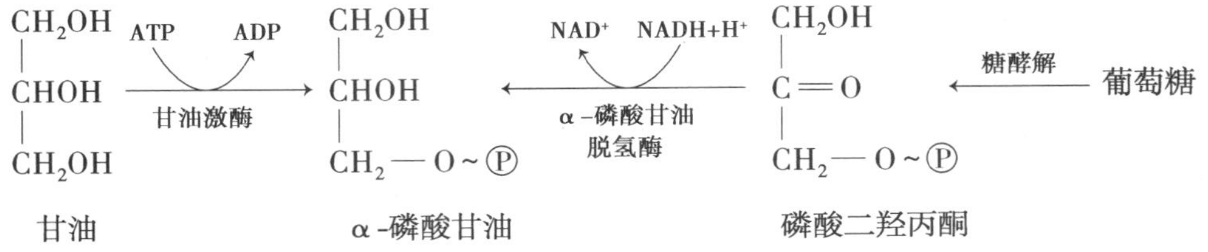

图 10.20　α-磷酸甘油的合成

3）甘油三酯的合成

甘油三酯合成所需的甘油和脂肪酸以活化形式 α-磷酸甘油和脂酰 CoA 合成脂肪。在磷酸甘油脂酰转移酶催化下，2 分子脂酰 CoA 与 α-磷酸甘油结合生成磷脂酸，再由磷酸酶催化磷脂酸脱磷酸，生成甘油二酯，最后由甘油二酯转酰酶催化另一分子脂酰 CoA 的脂酰基转给甘油二酯合成脂肪。甘油二酯途径如图 10.21 所示。

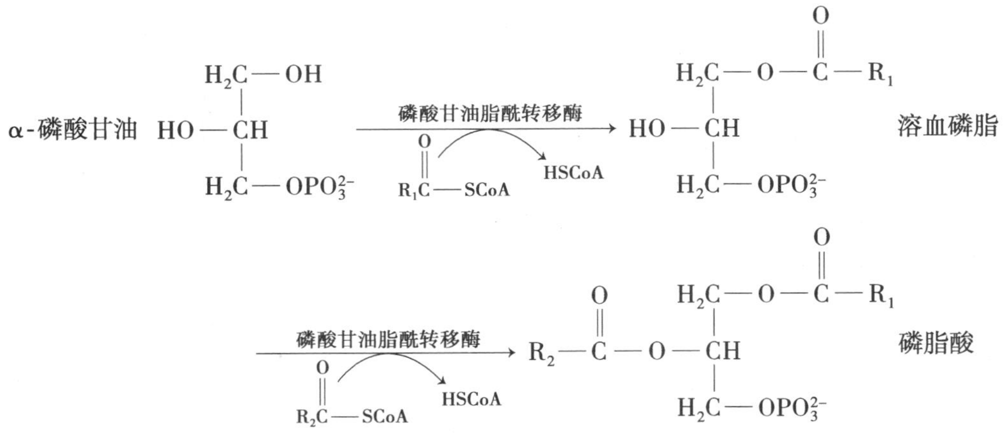

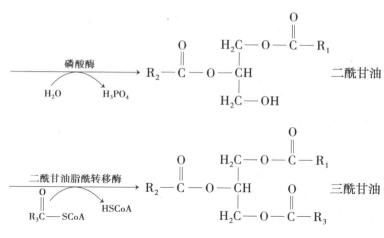

图 10.21 甘油三酯的合成

10.3.2 磷脂的合成代谢

甘油磷脂的合成在内质网膜外侧面进行,肝、肾及小肠等组织是合成甘油磷脂的主要场所。首先由 α-磷酸甘油与 2 分子脂酰 CoA 缩合成磷脂酸,这与脂肪的合成相似;然后以磷脂肪酸为前体,在胞苷三磷酸(CTP)参与下加上各种基团形成磷脂。但磷脂 C_2 的脂酰基均为必需脂肪酸或由必需脂肪酸生成,故缺乏必需脂肪酸会造成磷脂合成障碍。

以磷脂酸为前体合成甘油磷脂的途径有两条,下面以磷脂酰乙醇胺(脑磷脂)为例介绍两条途径的反应过程,磷脂酰胆碱(卵磷脂)的合成与此类似。

(1)CDP-甘油二酯途径

CDP-甘油二酯途径是磷脂酸由 CTP 供能,在磷脂酰胞苷转移酶催化下,转变为活化的 CDP-甘油二酯,再将甘油二酯转给丝氨酸生成磷脂酰丝氨酸,最后脱羧生成脑磷脂。

(2)甘油二酯途径

甘油二酯途径是先将乙醇胺(胆碱)在激酶的催化下先生成磷酸乙醇胺(磷酸胆碱),再在转移酶作用下,与 CTP 反应生成活化的 CDP-乙醇胺(CDP-胆碱),再将其中的磷酸乙醇胺转给甘油二酯形成脑磷脂。

以上两条途径,CDP-甘油二酯途径较为普遍,甘油二酯途径主要存在于哺乳动物中。哺乳动物中脑磷脂和卵磷脂的合成通过甘油二酯途径进行,而磷脂酰肌醇、磷脂酰丝氨酸及心磷脂的合成通过 CDP-甘油二酯途径进行。

10.3.3 胆固醇的合成代谢

成人除脑组织和成熟红细胞外,其他组织细胞均可合成胆固醇,其中肝脏是合成胆固醇主要场所,体内 70% ~80% 的胆固醇由肝脏合成。肝脏合成的胆固醇可经血液循环运到大脑和其他组织利用。胆固醇合成酶系存在于细胞液和内质网中。它以乙酰 CoA 作为原料,需要 ATP 供能,NADPH+H^+ 供给还原所需的氢。

①甲羟戊酸(MVA)的生成:由 2 分子乙酰 CoA 合成乙酰乙酰 CoA,然后再与 1 分子乙酰 CoA 缩合生成 β-羟基 β-甲基戊二酸单酰 CoA(HMGCoA),这两步反应与酮体合成完全相同。HMGCoA 在线粒体中裂解为酮体;而在内质网膜上则由 HMGCoA 还原酶催化还原为 MVA,反应需 NADPH+H⁺提供氢,HMGCoA 还原酶是胆固醇合成的限速酶。

②异戊烯醇焦磷酸酯(IPP)的生成:甲羟戊酸磷酸化(消耗 3ATP)再脱羧生成 IPP。

③鲨烯的生成:1 分子 IPP 异构为 3,3-二甲基丙烯焦磷酸酯(DPP),DPP 先后与 2 分子 IPP 逐一头尾缩合,形成焦磷酸法尼酯(FPP)。2 分子 FPP 由鲨烯合成酶催化缩合为鲨烯,需 NADPH+H⁺供给氢。

④胆固醇的生成:鲨烯经鲨烯加单氧酶作用环化为 2,3-环氧鲨烯,在动物体内环氧鲨烯进一步环化为 30 个碳原子的羊毛固醇,后者经过转甲基、双键移位、还原等反应合成胆固醇(图 10.22)。

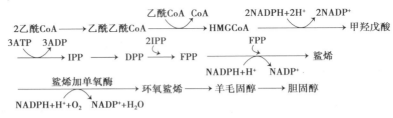

图 10.22　胆固醇生物合成基本过程

• 本章小结 •

1. 脂类是脂肪和类脂的统称,难溶于水而易溶于有机溶剂。甘油三酯是 3 分子脂肪酸和甘油形成的酯,主要功能是储能和供能。类脂包括磷脂、糖脂、胆固醇及其酯,是生物膜的重要组分,参与细胞识别及信息传递,并是多种生理活性物质的前体。

2. 甘油三酯在脂肪酶催化下分解为甘油和脂肪酸。甘油三酯的动员受激素的调节,HSL 是脂肪动员的关键酶。甘油可转化为磷酸二羟丙酮进入糖代谢。脂肪酸主要经 β-氧化途径降解,是甘油三酯分解供能的主体部分。长链脂酰 CoA 需经肉碱脂酰转移酶Ⅰ催化形成脂酰肉碱才能转至线粒体进行 β-氧化,该酶是整个 β-氧化途径的关键酶,脂肪酸合成途径中第一个产物丙二酸单酰 CoA 是其变构抑制剂。氧化主要在脂肪酸 β 碳原子上进行,每一轮经脱氢、加水、再脱氢、硫解 4 步反应生成减少一个二碳单位的脂酰辅酶 A 和乙酰辅酶 A,β-氧化最终使偶数碳原子脂肪酸降解成若干个乙酰 CoA。乙酰 CoA 经三羧酸循环和呼吸链彻底氧化生成大量 ATP。肝脏中乙酰 CoA 可转化为酮体运至肝外组织利用,酮体有水溶性脂类之称,在长期饥饿情况下对维持血糖恒定,满足大脑、肌肉等组织的能量供应有重要意义。

3. 甘油三酯的生物合成需先合成磷酸甘油和脂肪酸。磷酸甘油可由糖酵解生成的磷酸二羟丙酮还原生成,也可由甘油磷酸化生成。脂肪酸的合成是首先在细胞浆中合成软脂酸,然后在线粒体、内质网中使碳链延长与脱饱和形成其他各种脂肪酸。软脂酸合成的碳架来自乙酰 CoA,关键酶是乙酰 CoA 羧化酶,乙酰 CoA 需由该酶催化羧化为丙二酸单酰 CoA 才能作为脂肪酸合成酶系的底物。通过脂酰基转移、底物进位、缩合、还原、脱水、再还原组成脂肪酸合成过程的一轮反应,使脂肪酸链延长一个二碳单位。软脂酸的合成需进行 7 轮循环方可完成。脂肪酸合成酶系催化的整个过程中各种中间产物始终与酰基载体蛋白相结合。软脂酸合成的供氢体是 $NADPH+H^+$,$NADPH+H^+$ 也是许多物质合成的供氢体。

　　4. 甘油磷脂可通过 CDP-甘油二酯途径和甘油二酯途径合成,两条途径都需要消耗 CTP。胆固醇合成的原料是乙酰 CoA,关键酶是 HMGCoA 还原酶。胆固醇可转化为胆汁酸、维生素 D 和类固醇激素等许多有重要生理功能的化合物。

 复习思考题

一、名词解释

1. 脂肪动员　　2. 脂肪酸　　3. β-氧化　　4. 酮体　　5. 血浆脂蛋白

二、单项选择题

1. 不能氧化利用酮体的组织是(　　　)。

　　A. 心肌　　　　　　B. 骨骼肌　　　　　　C. 肝脏　　　　　　D. 肾

2. 脂肪大量动员肝内生成的乙酰 CoA 主要转变为(　　　)。

　　A. 葡萄糖　　　　　B. 酮体　　　　　　　C. 胆固醇　　　　　D. 草酰乙酸

3. 脂肪酸合成需要的 $NADPH+H^+$ 主要来源于(　　　)。

　　A. TCA　　　　　　B. EMP　　　　　　　C. 磷酸戊糖途径　　D. 以上都不是

4. 对于下列各种血浆脂蛋白的作用,哪种描述是正确的? (　　　)

　　A. CM 主要转运内源性 TG　　　　　　B. VLDL 主要转运外源性 TG

　　C. LDL 是运输胆固醇的主要形式　　　　D. HDL 主要将胆固醇从肝内转运至肝外组织

5. 下列哪种脂肪酸为非必需脂肪酸? (　　　)

　　A. 油酸　　　　　　B. 亚油酸　　　　　　C. 亚麻酸　　　　　D. 花生四烯酸

6. 脂肪酸合成的限速酶是(　　　)。

　　A. β-酮脂酰 CoA 合成酶　　　　　　　B. 脂酰基转移酶

　　C. 乙酰 CoA 羧化酶　　　　　　　　　D. 脂酰脱氢酶

7. 脂酰 CoAβ-氧化过程的反应顺序是(　　　)。

　　A. 脱氢、加水、再脱氢、加水　　　　　B. 脱氢、加水、再脱氢、硫解

　　C. 脱氢、脱水、再脱氢、硫解　　　　　D. 水合、脱氢、再加水、硫解

8. 脂酰 CoA 必须借助下列哪种物质通过线粒体内膜? (　　　)

　　A. 草酰乙酸　　　　B. 苹果酸　　　　　　C. α-磷酸甘油　　　D. 肉碱

9. 哪种是胆固醇在体内不能转变的? (　　　)

　　A. 胆汁酸　　　　　B. 雌激素　　　　　　C. 乙酰 CoA　　　　D. 维生素 D_3

10. 能在线粒体中进行的代谢过程有(　　　)。

　　A. 糖酵解　　　　　B. 类脂合成　　　　　C. 脂肪酸 β-氧化　　D. 脂肪酸合成

三、判断题

1. 脂肪酸 β-氧化在线粒体内进行,脂酰 CoA 经过 β-氧化的产物是乙酰 CoA。 （　　）
2. 酮体包括乙酰乙酸、β-羟丁酸和丙酮酸。 （　　）
3. 乙酰 CoA 是合成脂肪酸、酮体和胆固醇的主要原料。 （　　）
4. 血浆胆固醇含量与动脉粥样硬化密切相关,若一方面完全禁食胆固醇,另一方面完全抑制胆固醇的生物合成,有助于健康长寿。 （　　）
5. 酮体是糖代谢障碍时体内才能够生成的一种产物。 （　　）

四、问答题

1. 用超速离心法和电泳法可将血浆脂蛋白分成哪几种,各种血浆脂蛋白有何重要的作用?
2. 什么是酮体? 酮体合成和利用的特点及意义是什么?
3. 严重糖尿病患者为何出现酮症酸中毒?
4. 计算 1 分子软脂肪酸和 1 分子甘油在生物体内彻底氧化为 CO_2 和 H_2O 时所生成的 ATP 的分子数。

实训 10.1　血清总胆固醇的测定（邻苯二甲醛法）

一、实训目的

了解并掌握比色测定血清总胆固醇的原理和方法。

二、实训原理

胆固醇是环戊烷多氢菲的衍生物,它不仅参与血浆蛋白的组成,而且也是细胞的必要结构成分,还可以转化成胆汁盐酸、肾上腺皮质激素和维生素 D 等。胆固醇在体内以游离胆固醇及胆固醇脂两种形式存在,统称总胆固醇。总胆固醇的测定有比色法和酶法两类。本实验采用前一方法。

胆固醇及其酯在硫酸作用下与邻苯二甲醛产生紫红色物质,此物质在 550 nm 波长处有最大吸收,可用比色法做总胆固醇的定量测定。胆固醇含量在 400 mg/100 mL 内,与 OD 值呈良好线性关系。

本法不必离心,颜色产物也比较稳定,胆红素及一般溶血对结果影响不大,严重溶血者才使结果偏高。本法在 20 ~ 37 ℃ 条件下显色,显色后 5 min 开始至 0.5 h 以上颜色基本稳定。温度过低,显色剂强度减弱;加混合酸后振摇过激能使产热过高,也可使显色减弱。

三、实训仪器和试剂

（1）器材

试管 1.5 cm×15 cm（×12）、吸管 0.5 mL（×5）、10 mL（×1）、0.1 mL（×1）、WFJUV-2000 型分光光度计。

（2）试剂

邻苯二甲醛试剂:称取邻苯二甲醛 50 mg,以无水乙醇溶至 50 mL 冷藏,有效期为一个半月。

90% 醋酸:取冰醋酸 90 mL,加入 10 mL 蒸馏水混匀。

混合酸:取试剂90%醋酸、100 mL 与浓硫酸100 mL 混合。

标准胆固醇贮存液(1 mg/mL):准确称取胆固醇100 mg,以冰乙酸溶至100 mL。

标准胆固醇工作液(0.1 mg/mL):将上述贮存液以冰乙酸稀释10倍(取10 mL 用冰乙酸稀释至100 mL)。

四、实训材料

0.1 mL 人血清以冰乙酸稀释至4.00 mL。

五、实训方法与步骤

(1)制作标准曲线

取9支试管编号后,按表10.1顺序加入试剂。

表10.1　制作标准曲线添加试剂

管　号	0	1	2	3	4	5	6	7	8	9
标准胆固醇工作液/mL		0	0.05	0.10	0.15	0.20	0.25	0.30	0.35	0.40
冰醋酸/mL		0.40	0.35	0.30	0.25	0.20	0.15	0.10	0.05	0
邻苯二甲醛试剂/mL		0.20	0.20	0.20	0.20	0.20	0.20	0.20	0.20	0.20
混合酸/mL		4.00	4.00	4.00	4.00	4.00	4.00	4.00	4.00	4.00
胆固醇含量/mg%		0	50	100	150	200	250	300	350	400

加完后,温和混匀,20~37 ℃下静置10 min,于550 nm 下比色鉴定,以总胆固醇量(mg%)为横坐标,OD_{550} 值为纵坐标绘出标准曲线。

(2)样品测定

取3支试管编号后,按表10.2分别加入试剂,与标准曲线同时做比色鉴定。

表10.2　样品检测时添加试剂

管　号	对　照	样品1	样品2
稀释的未知血清样品/mL	0	0.40	0.40
邻苯二甲醛试剂/mL	0.20	0.20	0.20
冰乙酸/mL	0.40	0	0
混合酸/mL	4.00	4.00	4.00
OD_{550} 值			

加完后,温和混匀,20~37 ℃下静置10 min,于550 nm 下比色测定,测得 OD_{550} 值,从标准曲线中可查出样品的胆固醇含量。

六、实训注意事项

①混合酸黏度大,要用封口膜充分混匀。保温后如有分层,再次混匀。

②混合酸配制时,将浓硫酸加入冰乙酸中,次序不可颠倒。

七、思考题

①本实验操作中特别需要注意的是什么,为什么?

②酯类难溶于水,将它们均匀分散在水中则形成乳浊液,为什么正常人血浆和血清中含有酯类虽多,但却清澈透明?

第11章 蛋白质代谢

📖【学习目标】

➢ 掌握氨基酸的脱氨基作用和脱羧基作用;尿素的生成;遗传密码;tRNA 功能。

➢ 熟悉血氨的来源和去路;一碳单位的概念和来源;α-酮酸的代谢途径;蛋白质的合成体系;蛋白质的合成过程。

➢ 了解蛋白质的消化吸收;转氨酶测定的临床意义。

📖【知识点】

蛋白质的消化与吸收;氨基酸的脱氨基作用;氨基酸的脱羧基作用;尿素的生成;蛋白质的合成体系;蛋白质的合成过程。

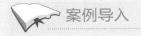 案例导入

蛋白质为什么不能吃太多

蛋白质作为人体最重要的营养物质,发挥着重要的作用,那是不是蛋白类食品食用得越多越好呢? 答案显然是否定的。

这是因为蛋白质作为生物大分子,首先它必须在水分充足的情况下才能被消化、吸收。其次蛋白质在代谢的过程中会产生大量的代谢废物,这些代谢废物被送到肾脏后和体内多余的水分等一起形成尿液排出体外。所以,当摄入大量蛋白质后,不仅会加重肾脏的工作负担。还会使体内的水分大量丢失,这时应适当多补充一些水,以防止脱水现象的发生。

除此之外,食入过量的蛋白质一时不能被消化,停留肠道期间,在肠道一些细菌的作用下发生腐败,产生一些有毒的物质。所以蛋白类食品吃得过多不只是因为不吸收而浪费,还会对我们的健康带来不利影响。

11.1　蛋白质代谢概述

蛋白质是构成细胞的主要成分,在生物体内总是不断地进行新陈代谢。高等动物需要不断从外界摄取蛋白质以维持组织细胞生长、更新和修复的需要。机体摄入的蛋白质量和排出量在正常情况下处于平衡状态,称为氮平衡。处于生长、发育或疾患恢复的机体,其摄入的氮量大于排出的氮量称为正平衡,反之,当摄入的氮量小于排出的氮量时称为负平衡。根据氮平衡实验计算,在不进食蛋白质的情况下,成人每天最低分解大约 20 g 蛋白质,因食物中的蛋白质不能全部被人体吸收利用,故成人每天最低需要蛋白质的量为 30~50 g,为了维持人体的最佳功能状态,我国营养学会推荐成人每天蛋白质的摄入量为 80 g。

11.1.1　蛋白质的消化和吸收

1)蛋白质的消化

蛋白质的消化是指食物蛋白质经过消化道中各种蛋白酶及肽酶的作用,水解为氨基酸的过程。唾液中没有消化蛋白质的酶,食物蛋白质的消化从胃开始,蛋白质在胃中的消化由胃蛋白酶作用。胃黏膜细胞刚分泌出来的没有活性的胃蛋白酶原,经胃酸的激活转变为具有催化活性的胃蛋白酶,后者又反过来激活胃蛋白酶原。胃蛋白酶最适 pH 为 1.5~2.5,当 pH 达到 6.0 时酶失活,此酶对肽键的特异性较差,水解不完全,产物是多肽、寡肽和少量氨基酸。

小肠是蛋白质消化的主要场所。小肠中存在多种蛋白质水解酶,在这些酶的协同作用下,将蛋白质水解为氨基酸。在各种蛋白酶中,能从内部水解特定的肽键的酶称为内肽酶,包括胰蛋白酶、糜蛋白酶、弹性蛋白酶等。外肽酶包括羧肽酶、氨肽酶,它们分别催化断裂羧基末端和氨基末端,最后生成二肽,在二肽酶作用下水解为氨基酸。

2)蛋白质的吸收

蛋白质经消化后产生的氨基酸由小肠黏膜细胞吸收,一般认为,这种吸收是消耗能量的主动运输过程,同时需要载体。

11.1.2　蛋白质的腐败和解毒

在消化过程中,有一部分蛋白质未被消化或消化后未被吸收,肠道细菌对这部分蛋白质及其消化产物进行的分解过程称为腐败作用。腐败作用是细菌本身的代谢过程,以无氧分解为主。腐败产物主要有胺类、酚类、吲哚、氨、硫化物等,多数是对人体有害的,只有少数产物如维生素和脂肪酸对人体有益。通常大部分有毒产物会随粪便排出,少量被吸收进入体内,经过肝脏代谢转化而解毒,所以不会发生中毒现象。

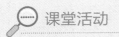

课堂活动

当人摄入的食物中蛋白质含量较多时,为什么放的屁比较臭?

11.2 氨基酸的分解代谢

11.2.1 氨基酸代谢概述

机体内没有专一的组织器官来储存氨基酸,食物蛋白质经消化吸收的氨基酸不能作为能源物质储存起来,而是通过血液循环运到全身各组织,这种来源的氨基酸称为外源性氨基酸。同时,机体内各组织的蛋白质在酶的作用下不断地分解成为氨基酸,机体还能合成非必需氨基酸,这两种来源的氨基酸称为内源性氨基酸。外源性氨基酸和内源性氨基酸彼此之间没有区别,混合在一起,分布于体内各处参与代谢,称为氨基酸代谢库。由于氨基酸不能自由透过细胞膜,故在体内各处分布不均匀。肌肉细胞内的氨基酸约占整个代谢库的50%以上,肝细胞内占10%,肾细胞内约占4%,血浆中占1%～6%。由于肝肾体积较小,所以氨基酸浓度很高,代谢也很旺盛。大多数氨基酸主要在肝中分解代谢,氨基酸代谢的基本概况如图11.1所示。

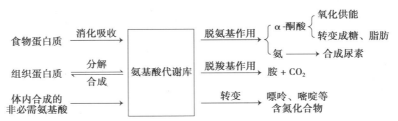

图 11.1 氨基酸代谢基本概况

11.2.2 脱氨基作用

氨基酸在酶的作用下脱去氨基生成 α-酮酸和氨的过程称为脱氨基作用,是机体氨基酸分解代谢的第1个步骤。根据不同作用机制将脱氨基作用分为氧化脱氨基、转氨基和联合脱氨基等。

1) 氧化脱氨基作用

氨基酸在氧化酶的催化下脱氢生成相应的酮酸并脱去氨基的过程,称为氧化脱氨基作用。

催化这一过程的酶为氨基酸氧化酶或氨基酸脱氢酶。人体内催化氧化脱氨基作用的酶有很多种,其中 L-谷氨酸脱氢酶最重要,此酶活性较强,广泛存在于肝、脑、肾等组织中,但在心肌和骨骼肌中活性较低。L-谷氨酸脱氢酶以 NAD$^+$ 或 NADP$^+$ 为辅酶,催化 L-谷氨酸氧化脱氨生成 α-酮戊二酸和氨。此脱氨基作用是可逆反应,如图 11.2 所示。

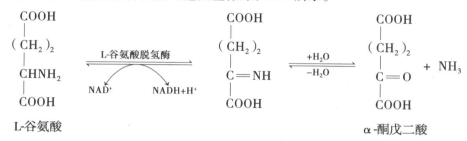

图 11.2　L-谷氨酸氧化脱氨

L-谷氨酸脱氢酶是一种变构酶,ATP、CTP 是它的变构抑制剂,ADP、CDP 是变构激活剂。因此,当 ATP、CTP 不足时,谷氨酸加速氧化脱氨,这对氨基酸氧化供能起重要的调节作用。但是 L-谷氨酸脱氢酶专一性很强,只能用于 L-谷氨酸,不能催化体内其他氨基酸的脱氨基作用,所以该方式单独存在时并非氨基酸脱氨基的主要方式。

2) 转氨基作用

转氨基酸作用是指 α-氨基酸在氨基转移酶的催化作用下,将某一氨基酸的 α-氨基转移到另一种 α-酮酸的酮基上,生成相应的氨基酸,原来的氨基酸则变成新的 α-酮酸(图 11.3)。

图 11.3　α-氨基酸的转氨基作用

转氨基作用是氨基酸脱去氨基的一种重要方式。转氨基作用可以在氨基酸与酮酸之间普遍进行。实验证明,构成蛋白质的氨基酸除甘氨酸、赖氨酸、苏氨酸、脯氨酸及羟脯氨酸外,都能以不同程度参加转氨作用。转氨酶有很多种,但其辅酶只有一种,即磷酸吡哆醛。在各种转氨酶中最为重要并且分布最广泛的是丙氨酸氨基转移酶(GPT)和天冬氨酸氨基转移酶(GOT),它们催化的反应分别如图 11.4 和图 11.5 所示。

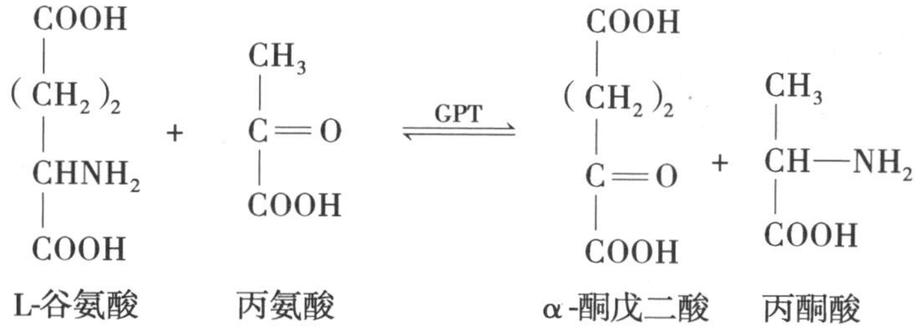

图 11.4　GPT 催化 L-谷氨酸的转氨基作用

$$\underset{\text{L-谷氨酸}}{\underset{\displaystyle COOH}{\overset{\displaystyle COOH}{\overset{|}{\underset{|}{\overset{(CH_2)_2}{\underset{CHNH_2}{|}}}}}}} + \underset{\text{草酰乙酸}}{\underset{\displaystyle COOH}{\overset{\displaystyle COOH}{\overset{|}{\underset{|}{\overset{CH_2}{\underset{C=O}{|}}}}}}} \overset{GOT}{\rightleftharpoons} \underset{\text{α-酮戊二酸}}{\underset{\displaystyle COOH}{\overset{\displaystyle COOH}{\overset{|}{\underset{|}{\overset{(CH_2)_2}{\underset{C=O}{|}}}}}}} + \underset{\text{天冬氨酸}}{\underset{\displaystyle COOH}{\overset{\displaystyle COOH}{\overset{|}{\underset{|}{\overset{CH_2}{\underset{CH-NH_2}{|}}}}}}}$$

图 11.5　GOT 催化 L-谷氨酸的转氨基作用

正常情况下,这两种转氨酶主要存在细胞内,血清中的活性很低,但在各组织器官中含量不等,以心脏和肝脏为最高。当某种原因使细胞膜透性增高,或因细胞受损伤遭到破坏时,转氨酶可从细胞内大量释放进入血清,造成血清中转氨酶活性明显升高。故临床上可检测血清中 GPT 或 GOT 活性变化,作为急性肝炎或心肌梗死诊断和愈后诊疗参考的指标之一。

实际上转氨基作用没有将氨基酸的氨基脱下来,故单纯的转氨基作用不是氨基酸脱氨基的主要方式,却是体内合成非必需氨基酸的途径,通过转氨基作用可以调节体内非必需氨基酸的种类和数量,以满足体内对蛋白质合成时对非必需氨基酸的需求。

3) 联合脱氨基作用

两种脱氨基方式的联合作用,使氨基酸脱下 α-氨基生成 α-酮酸的过程称为联合脱氨基作用,这是组织细胞最主要的脱氨基方式。由于转氨基作用所耦联的脱氨基反应不同,体内的联合脱氨基方式主要有两种反应途径。

(1)转氨酶-谷氨酸脱氢酶耦联的联合脱氨基作用

先在转氨酶催化下,将氨基酸的 α-氨基转移到 α-酮戊二酸上生成谷氨酸的分子上,生成相应的 α-酮酸和谷氨酸,然后谷氨酸在 L-谷氨酸脱氢酶的催化下,脱氨基生成 α-酮戊二酸同时释放出氨(图 11.6)。

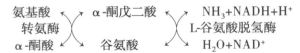

图 11.6　转氨酶-谷氨酸脱氢酶联合脱氨基作用

由于 L-谷氨酸脱氢酶在肝、肾和脑组织中活性高,所以,该联合脱氨基作用主要在这些组织中进行,联合脱氨基作用的全部过程都是可逆的,因此,该过程也是体内合成非必需氨基酸的主要途径。

(2)嘌呤核苷酸循环的联合脱氨基作用

骨骼肌和心肌中 L-谷氨酸脱氢酶的活性很低,难以进行上述联合脱氨基作用,而是通过嘌呤核苷酸循环过程脱氨(图 11.7)。这一过程包括:次黄嘌呤核苷一磷酸与天冬氨酸作用形成中间产物腺苷酸代琥珀酸,后者在裂合酶的作用下,分裂成腺嘌呤核苷一磷酸和延胡索酸,腺嘌呤核苷一磷酸(腺苷酸)水解后即产生游离氨和次黄嘌呤核苷一磷酸。其中次黄嘌呤核苷一磷酸继续参与循环,故称为嘌呤核苷酸循环。天冬氨酸主要来源于谷氨酸,由草酰乙酸与谷氨酸转氨而来,催化此反应的酶为谷氨酸-草酰乙酸转氨酶,简称谷草转氨酶。

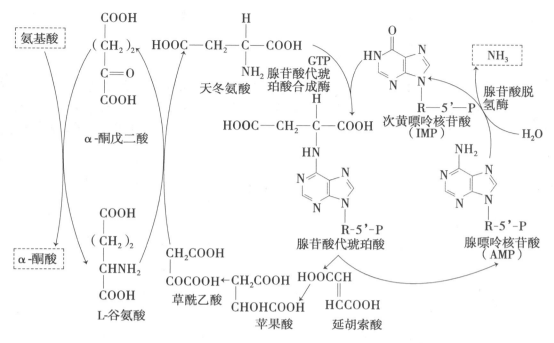

图 11.7　嘌呤核苷酸循环的联合脱氨基作用

11.2.3　脱羧基作用

氨基酸分解的主要方式是脱氨基作用,但部分氨基酸还可脱羧基生成相应的一级胺。催化脱羧反应的酶称为脱羧酶,这类酶需要磷酸吡哆醛作为辅酶(组氨酸脱羧酶除外)。氨基酸脱羧后形成的胺类中有一些是组成某些维生素或激素的成分,有一些具有特殊的生理作用。下面介绍 4 种重要的胺类物质。

1)γ-氨基丁酸(GABA)

谷氨酸在 L-谷氨酸脱羧酶作用下,脱去 α-羧基生成 γ-氨基丁酸(图 11.8)。

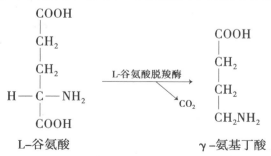

图 11.8　L-谷氨酸脱羧生成 γ-氨基丁酸

L-谷氨酸脱羧酶在脑、肾组织中活性很高,故脑中 GABA 含量较高。γ-氨基丁酸为中枢神经系统中的抑制性神经递质,对中枢神经有抑制作用。磷酸吡哆醛是该酶的辅酶,在脊髓中作用于突触前神经末梢,减少兴奋性递质的释放,从而引起突触前抑制,在脑则引起突出后抑制。

临床上用维生素 B₆ 治疗妊娠呕吐和小儿惊厥,是因为磷酸吡哆醛可促进谷氨酸脱羧生成 γ-氨基丁酸,抑制中枢神经以减轻症状。

2) 组胺

组胺由组氨酸脱去羧基生成的(图 11.9),在乳腺、肺、肝、肌肉及胃黏膜等组织中含量较高。它是一种强烈的血管舒张剂,能增加血管通透性,使血压下降和引起局部水肿。组胺的生成、释放与创伤性休克及过敏反应有关。组胺可使平滑肌收缩引起支气管痉挛而哮喘。组胺还是胃液分泌的刺激剂,所以常用它作胃分泌功能的研究。

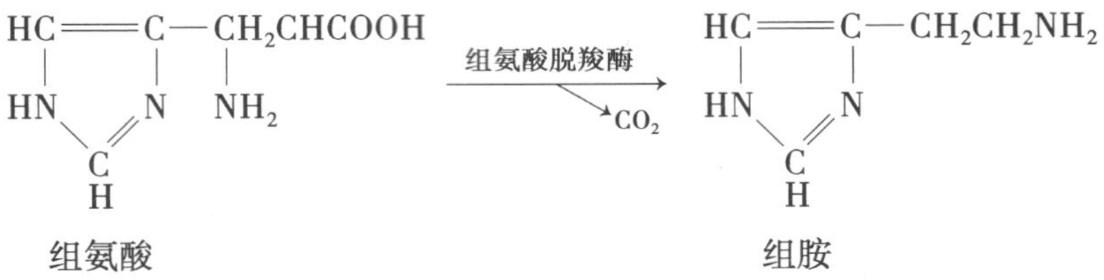

图 11.9　组氨酸脱羧生成组胺

3) 5-羟色胺(5-HT)

色氨酸在脑中首先由色氨酸羟化酶催化生成 5-羟色氨酸,再经脱羧酶作用生成 5-HT(图 11.10)。5-HT 在神经系统、胃肠道、血小板和乳腺等组织均能生成。5-HT 在神经组织中可以使大部分交感神经节前神经元兴奋,从而使副交感节神经元抑制,与调节体温、睡眠和镇痛等有关。

在松果体中,5-HT 可经乙酰化、甲基化等反应转变为褪黑激素,褪黑激素的分泌有昼夜节律和季节性节律,与神经内分泌及免疫调节功能有密切关系。在外周组织中,5-HT 具有强烈的血管收缩作用。

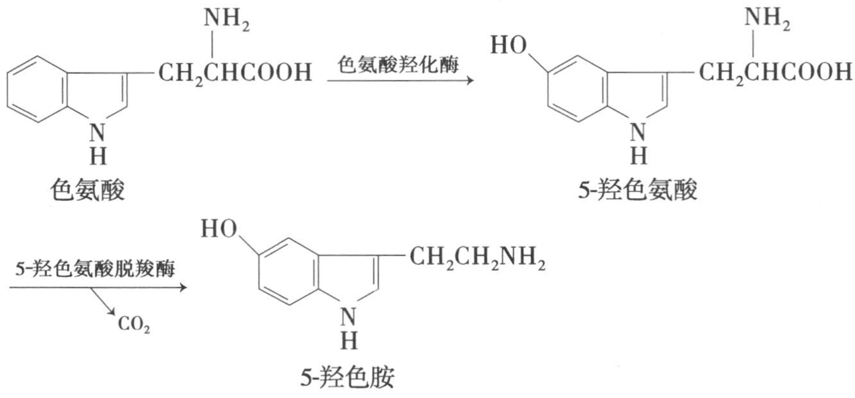

图 11.10　色氨酸生成 5-羟色胺

4) 多胺

某些氨基酸脱羧之后会产生多胺类物质。如鸟氨酸在鸟氨酸脱羧酶的作用下生成腐胺,然后再转化为精脒和精胺,这几种物质总称为多胺。

11.2.4 氨的代谢

1) 氨的来源

生物体内氨的来源有:

①氨基酸代谢及胺类分解产生:氨基酸脱氨作用产生的氨是生物体内氨的主要来源,同时氨基酸经脱羧作用生成的胺分解产生的氨是其次要来源。

②肾脏吸收的氨:肾脏吸收的氨主要来自于谷氨酰胺,谷氨酰胺在谷氨酰胺酶的作用下水解生成谷氨酸和氨,在酸性条件下,氨与尿中 H^+ 结合生成铵盐排出体外,在碱性条件下,氨的吸收增强,进入血液,称为血氨的又一来源。

③肠道吸收的氨:肠道吸收的氨有两个来源,一是氨基酸在肠内细菌作用下产生的氨,另一个来源是肠道尿素在细菌产生的尿素酶作用下产生的氨。

2) 氨的转运

机体各种来源的游离氨对人体和动、植物组织都是有害的,细胞中浓度过高会引起中毒。各种组织中产生的氨在血液中主要以丙氨酸及谷氨酰胺两种形式运输:丙酮酸接受氨基生成丙氨酸,谷氨酸接收氨生成谷氨酰胺,从而把有毒的氨转化为无毒的物质转运到肝。

3) 氨的去路

在正常情况下细胞中游离氨浓度非常低,这是因为机体通过各种途径使氨发生转变。氨的代谢去路主要有:

（1）生成尿素

正常情况下,人和动物体内的氨约有80%～90%是在肝脏合成为中性、无毒、水溶性的尿素排出体外。尿素是任何动物解除氨中毒的重要方式。尿素合成是由一个循环机制完成的,这一循环称为尿素循环。反应过程中有鸟氨酸、谷氨酸、精氨琥珀酸、精氨酸等中间产物产生,所以尿素循环又称为鸟氨酸循环。鸟氨酸循环包括以下4步酶促反应。

①氨基甲酰磷酸的合成:在肝细胞线粒体内,由氨基甲酰磷酸合成酶Ⅰ（CPS-Ⅰ）催化,将 NH_3，CO_2 与2分子 ATP 提供的1分子磷酸缩合起来生成氨基甲酰磷酸（图11.11）。此反应不可逆,CPS-Ⅰ是别构酶,N-乙酰谷氨酸是该酶的别构激活剂。

$$NH_3 + CO_2 + H_2O + 2ATP \xrightarrow[\text{Mg}^{2+}, \text{N-乙酰谷氨酸}]{\text{氨基甲酰磷酸合成酶Ⅰ}} H_2N-\overset{\overset{\displaystyle O}{\|}}{C}-O \sim PO_3H_2 + 2ADP + Pi$$

图 11.11 氨基甲酰磷酸的合成

②瓜氨酸的合成:氨基甲酰磷酸分子中含有性质较活泼的酐键,在线粒体内,由鸟氨酸氨基甲酰转移酶催化,氨基甲酰磷酸与鸟氨酸缩合生成瓜氨酸,反应不可逆（图11.12）。

③精氨酸的合成:瓜氨酸由线粒体内膜上的载体转运至胞质内,受精氨酸代琥珀酸合成酶催化,与天冬氨酸进行缩合反应,生成精氨酸代琥珀酸,后者再经裂解酶催化,裂解为精氨酸和延胡索酸。综合这两步反应,是由瓜氨酸接受天冬氨酸提供的氨基生成精氨酸,反应过程中伴随1分子 ATP 分解为 AMP 和 Pi,即消耗了两个高能磷酸基团（图11.13）。

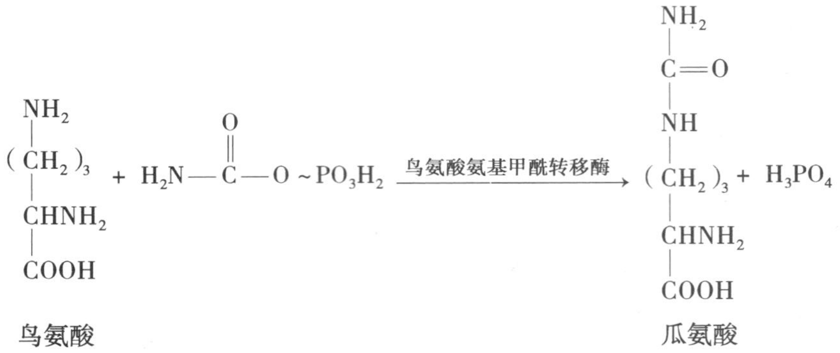

$$
\begin{array}{c}
NH_2 \\
| \\
(CH_2)_3 \\
| \\
CHNH_2 \\
| \\
COOH
\end{array}
+ \;
\begin{array}{c}
O \\
\| \\
H_2N\!-\!C\!-\!O \sim PO_3H_2
\end{array}
\xrightarrow{\text{鸟氨酸氨基甲酰转移酶}}
\begin{array}{c}
NH_2 \\
| \\
C\!=\!O \\
| \\
NH \\
| \\
(CH_2)_3 \\
| \\
CHNH_2 \\
| \\
COOH
\end{array}
+ \; H_3PO_4
$$

鸟氨酸 　　　　　　　　　　　　　　　　　　　　　　　　　瓜氨酸

图 11.12　瓜氨酸的合成

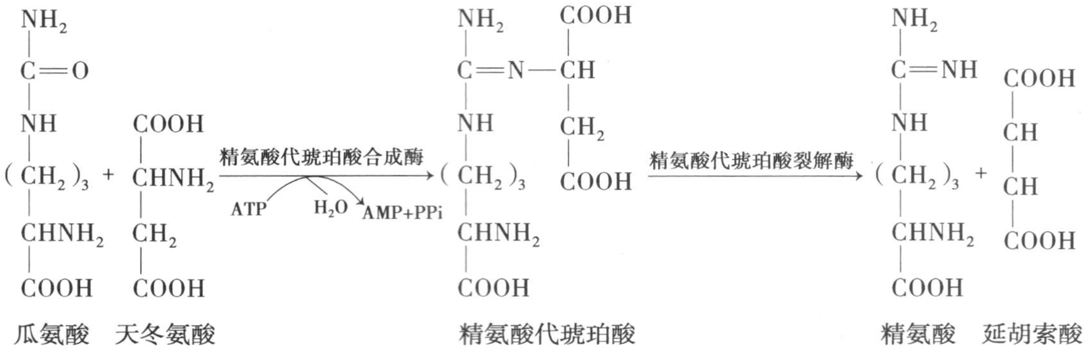

图 11.13　精氨酸的合成

瓜氨酸　天冬氨酸 　　　　　　　精氨酸代琥珀酸 　　　　　精氨酸　延胡索酸

天冬氨酸提供氨基后,生成的延胡索酸可循三羧酸循环途径加水、脱氢转变为草酰乙酸,后者在转氨酶催化下接受谷氨酸转来的氨基,又生成天冬氨酸。而谷氨酸的氨基可来自其他氨基酸与α-酮戊二酸的转氨基作用。因此,体内许多氨基酸的氨基可以天冬氨酸的形式参与尿素的合成。由上可见,通过延胡索酸和天冬氨酸,可将鸟氨酸循环、三羧酸循环和转氨基作用相互联系起来。

④精氨酸水解生成尿素:在胞质内的精氨酸酶催化下,精氨酸水解为尿素并重新生成鸟氨酸(图 11.14)。鸟氨酸通过线粒体内膜上的载体蛋白帮助,从胞质转运入线粒体,又接受下一个氨基甲酸磷酸生成瓜氨酸,进入下一轮循环。尿素则通过血液循环运送到肾随尿排出。

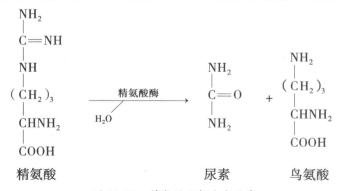

精氨酸 　　　　　　　　　　　　　　　尿素 　　　　鸟氨酸

图 11.14　精氨酸水解生成尿素

尿素合成的反应全过程如图 11.15。

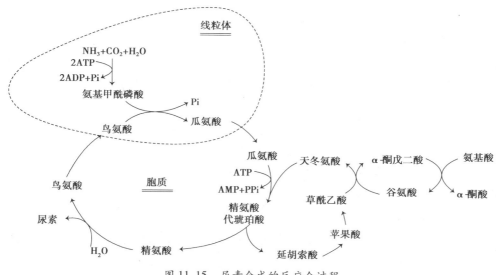

图 11.15　尿素合成的反应全过程

（2）合成谷氨酰胺

氨基酸代谢产生的氨在谷氨酰胺合成酶催化下和谷氨酸生成谷氨酰胺。谷氨酰胺是中性无毒物质，容易透过细胞膜，利于转运，是氨的主要转运形式。谷氨酰胺由血液运送到肝脏或肾脏，被肝或肾细胞中的谷氨酰胺酶催化分解为谷氨酸和氨。临床上对氨中毒患者常给予口服或静脉滴注谷氨酸钠盐，以解除氨毒和降低血氨浓度。

（3）生成铵盐排出体外

谷氨酰胺经血液运到肾脏后，在肾小管上皮细胞内重新生成谷氨酸和氨，氨与 H^+ 结合成 NH_4^+，随尿排出体外。所以，酸性尿有利于氨的排出。而在碱性环境中，NH_4^+ 电离成 NH_3，后者比 NH_4^+ 更易透过细胞膜而被吸收。因此，肠道 pH 偏碱或碱性尿时，氨的吸收增加。为此临床上对高血氨患者禁用碱性肥皂水灌肠，对肝硬化产生腹水的患者，不宜使用碱性利尿药，以免血氨升高。

（4）合成非必需氨基酸、嘌呤碱和嘧啶碱等其他含氮物

氨与体内某些 α-酮酸经联合脱氨基的逆过程合成相应的非必需氨基酸。氨还可以参加嘌呤碱和嘧啶碱的合成。

4）高血氨症和氨中毒

人体在正常情况下，血氨的来源和去路保持动态平衡，血氨浓度一般不超过 1 mg/L。氨在肝脏中合成尿素是维持这个平衡的关键。当肝脏功能受损伤时，尿素合成发生障碍，血氨浓度增高，导致高血氨症。血氨大量进入脑组织后，可与细胞中的 α-酮戊二酸结合生成谷氨酸，造成脑细胞中 α-酮戊二酸减少，导致三羧酸循环障碍，从而使脑细胞中 ATP 生成减少，大脑细胞缺少能量引起大脑功能严重障碍产生昏迷。这就是氨中毒学说。

11.2.5　α-酮酸的代谢

氨基酸经联合脱氨或其他方式脱氨所产生的 α-酮酸主要有 3 条代谢途径，即重新合成氨

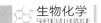

基酸、氧化分解和转变成糖或脂肪。

1) 重新合成氨基酸

α-酮酸可沿着脱氨基作用的逆反应生成相应的氨基酸。现在普遍认为,生物体内除了苏氨酸、赖氨酸外,其余各种氨基酸都可以通过这种方式合成。但和必需氨基酸相对应的 α-酮酸不能在体内合成,所以必需氨基酸依赖于食物供应。

2) 氧化分解

氨基酸脱氨后余下的碳骨架,经过一系列变化,均可转变为三羧酸的中间产物,通过三羧酸循环彻底氧化分解。在机体需要能量时,α-酮酸在体内可通过三羧酸循环彻底氧化,生成 CO_2 和水,同时释放能量。这是 α-酮酸的重要去路之一。

3) 转变成糖或脂肪

氨基酸脱氨后的碳架,在机体不需要合成氨基酸且体内能力充足时,还可以转变成糖和脂肪存储起来。通常可将氨基酸分为生糖氨基酸和生酮氨基酸两类。在体内转变为糖的氨基酸称为生糖氨基酸,生糖氨基酸脱氨基后生成的碳架经过转变,可以通过形成丙酮酸、α-酮戊二酸、琥珀酰辅酶 A、草酰乙酸等糖代谢中间产物。在体内能转变为酮体的氨基酸,称为生酮氨基酸。这些氨基酸能按脂肪酸代谢途径转变为脂肪,其分解产物为乙酰辅酶 A 或乙酰乙酸。在 20 种氨基酸中,只有亮氨酸和赖氨酸是纯粹生酮的,异亮氨酸、苏氨酸、苯丙氨酸、色氨酸和酪氨酸既生酮又生糖,其余 13 种氨基酸纯粹是生糖的。

11.3 氨基酸的合成代谢

许多氨基酸的生物合成都与机体的几个中心代谢环节有密切联系,例如糖酵解途径、五碳糖磷酸途径、三羧酸循环等。因此,可将这些代谢环节中的几个与氨基酸生物合成有密切联系的物质,看作氨基酸生物合成的起始物,并以这些起始物把氨基酸合成途径分为以下几种类型。

11.3.1 脂肪族氨基酸的生物合成途径

1) α-酮戊二酸衍生类型

由 α-酮戊二酸转化生成的氨基酸有谷氨酸、谷氨酰胺、精氨酸及脯氨酸,α-酮戊二酸先形成谷氨酸,再由谷氨酸转化生成另外 3 种氨基酸。

2) 草酰乙酸衍生类型

草酰乙酸衍生类型指的是某些氨基酸由草酰乙酸衍生而来。属于这种类型的氨基酸有天冬氨酸、天冬酰胺、甲硫氨酸、苏氨酸、异亮氨酸及赖氨酸。

3) 丙酮酸衍生类型

由丙酮酸形成的氨基酸有丙氨酸、缬氨酸及亮氨酸。

4）3-磷酸甘油酸衍生类型

由 3-磷酸甘油醛转化生成的氨基酸有丝氨酸、甘氨酸及半胱氨酸。

11.3.2 芳香族氨基酸及组氨酸的生物合成

芳香族氨基酸包括苯丙氨酸、酪氨酸、色氨酸，这 3 种氨基酸都属于必需氨基酸，只能在植物和微生物中合成。这 3 种氨基酸的合成途径有 7 步是共同的，分支酸是芳香族氨基酸合成途径的分支点。在分支酸以后即分为两条途径。其中一条是形成苯丙氨酸和酪氨酸，另一条是形成色氨酸。

1）苯丙氨酸、酪氨酸及色氨酸的生物合成

由分支酸形成苯丙氨酸和酪氨酸：分支酸在分支酸变位酶作用下，转变为预苯酸，经脱水、脱羧后形成苯丙酮酸，后者在转氨酶作用下，与谷氨酸进行转氨形成苯丙氨酸；预苯酸经氧化脱羧作用形成对-羟苯丙酮酸，再由谷氨酸进行转氨即形成酪氨酸。酪氨酸的生物合成除上述途径外，还可由苯丙氨酸羟基化而形成。催化此反应的酶称为苯丙氨酸羟化，有些人遗传缺欠苯丙氨酸羟化酶而产生苯丙酮酸尿症。由分支酸形成色氨酸则要按照另一路径，经过 3 步反应转化生成。

2）组氨酸的生物合成

组氨酸的合成以磷酸核糖焦磷酸为起始物，在 9 种酶的参与下，经过 10 步反应，生成组氨酸。

11.4 蛋白质生物合成概述

11.4.1 中心法则

DNA 分子中隐藏的遗传信息必须通过合成相应的蛋白质才能显示出来。而 DNA 本身并不能直接指导合成特定的蛋白质，而是首先以 DNA 分子为模板进行复制、转录，将遗传信息传递给 mRNA，然后按照 mRNA 的碱基排列顺序合成蛋白质，从而遗传信息从 mRNA 传递给了蛋白质。以 mRNA 为模板的蛋白质合成过程就是翻译。这种遗传信息从 DNA 经 RNA 流向蛋白质的过程，称为中心法则。

中心法则是 Crick 于 1958 年提出的，它代表了大多数生物遗传信息储存、传递和表达的规律。但 20 世纪 70 年代 H. Temin 等人研究发现，在 RNA 病毒中存在着反转录酶，它能催化以单链 RNA 为模板指导双链 DNA 合成的反应。这种遗传信息的传递方式与转录过程相反，故称为反转录。反转录的发现完善和扩充了中心法则的内容。近来对某些 RNA 具有催化活性的研究，使人们认识到 RNA 不仅是沟通 DNA 与蛋白质的桥梁，而且还可能是比 DNA 分子具有更广泛功能的信息分子。这预示着中心法则可能还将继续得到补充和修正。

11.4.2 蛋白质的生物合成体系

蛋白质的合成过程非常复杂,它以 20 种氨基酸作为原料,需要多种 RNA 和几十种蛋白质分子参与,其中包括信使 RNA、核糖体 RNA、转移 RNA、氨酰-tRNA 合成酶以及其他的辅助因子。蛋白质生物合成过程还是大量消耗能量的过程,所需能量主要由 ATP 和 GTP 来提供。以上所有参与蛋白质合成的成分统称为蛋白质的合成体系。

1)信使 RNA 与遗传密码

信使 RNA 是在细胞核内以 DNA 为模板转录生成的,其核苷酸碱基排列顺序中蕴含着来自 DNA 的遗传信息,进入细胞质后作为蛋白质合成的直接模板,指导蛋白质生物合成。现已证实,在 mRNA 分子中,从 AUG 开始,按照 5'→3' 方向,每三个相邻的核苷酸组成一个三联体结构,称为遗传密码或密码子(表 11.1)。这些密码子不仅代表了 20 种氨基酸,还决定了翻译过程的起始和终止位置。mRNA 分子中,A、U、G、C 四种核苷酸可组成 64 个密码子。其中 61 个代表 20 种不同氨基酸;密码子 AUG 除了代表甲硫氨酸外,还可作为多肽链合成的起始信号,称为起始密码子;密码子 UAA、UAG、UGA 不编码任何氨基酸,而是作为肽链合成的终止信号,称为终止密码子或无义密码子。遗传密码具有以下 4 种特性:

表 11.1 遗传密码

第一个核苷酸碱基(5'端)	第二个核苷酸碱基				第三个核苷酸碱基(3'端)
	U	C	A	G	
U	苯丙(Phe)	丝(Ser)	酪(Tyr)	半胱(Cys)	U
	苯丙(Phe)	丝(Ser)	酪(Tyr)	半胱(Cys)	C
	亮(Leu)	丝(Ser)	终止信号	终止信号	A
	亮(Leu)	丝(Ser)	终止信号	色(Trp)	G
C	亮(Leu)	脯(Pro)	组(His)	精(Arg)	U
	亮(Leu)	脯(Pro)	组(His)	精(Arg)	C
	亮(Leu)	脯(Pro)	谷胺(Gln)	精(Arg)	A
	亮(Leu)	脯(Pro)	谷胺(Gln)	精(Arg)	G
A	异亮(Ile)	苏(Thr)	天胺(Asn)	丝(Ser)	U
	异亮(Ile)	苏(Thr)	天胺(Asn)	丝(Ser)	C
	异亮(Ile)	苏(Thr)	赖(Lys)	精(Arg)	A
	甲硫(Met)	苏(Thr)	赖(Lys)	精(Arg)	G
G	缬(Val)	丙(Ala)	天冬(Asp)	甘(Gly)	U
	缬(Val)	丙(Ala)	天冬(Asp)	甘(Gly)	C
	缬(Val)	丙(Ala)	谷(Glu)	甘(Gly)	A
	缬(Val)	丙(Ala)	谷(Glu)	甘(Gly)	G

①方向性:mRNA 分子中三联体密码子的排列具有方向性,即起始密码子总是位于 5'端,而终止密码子位于 3'端。翻译时从密码子开始,沿着 5'→3' 方向依次进行,直到终止密码

子,不能倒读。

②连续性:每个三联体密码子决定一种氨基酸,两个密码子之间没有任何起标点作用的密码子加以隔开,构成了一个连续不断的读码框。阅读密码必须从一个正确的起始开始,一个不漏地挨个读下去,若插入或缺失一个碱基就会引起突变,引起突变位点下游氨基酸排列会出现错误。

③简并性:代表氨基酸的密码子有 61 个,而参与蛋白质生物合成的氨基酸只有 20 种,所以除了色氨酸和甲硫氨酸各有一个密码子外,其余每种氨基酸都有一个以上的密码子,最多的有 6 个密码子。一种氨基酸具有多个密码子的现象称为遗传密码的简并性。编码同一种氨基酸的密码子称为同义密码子。密码子的简并性往往只涉及第三位碱基。现已证明,密码子的专一性主要由头两位碱基决定,第三位碱基发生突变时,仍能翻译出正确的氨基酸来,第三位碱基这种特性叫做摆动性。密码子的简并性和摆动性可以减少有害突变引起的误差,对保持物种的稳定性有重要意义。

④通用性:所谓密码子的通用性是指各种高等和低等生物,包括病毒、细菌及真核生物等,几乎完全通用同一套密码子,目前只发现线粒体和叶绿体内有例外。

2)核糖体 RNA

核糖体是蛋白质合成的主要场所。核糖体是由大、小两个亚基组成,这两个亚基分别由不同的 RNA 分子即 rRNA,与多种蛋白质分子共同构成。核糖体具有多个活性部位:

①结合氨酰基-tRNA 的氨基酰部位,简称 A 位。

②结合肽酰-tRNA 的部位,又称 P 位。

③空载 tRNA 的排出部位,简称 E 位。

④转肽酶活性部位。

⑤mRNA 结合部位。

⑥蛋白因子结合部位(起始因子、延长因子和释放因子等)。

3)转移 RNA

虽然信使 RNA 是蛋白质合成的"蓝图",但是 mRNA 分子与作为原料的氨基酸分子之间不能自行结合,需要 tRNA 充当这个媒介。一方面在氨酰基 tRNA 合成酶的作用下,氨基酸结合到 tRNA 氨基酸臂 3' 端的-CCA-OH 位置上,生成氨基酰-tRNA,氨基酰-tRNA 是氨基酸的活化形式。另一方面,通过 tRNA 的反密码子对 mRNA 密码子进行识别,使得 tRNA 上所携带的氨基酸准确地在 mRNA"对号入座",保证了氨基酸可以按 mRNA 上核苷酸碱基的排列顺序合成蛋白质。一种 tRNA 只能特异转运一种氨基酸,但有的氨基酸可以由 2~6 种 tRNA 转运。

4)酶与辅助因子

(1)氨基酰 tRNA 合成酶

此酶在 ATP 参与下,催化氨基酸与对应的 tRNA 结合生成氨基酰 tRNA,使氨基酸活化。在细胞质中存在有 20 种以上的氨基酰 tRNA 合成酶,这些酶特异性强,对氨基酸和 tRNA 有高度的识别能力,这种高度专一性是保证翻译准确性的关键因素。

(2)转肽酶

位于核糖体大亚基上,催化 P 位上肽酰-tRNA 的肽酰基转移到"A 位"上氨基酰-tRNA 的氨基上,并使酰基与氨基结合形成肽键,肽链延长。

（3）蛋白质因子

参与蛋白质合成的蛋白因子很多，主要有起始因子（IF）、延长因子（EF）和释放因子（RF）。他们各自的作用不同。IF 与翻译起始有关；EF 参与蛋白质多肽链的延长阶段，并促进移位过程。RF 参与识别终止密码，协助多肽链释放。

11.5　蛋白质生物合成过程

蛋白质的生物合成包括氨基酸的活化与转运、肽链的合成、肽链的加工修饰 3 个重要环节。

11.5.1　氨基酸的活化

氨基酸必须活化才能参与蛋白质的生物合成。催化活化反应的酶是氨基酰 tRNA 合成酶，ATP 提供能量，消耗 2 个高能磷酸键，生成相应的氨基酰-tRNA（图 11.16）。

$$氨基酸+tRNA \xrightarrow[\text{ATP} \quad \text{AMP+PPi}]{\text{氨基酰-tRNA合成酶}} 氨基酰-tRNA$$

图 11.16　氨基酸的活化

11.5.2　肽链的合成

氨基酸活化后，由 tRNA 携带到核糖体上，以 mRNA 为模板合成肽链，这个过程称为核糖体循环，是蛋白质生物合成的中心环节。为了方便叙述，通常将其分为起始、延长和终止 3 个阶段。

1）起始阶段

起始阶段是指在 IF、GTP 和 Mg^{2+} 的参与下，核糖体大、小亚基与 mRNA 及起始氨基酰-tRNA 形成起始复合物的过程。原核生物和真核生物的起始物略有不同。原核生物的起始 tRNA 是 fMet-tRNA（甲酰甲硫氨酸），真核生物的起始 tRNA 是 Met-tRNA。下面以原核生物为例，说明起始阶段的 4 个步骤。

①核糖体大、小亚基解离：起始因子 IF-3 先使前面已经完成蛋白质合成的核糖体的大、小亚基分开，再与小亚基结合，起始因子 IF-1 占据 A 位防止结合其他 tRNA，以利于 mRNA 和 fMet-tRNA 结合到核糖体小亚基上。

②小亚基与 mRNA 结合：mRNA 位于起始密码子上游有一段富含嘌呤的序列，称为 SD 序列。SD 序列可与小亚基上的 16SrRNA 的 3' 端富含嘧啶的序列进行碱基配对，因此 SD 序列又称核糖体结合位点。紧接着 SD 序列的小段核苷酸序列可被核糖体小亚基蛋白识别结合，通过这种 RNA-RNA 和 RNA-蛋白质之间的辨认结合，使模板 mRNA 的起始密码子在核糖体的小亚基上准确定位。

③fMet-tRNA 的结合:此过程与 mRNA 在小亚基上的定位同时发生,需要 IF2 及 GTP 的参与,fMet-tRNA 只能辨认和结合于起始密码子 AUG 相对应的位置。IF-2 的功能是促进 fMet-tRNA 与小亚基结合。起始密码子 AUG 与 fMet-tRNA 上的反密码子进行配对,同时 IF-3 被释放。

④核糖体大、小亚基结合:小亚基、mRNA 和 fMet-tRNA 结合完成后,IF 从小亚基上相继脱落,大亚基结合到小亚基上,形成了起始复合物。至此,由大小亚基、fMet-tRNA 和 mRNA 共同构成的起始复合物形成,fMet-tRNA 占据着 P 位,与之相邻的 A 位则空着等待与 mRNA 中第二个密码子相对应的氨基酰 tRNA 进入。

2) 延长阶段

这一阶段,在多肽链上每增加一个氨基酸都需要经过进位、转肽和移位 3 个步骤。在 mRNA 上密码子的指导下,新的氨基酸不断被特异的 tRNA 运至核蛋白体 A 位,在转肽酶作用下延长肽链。肽链延长阶段需要非核糖体蛋白的延长因子、GTP 等的参与。此阶段包括进位、转肽和移位 3 个步骤的反复循环。

①进位:按 mRNA 模板密码子的规定,一个氨基酰 tRNA 进入结合到核蛋白体 A 位的过程称为进位。进位之前,核蛋白体的 A 位是空的,tRNA 通过其反密码子按碱基互补原则结合在 mRNA 密码子上。这一过程需要延长因子催化,GTP 供能。

②转肽:进位完成后立即进入转肽。在大亚基上转肽酶的催化下,将 P 位上 tRNA 所携带的甲酰蛋氨酰(或蛋氨酰)转移给 A 位上新进入的氨基酰-tRNA,并通过活化了的羧基与 A 位上氨基酰的 α-氨基结合,形成第一个肽键。肽酰基转移后,P 位上失去甲酰蛋氨酰(或蛋氨酰)的 tRNA 从核蛋白体上脱落,于是 P 位被清空。此反应需要 Mg^{2+} 与 K^+ 的参与,不需要供能。

③移位:在转位酶的催化下,核蛋白体向 mRNA 的 3' 端方向移动一个密码子的距离,使带有二肽(或多肽)的 tRNA 由 A 位移至 P 位,而 A 位空出,给下一个氨基酰-tRNA 进位做准备,此反应过程需要延长因子、Mg^{2+} 的参与,以及 GTP 供能。在翻译的延长阶段,每经过一次进位-转肽-移位的循环之后,肽链中的氨基酸残基数目就增加一个,肽链得以不断延长。

3) 终止阶段

当核蛋白体沿 mRNA 的 3' 端方向移动,P 位上出现终止信号 UAA、UAG、UGA 时,各种氨基酰-tRNA 都不能进位了,此时能够进位的只有终止因子(RF),终止因子结合大亚基受位后,使转肽酶的构象发生改变,不起转肽作用,而起水解作用,使 P 位上 tRNA 所携带的多肽链与 tRNA 之间的酯键水解,并释放出来。随后,tRNA、mRNA 与终止因子从核蛋白体脱落,核蛋白体解离成大亚基、小亚基。解体后的各成分可重新聚合成起始复合体,开始新的肽链的合成,循环往复。

⊘ **知识链接**

蛋白质的生物合成可受到许多种抗生素和干扰素的抑制,抗生素可以通过阻断病原体内蛋白质生物合成的不同环节而起到杀灭细菌或抑制细菌的作用。如红霉素能与原核生物核糖体大亚基作用,阻止原核生物蛋白质的合成,抑制细菌的生长;四环素可以和原核生物核糖体小亚基结合,阻遏氨基酰-tRNA 进入 A 位;氯霉素能与原核生物核糖体大亚基结合,抑制肽酰转移酶活性,阻断蛋白质翻译的延长过程;嘌呤霉素能够竞争性抑制氨基酰-tRNA 进入 A 位上,以致提前释放肽链,进而抑制蛋白质的合成。

11.5.3　肽链的加工修饰

从核蛋白体释放出的新生多肽链多数不具备生物活性,必须经过一定的翻译后加工修饰才能转变为具有一定构象和功能的蛋白质。新生多肽被送往细胞的各个部位,以执行各自的生物学功能。新生多肽的运送是有目的、定向进行的。蛋白质的修饰加工与这些蛋白质是在什么部位合成的,要运送到什么部位去有关。肽链的加工修饰形式常见的主要有以下5种。

1)N-端的甲酰甲硫氨酸的切除

蛋白质合成是从甲酰甲硫氨酸开始的,在加工过程中甲酰甲硫氨酸被除去。在真核生物中,常常在多肽链合成到15~30个氨基酸时,其N-端的甲硫氨酸就被氨基肽酶切除。在原核生物内也有少数肽链N-末端的fMet只去除甲酰基,而甲硫氨酸被保留下来。这样的蛋白质多肽链的N-末端氨基酸就是甲硫氨酸。

2)多肽链的水解修饰

有些多肽链要在蛋白酶作用下切除部分肽段才具有活性。例如,胰岛素酶原可以水解为胰岛素和c肽,从而具有活性。部分肽链的信号肽则在肽链被输送到某特定部位后被切除。

3)个别氨基酸残基的修饰

氨基酸残基可进行修饰,这些氨基酸的侧链被修饰,一般是在翻译后的加工过程中被专一的酶催化而形成的。其修饰方式有很多,主要有羟基化、糖基化、磷酸化、酰基化、羧化作用、甲基化等。例如脯氨酸被羟基化生成羟脯氨酸;在多肽链合成过程中或在合成之后常以共价键与单糖或寡糖侧链连接,生成糖蛋白;磷酸化一般发生在翻译后,由各种蛋白质激酶催化,将磷酸基团连接于丝氨酸和苏氨酸等的羟基上。多肽链内或肽链间的—SH形成二硫键等。

4)多肽链折叠

没有活性的多肽链在酶或分子伴侣的作用下可以进行折叠而产生具有活性的空间构象。多肽链的折叠可能是在蛋白质生物合成过程中边合成边进行的。

5)辅基的连接和亚基的聚合

结合蛋白质在多肽链合成后需要与相应辅基连接才有生物学功能。由多个亚基组成的蛋白质,在各亚基合成后,需要通过非共价键将亚基聚合成多聚体,才能形成蛋白质的四级结构。

· 本章小结 ·

1.蛋白质酶促降解的产物是氨基酸,氨基酸主要在小肠吸收,服用过多的蛋白质会产生蛋白质的腐败。

2.蛋白质酶促降解的产物是氨基酸,氨基酸在体内通过转氨基、氧化脱氨基、联合脱氨基及脱羧作用被降解成 α-酮酸、NH_3、CO_2 等,NH_3 可重新合成氨基酸,也可通过尿素循环排出体外。α-酮酸可进入糖酵解和三羧酸循环氧化放能。氨基酸合成的碳架主要来自糖代谢的中间产物,各种氨基酸因碳架不同按照各自的途径合成。

3.以 mRNA 为模板指导蛋白质生物合成的过程叫翻译。mRNA 通过遗传密码决定多肽链的氨基酸组成和排列顺序。tRNA 是携带氨基酸的工具,其反密码子具有识别密码子的作用。rRNA 和多种蛋白质组成的核糖体是翻译的场所。核糖体循环分起始、延长和终止 3 个阶段,延长阶段肽链上每增加一个氨基酸残基就要重复进位、转肽、移位 3 步反应。很多蛋白质在肽链合成后,还需要经过一定的加工或修饰后才表现生物学功能。

 复习思考题

一、名词解释

1. 蛋白质的腐败作用　　2. 联合脱氨基作用　　3. 中心法则　　4. 密码子　　5. 抗生素

二、选择题

1. 在由转氨酶催化的氨基转移过程中,磷酸吡哆醛的作用是(　　)。
　　A. 与氨基酸的氨基生成 Schiff 碱　　　　B. 与氨基酸的羧基作用生成与酶结合的复合物
　　C. 增加氨基酸氨基的正电性　　　　　　D. 增加氨基酸羧基的负电性

2. 下列哪种物质不能通过蛋白质的腐败作用产生? (　　)
　　A. 组胺　　　　　B. 苯酚　　　　　C. 氨　　　　　D. 脂肪酸

3. 生物体内氨基酸脱去氨基生成 α-酮酸主要是通过下面哪种作用完成的? (　　)
　　A. 氧化脱氨基　　B. 还原脱氨基　　C. 联合脱氨基　　D. 转氨基

4. 肌肉中的游离氨通过下列哪种途径运到肝脏? (　　)
　　A. 腺嘌呤核苷酸-次黄嘌呤核苷酸循环　　B. 丙氨酸-葡萄糖循环
　　C. 鸟嘌呤核苷酸-黄嘌呤核苷酸循环　　　D. 谷氨酸-谷氨酰胺循环

5. 体内氨的主要去路(　　)。
　　A. 进入肠道　　　B. 合成尿酸　　　C. 合成核苷酸　　　D. 合成尿素

6. 帕金森氏病(Parkinson's disease)患者体内多巴胺生成减少,这是由于(　　)。
　　A. 酪氨酸代谢异常　　　　　　　B. 蛋氨酸代谢异常
　　C. 胱氨酸代谢异常　　　　　　　D. 精氨酸代谢异常

7. 合成尿素的过程中,第一步反应产物是(　　)。
　　A. 鸟氨酸　　　　B. 氨基甲酰磷酸　　C. 瓜氨酸　　　　D. 天冬氨酸

8. 核糖体上 A 位点的作用是(　　)。
　　A. 接受新的氨基酰-tRNA 到位　　　　B. 含有肽机转移酶活性,催化肽键的形成
　　C. 可水解肽酰 tRNA,释放多肽链　　　D. 是合成多肽链的起始点

9. 蛋白质的终止信号是由(　　)。
　　A. tRNA 识别　　B. 转肽酶识别　　C. 延长因子识别　　D. 以上都不能识别

10. 以下有关核糖体的论述哪项是不正确的? (　　)
　　A. 核糖体是蛋白质合成的场所
　　B. 核糖体小亚基参与翻译起始复合物的形成,确定 mRNA 的解读框架
　　C. 核糖体大亚基含有肽基转移酶活性
　　D. 核糖体是储藏核糖核酸的细胞器

11. 某一种 tRNA 的反密码子是 5'UGA3',它识别的密码子序列是(　　)。

A. UCA　　　　　　　B. ACU　　　　　　　C. UCG　　　　　　　D. GCU

12. 根据摆动学说,当一个 tRNA 分子上的反密码子的第一个碱基为次黄嘌呤时,它可以和 mRNA 密码子的第三位的几种碱基配对?(　　　)

A. 1　　　　　　　B. 2　　　　　　　C. 3　　　　　　　D. 4

13. 蛋白质的生物合成中肽链延伸的方向是(　　　)。

A. C 端到 N 端　　　　　　　　　　B. 从 N 端到 C 端

C. 定点双向进行　　　　　　　　　　D. C 端和 N 端同时进行

14. 摆动配对是指下列哪个碱基之间配对不严格?(　　　)

A. 反密码子第一个碱基与密码子第三个碱基

B. 反密码子第三个碱基与密码子第一个碱基

C. 反密码子和密码子第一个碱基

D. 反密码子和密码子第三个碱基

三、判断题

1. 每种氨基酸都有特定的 tRNA 与之对应。　　　　　　　　　　　　　　(　　)
2. 亮氨酸不是生酮氨基酸。　　　　　　　　　　　　　　　　　　　　(　　)
3. 遗传信息传递的中心法则是 DNA→RNA→蛋白质。　　　　　　　　　(　　)
4. 鸟氨酸循环的主要生理意义是把有毒的氨转变为无毒的尿素。　　　　　(　　)
5. 核糖体活性中心的 A 位和 P 位均在大亚基上。　　　　　　　　　　　(　　)

四、问答题

1. 氨基酸脱氨基的方式有哪些?
2. 简述血氨的来源和去路。
3. 简述甲硫氨酸循环过程。它有何生理意义?
4. 试述蛋白质生物合成体系的主要组分,它们各有哪些作用特点?
5. 试述蛋白质生物合成的过程,以及临床常用抗生素、干扰素的作用机制。

实训 11.1　　纸层析法测定肝组织的转氨基作用

一、实训目的

①掌握纸层析法的原理和方法。

②熟悉相关转氨酶的临床意义。

二、实训原理

转氨基作用是氨基酸代谢的一个重要反应。在转氨酶作用下,将氨基酸的氨基转移到 α-酮酸上。每种转氨基反应均由专一的转氨酶催化。转氨酶广泛分布于机体各器官、组织,例如肝细胞中存在的丙氨酸氨基转移酶,能催化 α-酮戊二酸与丙氨酸之间的转氨基作用。反应式如图 11.17 所示。

纸层析是以滤纸作为支持物,与滤纸纤维素结合的水(占纸重 20% ~ 30%)称为层析中的"固定相"。另一种和固定相不能混合或部分混合的溶剂则为"流动相"。把欲分离的物质加

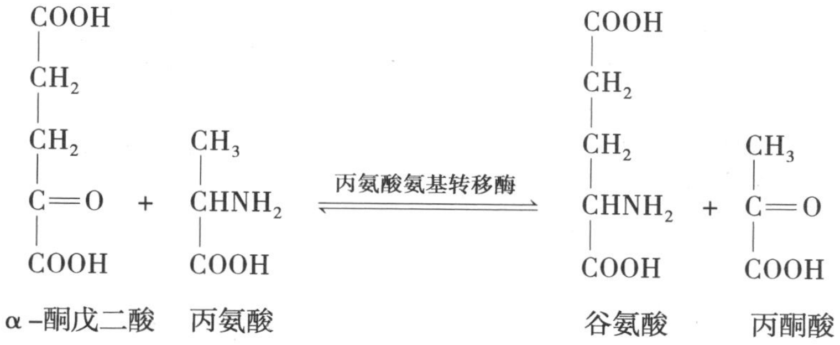

图 11.17 α-酮戊二酸与丙氨酸的转氨基因作用

在纸的一端,并使流动相借滤纸的毛细现象移动,此时,待分离溶质因分配系数不同而逐渐分布于滤纸的不同部位。层析过程中或层析结束时,用显色剂使被分离的物质显出颜色,成为一个个色斑。分配在固定相中趋势较大的成分在纸上随流动相移行的速度就小,色斑距原点的位置就较近。反之,分配在固定相内趋势较小的成分移行就远,色斑位置离原点也远。溶质在纸上的移动速率可用比移(R_f)表示,见公式 11.1:

$$R_f = \frac{色斑中心至点样原点中心的距离}{溶剂前缘至点样原点中心的距离} \qquad (11.1)$$

同一氨基酸在相同的层析条件下 R_f 值相同,不同氨基酸在相同层析条件下 R_f 值不同,因此可以根据 R_f 值来鉴定被分离的氨基酸。层析时,用显色剂茚三酮使氨基酸显色,将样品氨基酸的 R_f 值与标准氨基酸的 R_f 值比较,即可确定所分离氨基酸的种类。

三、实训仪器和试剂

(1)仪器

研钵、剪刀、恒温水浴、点样毛细管、漏斗、表面皿或小平皿、直径 10 cm 圆形滤纸、中试管和小试管、电炉或吹风机或烘箱、直径 10 cm 的培养皿。

(2)试剂

0.2 mol/L pH 7.4 磷酸缓冲液:Na$_2$HPO$_4$ 溶液 81 mL 与 0.2 mol/L NaH$_2$PO$_4$ 溶液 9 mL 混匀,再用蒸馏水稀释 20 倍。

0.1 mol/L 丙氨酸溶液:称取丙氨酸 0.891 g 先溶于少量 pH 7.4 磷酸盐缓冲液中,以 0.1 mol/L NaOH 仔细调节至 pH 7.4 后,用磷酸缓冲液加至 100 mL。

0.1 mol/L 谷氨酸溶液:称取谷氨酸 0.735 g,先溶于少量 pH 7.4 磷酸缓冲液中,以 1 mol/L NaOH 仔细调节至 pH 7.4 后,用磷酸缓冲液加至 50 mL。

0.1 mol/L α-酮戊二酸溶液:称取 α-酮戊二酸 1.46 g 先溶于少量 pH 7.4 磷酸缓冲液中,以 1 mol/L NaOH 仔细调至 pH 7.4 后,用磷酸缓冲液加至 100 mL。

层析剂(展开剂):取 100 mL 重蒸苯酚与 25 mL 水摇匀,加入茚三酮使终浓度达 0.1%。

四、实训材料

新鲜动物肝脏。

五、实训方法和步骤

(1)酶液制备

取新鲜的动物肝脏 1 g,放入研钵中用剪刀剪碎,取 9 mL 冰冷 pH 7.4 磷酸缓冲液,先加 2 mL,迅速研磨成匀浆,再加入 7 mL。

（2）保温（酶促反应）

取干燥中试管 2 支，分别标明测定与对照，各加入肝匀浆 0.5 mL。测定管放入 37 ℃水浴保温 10 min，对照管放入沸水浴中煮 10 min，冷却后于两管中分别加入 0.1 mol/L 丙氨酸溶液 0.5 mL，0.1 mol/L α-酮戊二酸 0.5 mL，pH 7.4 磷酸缓冲液 1.5 mL，摇匀，放 37 ℃水浴保温 1 h，保温完毕，立即将测定管放入沸水浴中煮 10 min 以终止反应，取出冷却后，将测定管和对照管分别过滤，收集滤液于小试管中备用，并分别标明测定与对照。

（3）层析与显色

取直径为 10 cm 的圆形新华滤纸一张，用圆规作半径为 0.5 cm 的同心圆，通过圆心作三条夹角分别为 60°的直线（图 11.18），与同心圆相交叉为 6 个交点，按顺时针标记各点。在 1、4 两点分别点 0.1 mol/L 丙氨酸溶液和 0.1 mol/L 谷氨酸溶液 2 次。方法是用毛细点样管在滤纸上点样，注意斑点不要太大（一般直径约 0.3 cm），而且每点 1 次待晾干后再点第 2 次。照此方法，在 2、5 处各点测定管过滤液 3 次，在 3、6 两处各点对照管过滤液 3 次。

在滤纸圆心处打一小孔（如铅笔芯大小），另取同类滤纸 1 条，下端剪成须状，上端卷成圆筒如灯芯，插入小孔，稍突出滤纸面即可。

将层析剂放入直径为 3～5 cm 的干燥表面皿或小平皿中，表面皿或小平皿管置于直径为 10 cm 的培养皿中，将要层析的滤纸平放在培养皿上，滤纸芯浸入溶剂中，而后在其上再盖一培养皿以封闭（图 11.19），这时可见层析溶剂沿滤纸芯上升到滤纸，再向四周扩散，约 45 min 后，等溶剂前缘距滤纸边缘 1 cm 时即可取出，用电炉烤干或吹风机吹干或在 60 ℃烘箱中烘干，此时可见紫色的同心弧色斑出现，比较色斑的位置，计算各斑点物质的 R_f 值，分析实验结果。

若两人一组，可将层析滤纸沿 1、4 直线裁开，两人分别保存留用。

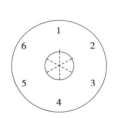

图 11.18 层析点样示意图

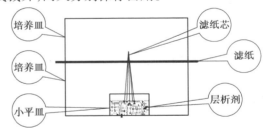

图 11.19 层析示意图

六、实训注意事项

①滤纸芯卷得不要太紧，且要呈圆筒状，否则，展层不呈圆形。

②在点样前应将手洗净，手只能拿滤纸的边缘，以免手指的汗迹等污染显色，影响对结果的观察分析。

③若用第一种展开剂，展层完毕，要划出溶剂前缘的轮廓，然后再干燥之，以便计算 R_f 值。

④展开剂在滤纸上的各个方向上移动的速度不完全相同。如顺纹理方向溶剂移动的速度要快一些。因此，计算 R_f 值时不能一概而论。

七、思考题

①测定 R_f 值的意义是什么？

②纸层析法分离氨基酸的原理是什么？

③本实验中固定相、流动相各是什么？

第12章 核酸代谢

➢ 掌握嘌呤分解代谢最终产物;嘌呤核苷酸及嘧啶核苷酸从头合成及补救合成途径;遗传信息的复制、转录及翻译等概念;DNA 的半保留及半不连续复制。

➢ 熟悉嘌呤核苷酸的相互转换;脱氧核糖核苷酸的生成;DNA 和 RNA 合成过程中的酶类;DNA 的突变、损伤与修复;RNA 反转录。

➢ 了解核酸的消化与吸收;DNA 复制的过程。

核酸的分解和合成代谢;DNA 的复制和体外扩增;转录、反转录和转录后加工;DNA 的突变、损伤及修复。

案例导入

痛风及其产生的原因

长久以来,痛风被错误地归因于高海拔生活,其实它是一种由于尿酸在血液和组织里的过量积累而产生的疾病,由于尿酸钠晶体不正常沉积引起关节肿胀、疼痛或关节炎;同时,由于尿酸在肾小管中过量沉积,肾脏也因此受到影响。痛风主要在男性中产生,主要是由于嘌呤代谢过程中酶的遗传性缺陷所引起的疾病。

12.1 核酸的分解代谢

12.1.1 核酸的消化与吸收

1)核酸的消化

生物体中普遍存在着与核酸代谢有关的酶类。它们能够降解连接核苷酸的磷酸二酯键,从而分解各种核酸,促进核酸的新陈代谢。食物中的核酸多以核蛋白的形式存在,受胃酸作用,分解成核酸与蛋白质;核酸经胰液和肠液各种水解酶的作用逐步水解,形成各种游离的核苷酸。核苷酸在核苷酸酶作用下进一步分解后生成核苷和磷酸,核苷在核苷酶的作用下再分解生成嘌呤碱或嘧啶碱和戊糖(图 12.1)。

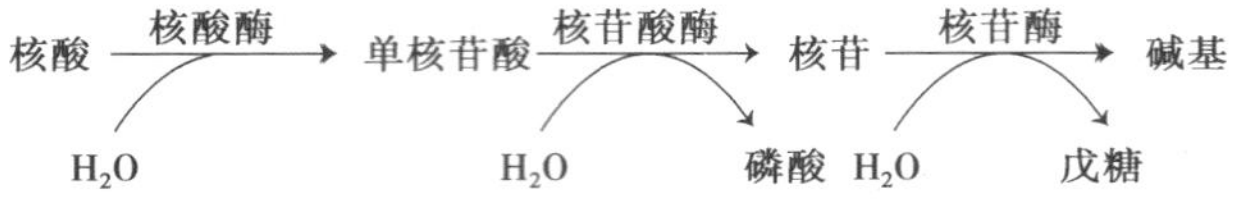

核酸 $\xrightarrow{\text{核酸酶}}$ 单核苷酸 $\xrightarrow{\text{核苷酸酶}}$ 核苷 $\xrightarrow{\text{核苷酶}}$ 碱基
H_2O H_2O 磷酸 H_2O 戊糖

图 12.1 核酸的消化

2)核酸的吸收

核酸在小肠内被核酸酶、核苷酸酶、核苷酶水解产生的核苷酸、核苷、磷酸、核糖和碱基等在小肠上部被吸收,经门静脉入肝。

12.1.2 嘌呤核苷酸的分解代谢

嘌呤核苷酸首先水解生成嘌呤核苷,然后进一步水解生成腺嘌呤和鸟嘌呤。鸟嘌呤脱氨形成黄嘌呤,腺嘌呤脱氨后首先形成次黄嘌呤,然后次黄嘌呤在黄嘌呤氧化酶的作用下也形成黄嘌呤,作为腺嘌呤和鸟嘌呤共同中间代谢物的黄嘌呤在黄嘌呤氧化酶的作用下生成尿酸。如果尿酸不能及时的排泄出去,体内过量积累会导致痛风症。临床上常用别嘌呤醇治疗痛风,因为别嘌呤醇与次黄嘌呤相似,可抑制黄嘌呤氧化酶,从而抑制尿酸生成(图 12.2)。

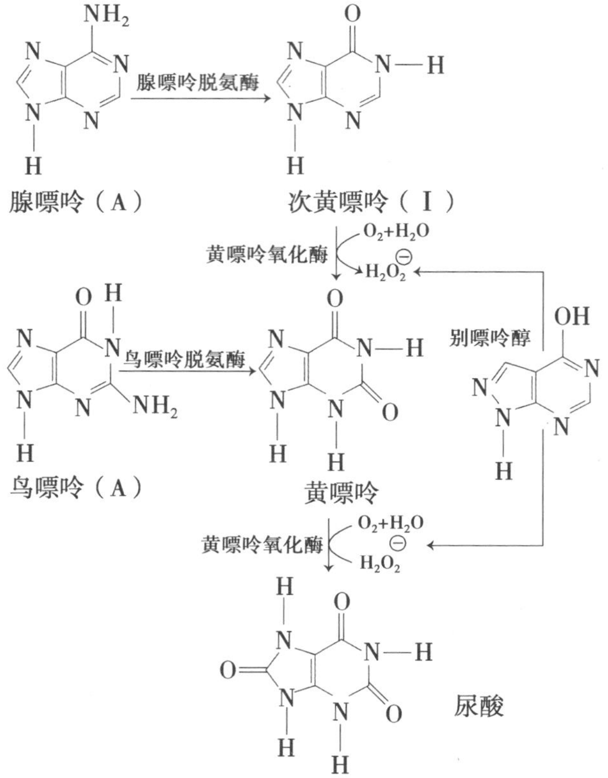

图 12.2 嘌呤碱的分解过程

人类、鸟类及某些爬行类和昆虫对嘌呤的分解代谢到尿酸为止。其他多种生物则能进一步分解尿酸。分解程度因物种不同而异,代谢产物也有尿囊素、尿囊酸、尿素和乙醛酸等不同物质,如果分解彻底,最后形成二氧化碳和氨。

12.1.3 嘧啶核苷酸的分解代谢

嘧啶核苷酸分解产生磷酸、核糖及嘧啶碱。胞嘧啶脱氨基后生成尿嘧啶,尿嘧啶经还原后生成二氢尿嘧啶,并水解使环开裂成 β-脲基丙酸,然后经水解产生 CO_2、NH_3、β-丙氨酸。β-丙氨酸经转氨作用脱去氨基后还可以参与有机酸代谢。胸腺嘧啶的分解与尿嘧啶相似,被还原开环后生成二氢胸腺嘧啶,然后经水解产生 CO_2、NH_3、β-氨基异丁酸(图 12.3)。临床上,检测尿 β-氨基异丁酸可作为监测放化疗程度的指标。

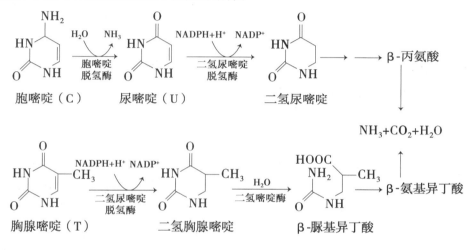

图 12.3 嘧啶碱的分解过程

12.2 核苷酸的合成代谢

12.2.1 核苷酸生物合成的概况

核苷酸的生物合成有两条基本途径。一种途径是利用核糖磷酸、某些氨基酸 CO_2 和 NH_3 等简单物质为原料,经一系列酶促反应合成核苷酸。这种合成方式称为从头合成途径。另一种途径是利用体内现有的碱基和核苷为原料,经几步反应合成核苷酸,这种途径称为补救途径。不同组织中这两条途径的重要性有所不同。如肝组织主要进行从头合成,而脑骨髓等只能进行补救合成。当由于相关酶的缺乏,核苷酸的合成速度不能满足细胞生长的需要时通过补救途径合成核苷酸。补救途径所需要的核苷和碱基主要来源于细胞内核酸的分解。

12.2.2　嘌呤核苷酸的合成

1) 嘌呤核苷酸的从头合成途径

目前对嘌呤碱的合成途径已经研究得比较清楚。生物体内并不是先合成嘌呤碱,再与核糖和磷酸结合成核苷酸,而是由 ATP 和核糖-5 磷酸在 5-磷酸核糖焦磷酸合成酶(PRPP 合成酶)催化下生成 5-磷酸核糖焦磷酸。然后以 5-磷酸核糖焦磷酸为起始物,在谷氨酰胺、甘氨酸、一碳单位、二氧化碳及天冬氨酸的逐步参与下,经过一系列酶促反应,生成次黄嘌呤核苷酸(图 12.4)。然后次黄嘌呤核苷酸再转变为其他嘌呤核苷酸。嘌呤环的元素组成如图 12.5 所示。

PRPP
(磷酸核糖焦磷酸) ← $\xrightarrow[\text{PRPP合成酶}]{\text{AMP } \text{ATP}}$ R-5'-P
(5'-磷酸核糖)

酰胺转移酶 ← 谷氨酰胺 / 谷氨酸

H_2N-1'-R-5'-P
(5'-磷酸核糖胺)

在甘氨酸、一碳单位、谷氨酰胺、二氧化碳及天冬氨酸的逐步参与下

↓

IMP

图 12.4　次黄嘌呤核苷酸的合成

天冬氨酸 → 1N 6 5 / CO_2 / 甘氨酸 7 / 8 ← N^{10}—甲酰—FH_4

N^{10}—甲酰—FH_4 3 / 2 / N 4 9 NH / 谷氨酰胺

图 12.5　嘌呤环中的元素来源

IMP 在 GTP 供给能量的条件下与天冬氨酸合成腺苷酸琥珀酸,此反应由腺苷酸琥珀酸合成酶催化。腺苷酸琥珀酸随即在腺苷酸琥珀酸裂合酶的催化下分解成腺嘌呤核苷酸和延胡索酸。IMP 经次黄嘌呤核苷酸脱氢酶催化生成黄嘌呤核苷酸。黄嘌呤核苷酸在鸟嘌呤核苷酸合成酶的作用下经氨基化即生成鸟嘌呤核苷酸(图 12.6)。

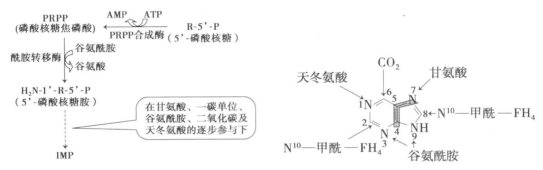

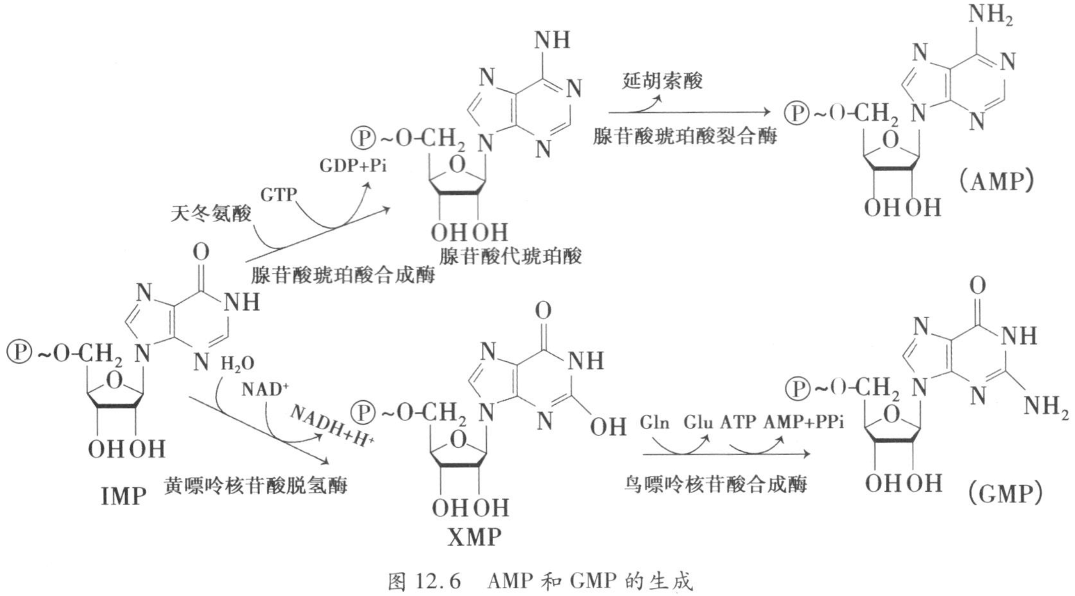

图 12.6　AMP 和 GMP 的生成

AMP 和 GMP 在激酶的作用下,由 ATP 提供高能磷酸基团,生成二磷酸基团(ADP 及

GDP),生成的二磷酸基团可以进一步磷酸化生成三磷酸基团(ATP 及 GTP),也可以在二磷酸水平上经还原酶催化、脱氧还原生成二磷酸脱氧核苷。

2)嘌呤核苷酸的补救合成途径

生物体除了上述的从头合成途径合成核苷酸以外,还能利用现有的碱基和核苷作为原料合成核苷酸。这是对核苷酸代谢的一种"回收"途径或"补救"途径。尤其脑、骨髓组织因缺乏从头合成所需要的酶,必须依靠嘌呤碱或嘌呤核苷合成嘌呤核苷酸。嘌呤碱与 PRPP 在磷酸核糖转移酶的作用下形成嘌呤核苷酸。腺嘌呤磷酸核糖转移酶(APRT)催化 AMP 的合成反应。而鸟嘌呤(或次黄嘌呤)在次黄嘌呤-鸟嘌呤磷酸核糖转移酶(HGPRT)的作用下形成 GMP(或 IMP)(图 12.7)。

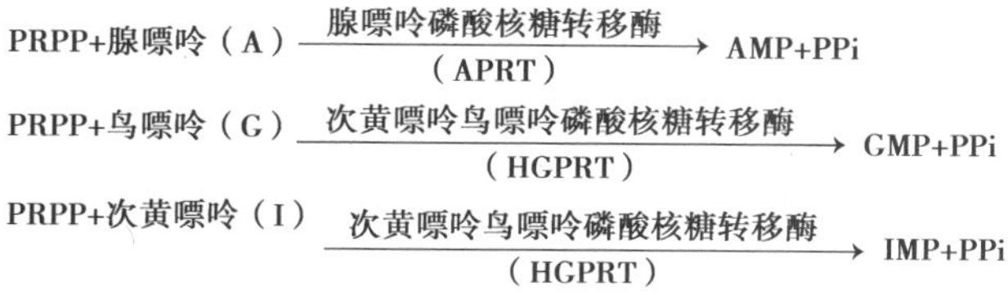

PRPP+腺嘌呤(A) $\xrightarrow[\text{(APRT)}]{\text{腺嘌呤磷酸核糖转移酶}}$ AMP+PPi

PRPP+鸟嘌呤(G) $\xrightarrow[\text{(HGPRT)}]{\text{次黄嘌呤鸟嘌呤磷酸核糖转移酶}}$ GMP+PPi

PRPP+次黄嘌呤(I) $\xrightarrow[\text{(HGPRT)}]{\text{次黄嘌呤鸟嘌呤磷酸核糖转移酶}}$ IMP+PPi

腺嘌呤核苷 $\xrightarrow[\underset{\text{ATP} \quad \text{ADP}}{}]{\text{腺苷激酶}}$ AMP

图 12.7　嘌呤核苷酸的补救合成途径 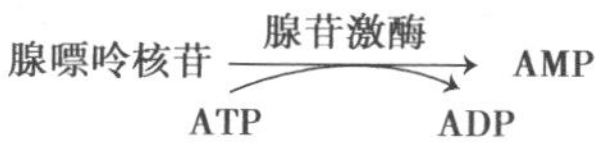　　　　图 12.8　腺嘌呤核苷生成 AMP

还有一条补救合成途径是在特异核苷磷酸化酶的作用下,各种碱基可与 1-磷酸核糖反应生成核苷,核苷在磷酸激酶作用下形成核苷酸,由 ATP 提供磷酸基(图 12.8)。但是生物体内,除了腺苷激酶外,其他嘌呤核苷的激酶都缺乏。因此核苷激酶途径在嘌呤核苷酸的合成中不是很重要。

嘌呤补救合成途径不仅满足了生物体嘌呤核苷酸的需要,还有效的"回收"了核苷酸的分解代谢产物,节省了原料和能量。如果这些代谢产物得不到及时的利用或排出,大量积累尿酸会导致 Lesch-Nyhan 综合征(自毁容貌征)、肾结石及痛风等疾病。此外,对脑、骨髓等组织,由于缺乏从头合成的有关酶,不能从头合成嘌呤核苷酸,必须进行嘌呤核苷酸的补救合成。

知识链接

自毁容貌综合征疾病是由于次黄嘌呤鸟嘌呤转磷酸核糖基酶(HGPRT)缺乏而产生的嘌呤代谢病。患儿出生后头三个月表现低血压、虚弱和呕吐等症状,8 个月至 1 岁期间开始出现肌张力亢进、肌强直、剪形腿。1 岁左右出现舞蹈症和癫痫样发作,2 ~ 3 岁开始强制吃自己的手指、嘴唇和口腔黏膜,并侵害他人,许多患儿可有泌尿系统疾病,并且智力水平较低。

12.2.3　嘧啶核苷酸的合成

1)嘧啶核苷酸的从头合成

与嘌呤核苷酸不同,合成嘧啶核苷酸时首先形成嘧啶环,再与磷酸核糖反应生成乳清甘酸,然后生成尿嘧啶核苷酸。其他嘧啶核苷酸则由尿嘧啶核苷酸转变而成。

（1）尿嘧啶核苷酸的合成

尿嘧啶核苷酸的从头合成从氨甲酰磷酸起始。在细胞质中谷氨酰胺和二氧化碳在氨甲酰磷酸合成酶Ⅱ的作用下合成氨甲酰磷酸,由ATP供能。氨甲酰磷酸与天冬氨酸合成氨甲酰天冬氨酸,由天冬氨酸氨甲酰转移酶催化此反应。氨甲酰天冬磷酸经二氢乳清酸酶催化脱水,生成二氢乳清酸,再经二氢乳清酸脱氢酶的作用,脱氢成乳清酸。乳清酸是合成尿嘧啶核苷酸的重要中间产物,至此已形成嘧啶环(图12.9)。乳清酸

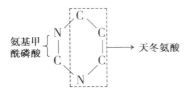

图12.9　嘧啶环的元素组成

在乳清酸磷酸核糖转移酶的催化下与PRPP反应,生成乳清苷酸,乳清甘酸再脱羧形成UMP,由乳清甘酸脱羧酶催化此反应(图12.10)。

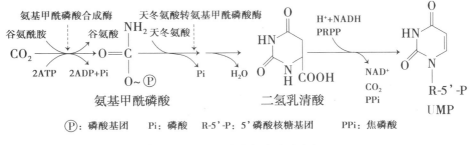

图12.10　尿嘧啶核苷酸的生成

（2）胞嘧啶核苷酸的合成

尿嘧啶、尿嘧啶核苷和尿嘧啶核苷酸都不能直接转变成相应的胞嘧啶化合物。由尿嘧啶核苷酸转变为胞嘧啶核苷酸是在尿嘧啶核苷三磷酸的水平上进行的。

（3）胸腺嘧啶核苷酸的合成

胸腺嘧啶核苷酸是脱氧核糖核酸的组成部分,是尿嘧啶脱氧核糖核苷酸和N^5,N^{10}-亚甲基四氢叶酸在胸腺嘧啶核苷酸合酶的作用下反应生成。

和嘌呤脱氧核苷酸类似,嘧啶脱氧核苷酸也是在嘧啶二磷酸核苷酸水平上经还原酶催化、脱氧还原生成。

2）嘧啶核苷酸的补救合成

与嘌呤核苷酸一样,嘧啶核苷酸也可以通过补救途径合成。生物体能利用外源的或核苷酸代谢产生的嘧啶碱和核苷,重新合成嘧啶核苷酸。在嘌呤核苷酸的补救途径中,主要是通过磷酸核糖转移酶活性,直接由碱基形成核苷酸;然而在嘧啶核苷酸的补救途径中,磷酸核糖转移酶和嘧啶核苷激酶都起着重要作用。例如,尿嘧啶可以在UMP磷酸核糖转移酶的作用下,与PRPP反应生成UMP。也可以在尿苷磷酸化酶和尿苷激酶的作用下被磷酸化而形成UMP(图12.11)。

尿嘧啶 + PRPP $\underset{}{\overset{\text{UMP 磷酸核糖转移酶}}{\rightleftharpoons}}$ UMP + PPi

尿嘧啶 + 1-磷酸核糖 $\underset{}{\overset{\text{尿苷磷酸化酶}}{\rightleftharpoons}}$ 尿嘧啶核苷 + Pi

尿嘧啶核苷 + ATP $\underset{\text{Mg}^{2+}}{\overset{\text{尿苷激酶}}{\rightleftharpoons}}$ 尿嘧啶核苷酸 + ADP

图12.11　嘧啶核苷酸的补救合成

胞嘧啶不能直接与 PRPP 反应生成胞嘧啶核苷酸。但是尿苷激酶也能催化胞苷，被 ATP 磷酸化而形成胞嘧啶核苷酸(图 12.12)。

$$胞嘧啶核苷 + ATP \xrightleftharpoons[\text{Mg}^{2+}]{\text{尿苷激酶}} 胞嘧啶核苷酸 + ADP$$

图 12.12　胞嘧啶核苷生成胞嘧啶核苷酸

12.3　核酸的生物合成

12.3.1　DNA 的生物合成

1) DNA 的半保留复制

1953 年 Watson 和 Crick 提出了 DNA 半保留复制机制,即每一条 DNA 在新链合成中充当模板,形成两个新的 DNA 分子,每个分子都含有一条新的链和一条旧的链,这就是半保留复制。

1958 年这个机制被 Meselson 和 Stah 的同位素实验证实。1963 年 Cairns 用放射自显影的方法第一次观察到完整的正在复制的大肠杆菌染色体 DNA。

 课堂活动

在含有 $^{15}NH_4Cl$ 的介质中生长的大肠杆菌被转移到含 $^{14}NH_4Cl$ 的介质中培养 3 代(细胞群体增加 8 倍),此时杂合 DNA(^{15}N-^{14}N)和轻 DNA(^{14}N-^{14}N)的分子比例是多少?

2) DNA 复制的起点和方向

基因组中,能独立进行复制的单位称复制子,每个复制子都含有控制复制起始的起始点。复制是在起始阶段进行控制的,一旦复制开始就持续进行下去,一直到复制完成。复制起点是 DNA 上含 100 ~ 200 个碱基对的一段特定的序列。原核生物的染色体只有一个复制起始点,即染色体只有一个复制子。而真核生物 DNA 有很多个复制起始点,是多复制子。DNA 复制时双链 DNA 解开形成两条单链,分别作为模板进行复制,由此形成的结构被称作复制叉。随着 DNA 的复制,复制叉的移动方向可以是单向的,也可以是双向的(图 12.13)。大多数生物染色体 DNA 的复制是双向的,并且是对称的。

利用放射自显影的方法测定,细菌 DNA 的复制叉移动速度大约每分钟 50 000 bp。真核生物染色体 DNA 的复制叉移动速度比原核生物慢,1 000 ~ 3 000 bp/min。但因真核生物 DNA 含多个起始点,同时起作用的复制叉数目很多,DNA 复制的总速度还是比原核生物快。

3) DNA 半不连续复制

DNA 复制时,DNA 的两条链都能作为模板,同时合成出两条新的互补链。由于 DNA 分子

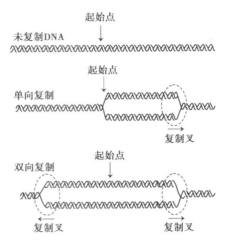

图 12.13　DNA 的双向或单向复制

的两条链是反向平行的,一条链的走向为 5'→3',另一条链为 3'→5'。但是,DNA 聚合酶的合成方向都是 5'→3'。这就很难说明,DNA 在复制时两条链如何能够同时作为模板合成其互补链。为了解决这个矛盾,日本学者冈崎等提出了 DNA 的不连续复制模型,认为 3'→5' 走向的 DNA 实际上是由许多 5'→3' 方向合成的 DNA 片段连接起来的。这些短片段被以发现者的名字命名为冈崎片段。

当 DNA 复制时,一条链是连续复制,另一条链则不连续的(图 12.14)。因此称为半不连续复制。两条链均按 5'→3' 方向合成,一条链 3' 末端的方向朝着复制叉前进的方向,可连续合成,称为前导链。另一条链 5' 末端朝着复制叉前进的方向,合成是不连续的,形成许多冈崎片段,最后连成一条完整的 DNA 链,该链称为滞后链。

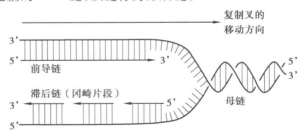

图 12.14　DNA 的半不连续复制

4)DNA 复制体系

DNA 复制体系中的主要物质有:

(1)模板

DNA 双链解开后的两条单链均可作为模板。

(2)原料

以 4 种脱氧三磷酸核苷酸(dATP,dGTP,dCTP,dTTP)作为 DNA 复制的原料。

(3)引物

DNA 复制需要引物酶合成包含十几个到几十个核苷酸的 RNA 片段,提供 3'-OH 末端使 dNTP 可以依次聚合,该过程需要消耗能量 ATP。

（4）酶及蛋白因子

①解链酶：复制时将 DNA 双链解开成为两条单链的酶。

②单链 DNA 结合蛋白：在复制中维持模板在单链状态；保护单链的完整，避免被核酸酶水解的蛋白质。

③拓扑异构酶：复制时一类改变模板 DNA 拓扑性质的酶。拓扑异构酶能将复制叉前面模板 DNA 的正超螺旋结构解开，有利于复制叉的前进及 DNA 的合成，复制完成后 DNA 的组装也与该酶有关。

④引物酶：是一种 RNA 聚合酶，可以催化引物 RNA 片段的合成。

⑤连接酶：催化 DNA 片段相连接的酶。

⑥DNA 聚合酶：在有 DNA 模板和镁离子存在时，能催化 4 种脱氧核糖核苷三磷酸聚合成 DNA 的酶。DNA 聚合酶只能将脱氧核糖核苷酸加到已有核酸链的 3'-OH 上，而不能使脱氧核糖核苷酸自身发生聚合，它需要引物链的存在。每一个加入的核苷酸与引物链作用形成 3',5'-磷酸二酯键并脱下焦磷酸，加入的核苷酸则由模板链所决定。只有当进入的碱基与模板链的碱基形成 Waston-Crick 类型的碱基对时，才能在该酶催化下形成磷酸二酯键。因此，DNA 聚合酶是一种模板指导的酶。

大肠杆菌中共含有五种不同的 DNA 聚合酶，分别为 DNA 聚合酶 I、II、III、IV 和 V。其中主要的有 DNA 聚合酶 I、II、III。DNA 聚合酶 I 是一个多功能酶，它具有以下活性：

a. 有 5'→3' 方向聚合酶活性。

b. 具有外切酶活性，从 5' 和 3' 两端均能水解 DNA。3'→5' 外切酶可以切除错配的核苷酸，具有校对功能，5'→3' 外切酶可以切除 RNA 引物。

DNA 聚合酶 I 不是主要的 DNA 复制酶，它在 DNA 损伤的修复中起重要作用。DNA 聚合酶 II 具有 3'→5' 外切酶活性，没有 5'→3' 外切酶活性。和 DNA 聚合酶 I 一样，DNA 聚合酶 II 也不是复制酶，而是一种修复酶。大肠杆菌细胞内真正负责合成 DNA 的复制酶是 DNA 聚合酶 III。它是由 α、β、γ、δ、ε 和 θ 等多亚基组成。其中，α 亚基具有 5'→3' 方向合成 DNA 的催化活性。ε 亚基具有 3'→5' 外切酶活性，起校对作用，可提高聚合酶 III 复制的保真性。3 种 DNA 聚合酶的基本性质如表 12.1 所示。

表 12.1 大肠杆菌 3 种 DNA 聚合酶的性质比较

比较项目	DNA 聚合酶 I	DNA 聚合酶 II	DNA 聚合酶 III
不同种类亚基数目	1	≥7	≥10
5'→3' 聚合酶活性	+	+	+
3'→5' 外切酶活性	+	+	+
5'→3' 外切酶活性	+	−	−
聚合速度（核苷酸/分）	1 000～1 200	2 400	15 000～60 000
持续合成能力	3～200	1 500	≥500 000
功 能	切除引物，修复，填补空隙	应急状态修复	复制

真核生物也有几种 DNA 聚合酶，一些还有特殊功能，如线粒体 DNA 的复制。从哺乳动物中分离出 5 种 DNA 聚合酶，分别以 α、β、γ、δ、ε 来命名。它们的性质列于表 12.2。

表 12.2　哺乳动物的 DNA 聚合酶

比较项目	DNA 聚合酶 α	DNA 聚合酶 β	DNA 聚合酶 γ	DNA 聚合酶 δ	DNA 聚合酶 ε
定　位	细胞核	细胞核	线粒体	细胞核	细胞核
亚基数目	4～8	1	2	2	4
5'→3'聚合酶活性	+	+	+	+	+
3'→5'外切酶活性	−	−	+	+	+
5'→3'外切酶活性	−	−	−	−	−
引物合成酶活性	+	−	−	−	−
功　能	引物合成	修复	线粒体 DNA 合成	核 DNA 合成	修复

⑦蛋白因子:除了上述酶类以外,DNA 复制过程中还需要一些蛋白因子,如 DnaA、DnaB、DnaC 及 DnaG 等,这些蛋白因子在 DNA 的复制起始中发挥着重要的作用。

5)原核生物 DNA 复制过程

在原核生物中研究最清楚的是大肠杆菌。大肠杆菌染色体是一个含 $4.6×10^6$ bp 的闭环 DNA 分子。现以大肠杆菌为例介绍原核生物 DNA 复制的过程。大肠杆菌的复制过程可分为 3 个阶段:起始、延伸和终止。DNA 复制示意图如图 12.15 所示。

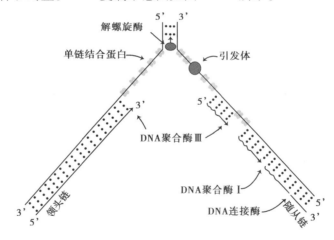

图 12.15　DNA 复制示意图

（1）复制的起始

起始是复制中较复杂的环节,简单来说就是 DNA 解链形成复制叉,形成引发体及合成引物。复制不是在基因组上的任何部位都可以开始的,而是有一个固定的复制起始点。该段 DNA 的碱基组成以 A、T 为主,称为富含 AT 区,在 DNA 双链中 AT 配对多的部位容易解链。解链首先 DnaA 识别起始点,然后在解链酶、拓扑异构酶、单链结合蛋白以及其他蛋白质共同参与使 DNA 双链解开形成复制起始点,复制点的形状像一个叉子,所以又称为复制叉。含有解螺旋酶(DnaB)、DnaC 蛋白、引物酶(DnaG)和 DNA 复制起始区域的复合结构称为引发体。引发体的蛋白质组分在 DNA 链上移动,需由 ATP 提供能量。在适当位置上,引物酶依据模板的碱基序列,从5'→3'方向催化NTP的聚合,生成短链的RNA引物。引物长度约为十几至几十个核苷酸不等。此时就可进入DNA的复制延伸阶段。

（2）复制的延伸

复制的延长指在DNA聚合酶催化下,dNTP以dNMP的方式逐个加入引物或延长中的子链上,其化学本质是磷酸二酯键的不断生成。DNA复制时,以解开的两条单链作为模板,从RNA引物的3'-OH端开始开始复制。由于DNA模板双链的方向相反,而DNA聚合酶只有5'到3'的聚合酶活性,所以DNA的复制只能从5'到3'。因此新合成的两条DNA链走向相反,以从3'→5'方向的母链为模板时,新链复制的方向与解链方向一致,可以连续合成,称为前导链;以从5'→3'方向的母链为模板时,新链复制的方向与解链方向相反,不能顺着解链方向连续延长,这股不连续复制的链称为随从链。随从链复制时有多个复制起点,每个起点都要合成RNA引物,再合成小片段DNA,复制中的不连续的小片段称为冈崎片段。DNA聚合酶把冈崎片段之间的引物切除,然后在连接酶的作用下把两段冈崎片段之间的空隙通过磷酸二酯键连接起来,形成一条完整的DNA链。

（3）复制的终止

原核生物基因是环状DNA,双向复制的复制片段在复制的终止点处汇合。

细菌环状染色体的两个复制叉以相反方向推移,最后在终止区相遇并停止复制。

🔍 **课堂活动**

一些大肠杆菌突变体含有DNA连接酶基因突变,当这些突变体用^{3}H-胸腺嘧啶的培养基培养,产生的DNA用碱性蔗糖梯度做沉降分析,出现两个区带,一个出现在高分量部分,一个在低分子量部分。为什么?

6）真核生物DNA的复制

真核细胞的DNA分子虽然通常比大肠杆菌等原核生物的大,而且组织成复杂的核蛋白形式,但在复制过程中,在RNA引物的切除、空隙的填补及片段的连接等方面也具有共性。与真核生物相比,当然除了一些共性之外,真核细胞生物具有自身的复制特点。首先真核细胞染色体上有多个复制原点,它们可以分段进行复制,从而保证复制的速度。复制从复制起点向两个方向进行,一直到相邻的复制子相遇。随后,RNA引物被去除,由DNA连接酶将两个DNA片段连接起来。其次,真核生物具有称为端粒的末端结构通过不依赖模板的复制来保证线性DNA每次复制变短的问题。

7）逆转录

逆转录是一种特殊的DNA复制方式,主要存在于逆转录病毒中。逆转录病毒的基因组是RNA分子,在感染期间,RNA分子可以逆转录为DNA分子,因此也称为逆转录病毒。DNA再转录生产病毒RNA,或者与宿主DNA分子整合,使病毒潜伏于宿主后代中。将逆转录病毒RNA转换成DNA的最关键酶是逆转录酶。该酶具有RnaseH活性（降解RNA活性）和DNA聚合酶活性。

1970年,H. Temin和D. Baltimore分别从RNA病毒中发现逆转录酶,全称是依赖RNA的

DNA 聚合酶。逆转录酶具有 RNA 或 DNA 作模板的 dNTP 聚合活性和 RNase 活性,作用需 Zn^{2+} 为辅助因子。合成反应也按照 5'→3' 延长的规律。从单链 RNA 到双链 DNA 的生成可分为 3 步(图 12.16):

①逆转录酶以病毒基因组 RNA 为模板,催化 dNTP 聚合生成 DNA 互补链,产物是 RNA/DNA 杂化双链。

②杂化双链中的 RNA 被逆转录酶中有 RNase 活性的组分水解,被感染细胞内的 RNaseH 也可水解 RNA 链。

③RNA 分解后剩下的单链 DNA 再用作模板,由逆转录酶催化合成第二条 DNA 互补链。

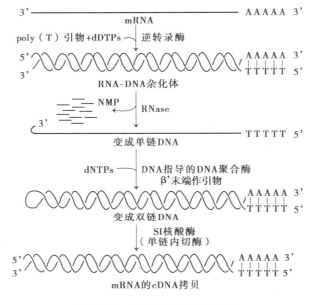

图 12.16　逆转录酶作用示意图

8) DNA 的体外扩增

1985 年 Mullis 发明了体外快速扩增 DNA 的方法,即聚合酶链式反应(PCR)。PCR 技术是一种用于在体外扩增位于两段已知序列之间的 DNA 区段的分子生物学技术。应用该技术可在很短的时间内得到数百万个特异 DNA 序列的拷贝。PCR 法是首先使双链 DNA 在反应液中热变性而分开成单链,然后在低温下与两个引物进行退火,使引物与单链 DNA 配对结合,再在中温下利用 TaqDNA 聚合酶的聚合活性及热稳定性进行聚合(延伸)反应。每经过一次变性、退火、延伸 3 个步骤为一个循环,通过 3 个不同温度的重复循环,在经过约 30 次后,所扩增的特定 DNA 序列的数量可增至 10^6 倍(图 12.17)。

PCR 反应时,在反应体系里除了双链 DNA 模板以外还需加入 Taq 聚合酶、4 种脱氧核糖核苷三磷酸、反应缓冲溶液和对目的序列特异性的 PCR 引物。其中,Taq 聚合酶是一类热稳定性的 DNA 聚合酶,具有 5'→3' 外切酶活性,但无 3'→5' 外切酶活性。PCR 引物需要人工设计和合成,最适长度为 20 ~ 24 个核苷酸。设计引物时尽量选择碱基随机分布的序列,GC 含量尽可能接近 50%,避免因较长的互补序列而形成引物二聚体或发夹结构。

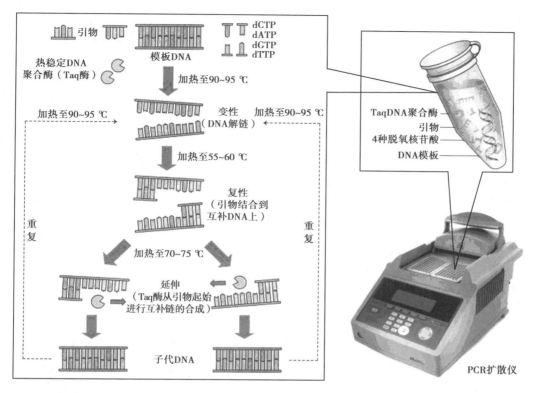

图 12.17　PCR 反应体外扩增 DNA 技术的基本原理

12.3.2　RNA 的生物合成

以 DNA 为模板合成 RNA 的过程称为转录,转录与复制有共同之处,也有区别。

1)转录体系

转录体系所需物质有:

(1)模板

RNA 转录过程中,两条互补的 DNA 链有一条作为 RNA 合成的模板,称为模板链或无义链,在其上以碱基配对的方式合成出 RNA 分子。另一条链称为编码链或有义链。编码链与转录出的 RNA 链碱基序列一样,只是胸腺嘧啶被尿嘧啶所取代。它无转录功能,只能进行复制。RNA 链的转录起始于 DNA 模板的一个特定起点,并在另一终点处终止。此转录区域称为转录单位。一个转录单位可以是一个基因,也可以是多个基因。

(2)原料

4 种核苷三磷酸(ATP、GTP、UTP 和 CTP)作为原料。

(3)蛋白因子

RNA 转录时还需要一些蛋白质因子。

(4)RNA 聚合酶

RNA 聚合酶是依赖 DNA 模板合成 RNA,合成反应以 4 种核苷三磷酸(ATP、GTP、UTP 和 CTP)作为原料,还需要 Mg^{2+} 的参与。RNA 链的合成方向也是 5'→3',反应是可逆的。与 DNA

聚合酶不同的是,RNA 聚合酶无校对功能,RNA 合成无需引物,直接在模板上合成 RNA 链。

大肠杆菌的依赖 DNA 的 RNA 聚合酶是一个大而复杂的酶,它包含 5 个核心亚基($\alpha_2\beta\beta'\omega$)和一个 σ 亚基。这 6 个亚基组成了 RNA 聚合酶全酶。σ 因子易于从全酶上解离,其他的亚基则比较牢固地结合成为核心酶。当 σ 因子与核心酶结合成全酶时,即能起始转录,当 σ 因子从转录起始复合物中释放后,核心酶沿 DNA 模板移动并延伸 RNA 链。可见,σ 因子为转录起始所必需,但对转录延伸并不需要。

真核生物 RNA 聚合酶主要有 3 类。RNA 聚合酶 I 转录 45S rRNA 前体,经转录后加工产生 5.8S、18S 和 28S rRNA。RNA 聚合酶Ⅱ转录所有 mRNA 前体和大多数核内小 RNA(snRNA)。RNA 聚合酶Ⅲ转录 tRNA、5S rRNA、snRNA 等小分子转录物。真核生物 RNA 聚合酶中没有细菌 σ 因子的对应物,因此不能识别和结合到启动子上,必须借助各种转录因子才能选择和结合到启动子上,由转录因子和 RNA 聚合酶装配成活性转录复合物才能起始转录。

除了上述细胞核 RNA 聚合酶外,还有线粒体和叶绿体 RNA 聚合酶,它们分别转录线粒体和叶绿体的基因组 DNA。

2)转录过程

转录的过程主要有起始、延长和终止。

(1)起始

简单来说转录的起始就是 RNA 聚合酶结合到 DNA 模板上,DNA 双链局部解开,第一个 NTP 加入形成转录起始复合物。在原核生物转录的起始阶段,先由 RNA 聚合酶通过 σ 因子识别结合启动子并与模板 DNA 的启动子部位结合。被识别的 DNA 区段就是−35 区的 TTGACA 序列。闭合转录复合体中的 DNA 分子接近−10 区域的部分双螺旋解开,形成开放转录起始复合体。然后转录开始,转录复合体的构象发生改变,并离开启动子。DNA 双链解开的长度通常是 17 bp 左右。转录起始不需要引物,两个与模板配对的相邻核苷酸,在 RNA 聚合酶催化下生成磷酸二酯键就可以直接连接起来。

(2)延长

RNA 聚合酶全酶的σ亚基脱落,RNA 聚合酶核心酶变构,与模板结合松弛,沿着 DNA 模板前移;在核心酶作用下,NTP 不断聚合,RNA 链不断延长。转录起始的第一位,即 5'-端总是三磷酸嘌呤核苷 GTP 或 ATP,其中 GTP 更为常见。当 5'-GTP(5'-pppG-OH)与第二位 NTP 聚合生成磷酸二酯键后,生成 5'-pppGpN-OH-3'。它的 3'端有游离羟基,可以加入 NTP 使 RNA 链延长下去。RNA 聚合酶是沿着模板链的 3'→5'方向或编码链的 5'→3'方向前进。

(3)终止

RNA 聚合酶在 DNA 模板上停顿下来不再前进,转录产物 RNA 链从转录复合物上脱落下来。只有遇到终止子才会引起 RNA 合成的终止。大肠杆菌中至少有两种终止子,即依赖于 ρ 的终止子和不依赖于 ρ 的终止子。ρ 因子终止转录的作用是在特定位点与 RNA 转录产物结合,并沿 5'→3'方向移动,直到与停在终止位点的转录复合物相遇。然后 ρ 因子和 RNA 聚合酶都可发生构象变化,从而使 RNA 聚合酶停顿。ρ 蛋白具有依赖 ATP 的 RNA-DNA 解链酶的活性,使 DNA/RNA 杂化双链分离,利于产物从转录复合物中释放,如图 12.18(a)所示。而不依赖 ρ 因子的终止子都有两个显著的特征。第一个特征是存在一个区域,这个区域所转录的 RNA 在其末端前有一个由 15 ~ 20 个核苷酸组成的能形成发夹结构的自我互补序列,如图 12.18(b)。第二个特征是回文对称区通常有一段富含 GC 的序列,在终点前还有一系列尿苷酸(约有6个)。在聚合酶到达具有这种结构的终止位点时就停止前进。RNA所形成的发夹结构会破坏RNA与RNA聚合酶间的重要相互作用,使转录产物得以释放。

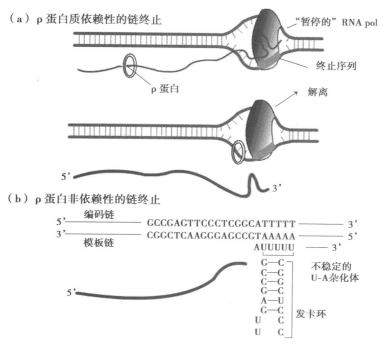

图12.18 依赖于ρ的和不依赖于ρ的终止机制

以大肠杆菌RNA合成为例,RNA合成的起始,延伸和终止过程如图12.19。

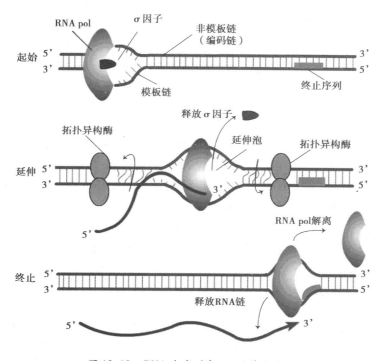

图12.19 RNA合成的起始、延伸和终止

3）RNA 的转录后加工

（1）mRNA 的加工

原核生物的 mRNA 大多不需要加工，一经转录就直接可以进行翻译。但也有少数多顺反子 mRNA 需通过核酸内切酶切成较小的单位，然后再进行翻译。真核生物细胞核结构将转录和翻译过程分隔开，mRNA 在核中产生后需经过一系列复杂的加工过程并转移到细胞质中才能表现出翻译功能。mRNA 的初始转录物是相对分子量极大的前体，在核内加工过程中形成分子大小不等的中间物，被称为核内不均一 RNA。由 hnRNA 转变成成熟 mRNA 的加工过程包括：5'端帽子结构的形成；3'端 polyA 结构的添加；通过剪接除去内含子；链内部核苷的甲基化。

①5'端加帽：真核生物的 mRNA 在转录产物的 5'端含有一个称之"帽子"的稀有的 7-甲基鸟嘌呤核苷酸。这个鸟苷是在 RNA 合成起始以后不久在一种特异的鸟苷酰基转移酶催化下加到转录产物上去的。mRNA 上的 5'帽子对于蛋白质合成的起始是很重要的，同时它可保护 mRNA 转录物不被核酸外切酶降解。

②3'末端多聚腺苷酸化：真核生物 mRNA 的 3'端修饰经过两步反应，由聚腺苷酸聚合酶（PAP）加上大约 20 个腺苷酸的 poly(A)尾巴，这个短的尾巴再通过寡聚腺苷酸结合蛋白刺激 PAP 活性再进一步延伸到大约 200 个腺苷酸。mRNA 初始转录物在 3'端被切断，然后多聚腺苷酸化。聚腺苷酸化反应是一个重要的调节步骤，因为聚腺苷酸尾巴的长度能调节 mRNA 的稳定性和翻译效率。

③mRNA 的内部甲基化：真核生物 mRNA 分子内部往往有甲基化的碱基，主要是 N^6-甲基腺嘌呤（m^6A）。这类修饰成分在 hnRNA 中已经存在。不过也有一些真核生物细胞和病毒 mRNA 中并不存在此甲基化，似乎这个修饰成分对翻译功能不是必要的。据推测，它可能对 mRNA 前体的加工起识别作用。

④mRNA 的剪接：真核生物的编码蛋白质的基因以单个基因作为转录单位，初始转录物中编码基因的序列和非编码序列相间存在。其中的非编码区称为内含子，编码区为外显子。这些基因称为断裂基因。内含子从初始转录物中被除去，外显子被连接起来形成编码具有特定功能的多肽的连续序列，这一过程称为剪接。

（2）rRNA 的加工

原核生物中编码 rRNA 的基因以 16S rRNA-tRNA-23S rRNA-5S rRNA 的顺序排列，它们被转录成 30S 的前体 rRNA 后，经切割形成 rRNA 和 tRNA 前体。然后，经过特异酶的切割，释放出成熟的有功能的 rRNA 和 tRNA。真核细胞中的 45S 的 rRNA 前体加工成 28S、18S、5.8S rRNA，然后进一步组成核糖体的大小亚基。

（3）tRNA 的加工

tRNA 的基因大多都成簇存在，它的前体加工过程包括：由核酸内切酶在 tRNA 两端切断（剪切和剪接）；核酸外切酶逐个切去多余序列进行修剪；核苷酸的修饰（甲基化、还原及脱氨等）和异构化；在 tRNA3'端加上胞苷酸-胞苷酸-腺苷酸（-CCA）。

4）RNA 依赖的 RNA 合成

在有些生物中，RNA 也可以是遗传信息的基本携带者，并能通过复制而合成出与其自身相同的分子。从感染 RNA 病毒的细胞中可以分离出 RNA 复制酶，这种酶是一种依赖 RNA 的

RNA 聚合酶,能以病毒 RNA 做模板合成出 RNA。该酶有 4 个亚基,其中一个亚基是由病毒 RNA 编码的复制酶基因的产物,另外 3 个亚基是宿主蛋白质,通常参与宿主细胞的蛋白质合成,这 3 个宿主蛋白质可帮助 RNA 复制酶定位并与病毒 RNA 的 3' 端结合。新的 RNA 链合成方向也是 5'→3',这和其他所有需要模板的核酸合成反应的机制相同。RNA 复制酶的特异性很高,只对自身病毒 RNA 起作用。一般情况下宿主细胞的 RNA 不会被复制。

12.4　DNA 的损伤与修复

DNA 在复制过程中可能产生错配。DNA 重组、病毒基因的整合及某些物理化学因子,如紫外线、辐射和化学诱变剂等都会对 DNA 造成损伤,甚至使其突变。然而,在一定条件下生物机体能使其受损伤的 DNA 得到修复。

DNA 分子中的碱基序列发生突然而稳定的改变,从而导致 DNA 的复制以及后来的转录和翻译随之发生变化,表现出异常的遗传特性。这种改变称为 DNA 突变或 DNA 损伤。DNA 突变分为自发突变和诱发突变。在自然条件下,没有外界的动因与之关联的突变称为自发突变。这种突变发生的概率很低。由外界因素引起的,如紫外线、辐射等物理化学因子而导致的突变称为诱发突变。根据发生突变的碱基变化可分为碱基对的置换和移码突变。碱基对置换又有两种类型:一种称为转换,即两种嘧啶之间或两种嘌呤之间互换。另一种是颠换,指嘌呤与嘧啶之间的互换。三联体密码子发生突变导致蛋白质中原来的氨基酸被另一种氨基酸取代,称为错义突变。当氨基酸密码子变为终止密码子时,称为无义突变,它导致翻译提前结束而常使产物失活。移码突变是指 DNA 的编码区内插入或缺失非 3 的整倍数的核苷酸而导致该位点后的三联体密码子阅读框架改变,后边的氨基酸都发生错误的突变。

细胞针对这些突变实行一些补救措施,即修复。到目前已经发现的修复系统有 5 种:光修复、切除修复、重组修复、错配修复和 SOS 修复。

12.4.1　光修复

许多类型的损伤不必将碱基或核苷酸切除。如紫外线照射引起的 DNA 分子中同一条链两相邻胸腺嘧啶碱基之间形成的二聚体可以通过 DNA 光解酶吸收的光能来修复。

12.4.2　切除修复

切除修复是指在一系列酶的作用下,将 DNA 分子中受损伤部分切除掉,并以完整的那一条链为模板,合成被切除的部分,然后使 DNA 恢复其正常结构的过程。这是比较普遍的一种修复机制。它对多种损伤均能起修复作用。切除修复包括两个过程:
①由细胞内特异的酶找到 DNA 的损伤部位,切除含有损伤结构的核酸链。
②修复合成并连接。
切除修复可分为碱基切除修复和核苷酸切除修复。

知识链接

细胞切除修复系统和癌症的发生有一定的关系。有一种称为着色性干皮病的遗传病,患者对日光和紫外线特别敏感,往往容易出现皮肤癌。经分析表明,患者皮肤细胞中缺乏核苷酸切除修复有关的酶,因此对紫外线引起的 DNA 损伤不能修复。这说明切除修复系统的障碍可能是癌症发生的一个原因。

12.4.3　重组修复

上述的切除修复过程发生在 DNA 复制之前。然而当 DNA 发动复制时尚未修复的损伤部位也可以先复制再修复。复制酶系跳过损伤部位,在下一个冈崎片段的起始位置或前导链的相应位置上重新合成引物和 DNA 链。随后通过同源重组,从同源 DNA 的母链上将相应的核苷酸序列片段移至子链缺口处,然后用再合成的序列来补上母链的空缺。这种修复机制并未消除 DNA 损伤,只是使其损伤部分不能复制而得到"稀释",去除损伤部位还要靠切除修复。

12.4.4　错配修复

DNA 在复制过程中出现错配,如果新合成链被校正,基因编码信息可得到恢复。但是如果模板链被校正,突变就被固定。细胞错配修复系统能够区分"旧"链和"新"链。链的识别基于 Dam 甲基化酶的作用。即 DNA 的甲基化总是在(5')GATC 序列中的腺嘌呤 N^6 位上。复制后 DNA 的 GATC 序列在短期内(数分钟)处于半甲基化状态。错配修复系统一旦发现错配碱基,即将未甲基化的链切除,并以甲基化的链为模板进行修复合成。

12.4.5　SOS 修复

许多造成 DNA 损伤或抑制复制的因素均能引起一系列复杂的诱导效应,称为应急反应。它是细胞 DNA 受到损伤或复制系统受到抑制的紧急情况下,为求得生存而出现的应急效应。SOS 反应包括诱导效应、细胞分裂的抑制以及溶原性细菌释放噬菌体等。SOS 反应诱导的修复系统包括避免差错的修复和易产生差错的修复。

・**本章小结**・

1. 核苷酸在核苷酸酶作用下水解成核苷和磷酸。核苷又可被核苷酶分解成嘌呤碱或嘧啶碱及糖。嘌呤碱分解代谢的产物为尿酸,尿酸过高会患上痛风,可以用别嘌呤醇来治疗。嘧啶碱分解代谢的产物是氨基异丁酸、二氧化碳和氨。

2. 核苷酸的合成有两种途径,从头合成途径和补救合成途径。嘌呤核苷酸的从头合成途径是利用磷酸核糖、氨基酸、一碳单位及 CO_2 等简单物质为原料,合成嘌呤核苷酸。其合成过程不是先合成嘌呤环,而是先形成 5-磷酸核糖焦磷酸,然后逐步引入各种物质,生成次黄嘌呤核苷酸(形成嘌呤环),然后再转化生成腺嘌呤核苷酸和鸟嘌呤核苷酸。利用体内游离的嘌呤或嘌呤核苷,经过简单的反应,合成嘌呤核苷酸的过程,称为嘌呤核苷酸的补救合成。嘧啶核苷酸的从头合成则是利用谷氨酰胺、二氧化碳等原料先生成嘧啶环,然后再与磷酸核糖连接,生成尿嘧啶核苷酸,再转化成其他嘧啶核苷酸。利用体内游离的嘧啶或嘧啶核苷,经过简单的反应,合成嘧啶核苷酸的过程,称为嘧啶核苷酸的补救合成。

3. 脱氧核苷酸是由相应的核糖核苷二磷酸还原生成。

4. DNA 的复制是一个半保留的,半不连续的复制过程。新生成的 DNA 分子中有一半是新合成的,一半来自原来的母版 DNA;复制过程中新生成的两条链一条是连续合成的,一条是不连续合成的,由冈崎片段连接而成。DNA 复制过程中需要模板、引物、酶及蛋白因子,复制过程包括起始、延伸和终止三个阶段,两条链的合成方向都是从 5' 到 3'。

5. 以 RNA 为模板生成 DNA 称为反转录。

6. 用于在体外扩增位于两段已知序列之间的 DNA 区段的分子生物学技术称为 PCR 技术,扩增过程分为变性、退火及延伸三个阶段,扩增需要模板、引物、TaqDNA 聚合酶及缓冲溶液。

7. 在 DNA 的指导下 RNA 的合成称为转录,转录过程包括起始、延长、终止三个阶段,转录过程需要模板、引物、酶及蛋白因子。初始转录物经过复杂的加工过程才成为成熟的 RNA。

8. DNA 损伤的修复有光修复、切除修复、重组修复、错配修复及 SOS 修复。

 复习思考题

一、名词解释

1. 核苷酸的从头合成　　2. 复制子　　3. 冈崎片段　　4. 半保留复制　　5. 半不连续复制

二、选择题

1. 嘌呤环 1 号位 N 原子来源于(　　)。

　　A. Gln 的酰胺 N　　B. Gln 的 α 氨基 N　　C. Asn 的酰胺 N　　D. Asp 的 α 氨基 N

2. 参与真核细胞线粒体 DNA 复制的 DNA 聚合酶是(　　)。

　　A. DNA 聚合酶 α　　B. DNA 聚合酶 β　　C. DNA 聚合酶 γ　　D. DNA 聚合酶 δ

3. 大肠杆菌 RNA 聚合酶全酶分子中负责识别启动子的亚基是(　　)。

　　A. α 亚基　　　　B. β 亚基　　　　C. β' 亚基　　　　D. σ 因子

4. 在嘌呤环的合成中,向嘌呤环只提供一个碳原子的化合物是(　　)。

　　A. CO_2　　　　B. 谷氨酰胺　　　　C. 甘氨酸　　　　D. 天门冬氨酸

5. 下列关于嘌呤核苷酸从头合成的叙述哪项是正确的?(　　)

A. 嘌呤环的氮原子均来自氨基酸的 α 氨基　　B. 合成过程中不会产生自由嘌呤碱

C. 氨基甲酰磷酸为嘌呤环提供氨甲酰基　　D. 由 IMP 合成 AMP 和 GMP 均由 ATP 供能

6. 关于嘌呤核苷酸从头合成的下列哪种说法是正确的?(　　)

　　A. 嘌呤核苷酸从头合成的主要器官在脑和骨髓

　　B. 从头合成是利用现成的嘌呤碱或嘌呤核苷与 PRPP 在转移酶催化下合成的

　　C. 从头合成是体内提供核苷酸的主要来源

　　D. 补救合成是体内提供核苷酸的主要来源并可以节省能量和氨基酸

7. 下列哪种物质不是嘌呤核苷酸从头合成的直接原料?(　　)

　　A. 甘氨酸　　　　　B. 天冬氨酸　　　　　C. 谷氨酸　　　　　D. CO_2

8. 痛风症患者血中含量升高的物质是(　　)。

　　A. 尿素　　　　　B. NH_3　　　　　C. 胆红素　　　　　D. 尿酸

9. GMP 和 AMP 分解过程中产生的共同中间产物是(　　)。

　　A. XMP　　　　　B. 黄嘌呤(X)　　　　　C. 腺嘌呤(A)　　　　　D. 鸟嘌呤(G)

10. 嘌呤核苷酸补救合成途径的主要器官是(　　)。

　　A. 脑组织　　　　　B. 肝脏　　　　　C. 肾脏　　　　　D. 小肠

11. DNA 在复制中所需的底物是(　　)。

　　A. AMP、GMP、CMP、UMP　　　　　B. dAMP、dGMP、dCMP、dUMP

　　C. dAD、dGDP、dCDP、Dtdp　　　　　D. dATP、dGTP、dCTP、Dttp

12. 下列有关大肠杆菌 DNA 聚合酶 I 的描述,哪项是不正确的?(　　)

　　A. 其功能之一是切掉 RNA 引物,并填补其留下的空隙

　　B. 是唯一参与大肠杆菌 DNA 复制的聚合酶

　　C. 具有 3'→5'核酸外切酶活力

　　D. 具有 5'→3'核酸外切酶活力

13. 关于冈崎片段,下列说法错误的是(　　)。

　　A. 1968 年,日本学者冈崎发现的　　　　　B. 只在随从链上产生

　　C. 是由于复制与解链方向相反而产生的　　D. 是由于 DNA 复制速度太快而产生的

14. 单链 DNA 结合蛋白的作用是(　　)。

　　A. 解开双链　　　　　B. 松弛 DNA 超螺旋

　　C. 稳定和保护单链模板　　　　　D. 合成冈崎片段

15. 关于 DNA 复制的叙述,错误的是(　　)

　　A. 随从链生成冈崎片段　　　　　B. 领头链复制与解链方向一致

　　C. 拓扑酶作用时可能需 ATP　　　　　D. 随从链复制方向是 3'→5'

16. DNA 指导的 RNA 聚合酶由数个亚基组成,其核心酶的组成是(　　)。

　　A. α2ββ'　　　　　B. α2ββ'ω　　　　　C. ααβ'　　　　　D. αββ'

17. 关于 DNA 聚合酶和 RNA 聚合酶,下列说法正确的是(　　)。

　　A. 都以 dNTP 为底物　　　　　B. 都需要 RNA 引物

　　C. 都有 3'→5'核酸外切酶活性　　　　　D. 都有 5'→3'聚合酶活性

18. 关于 DNA 复制和转录,下列说法错误的是(　　)。

　　A. 都以 DNA 为模板　　　　　B. 都需核苷酸为原料

　　C. 遵从 A—T 配对,G—C 配对　　　　　D. 都需依赖 DNA 的聚合酶

三、判断题

1. 利用氨基酸、一碳单位和 CO_2 为原料,首先合成嘌呤环再与 5-磷酸核糖结合而成。

（　　）

2. 嘌呤核苷酸合成时首先合成黄嘌呤核苷酸(XMP),再转变成 AMP 和 GMP。（　　）

3. DNA 半不连续复制是指复制时一条链的合成方向是 5'→3',而另一条链方向是 3'→5'。

（　　）

4. 原核细胞的 DNA 聚合酶一般都不具有核酸外切酶的活性。（　　）

5. DNA 复制与转录的共同点在于都是以双链 DNA 为模板,以半保留方式进行,最后形成链状产物。（　　）

6. RNA 的合成和 DNA 的合成一样,在起始合成前亦需要有 RNA 引物参加。（　　）

7. 合成 RNA 时,DNA 两条链同时都具有转录作用。（　　）

四、问答题

1. 核苷酸具有哪些生理作用?

2. 什么是 DNA 半保留复制? 有什么实验依据?

3. 参与原核生物 DNA 复制的酶和因子主要有哪些? 它们的主要功能是什么?

4. 复制和转录的异同点是什么?

5. 为什么说真核生物的基因是断裂基因?

实训 12.1　PCR 扩增目的基因

一、实训目的

学会 PCR 操作的基本技术。

二、实训原理

将待扩增的 DNA 模板加热变性,与其两侧互补的寡聚核苷酸引物复性,然后经过耐热的 DNA 聚合酶延伸。再进入下一轮变性—复性—延伸的循环,n 次循环后 DNA 可被扩增至 2^n 倍。其中<25 核苷酸的引物退火温度大致 $T_m = 2(A+T) + 4(G+C)$,此退火温度需摸索,选择能有效扩增出目的片段,又尽可能地降低引物与非特异性片段的结合。

三、实训仪器和试剂

(1)仪器

旋涡混合器,微量移液取样器,0.2 mL PCR 微量管,PCR 仪,台式离心机,琼脂糖凝胶电泳系统,水漂,恒温水浴锅。

(2)试剂

Taq DNA 聚合酶,PCR 缓冲液,25 mM $MgCl_2$,dNTP,引物,模板 DNA,无菌超纯水。

四、实训方法和步骤

（1）设计引物

根据目的基因设计特异性引物。

（2）加样

取 1 μL 自己提取的 DNA 模板,加入 9 μL 无菌超纯水稀释。在 0.2 mL PCR 微量离心管中配制 50 μL 反应体系(以下加样量供参考,括号内是最终需要量,实验时需参照 Taq 酶说明书计算)。

表 12.3　PCR 反应体系

超纯水	32 μL
10×PCR buffer	5 μL
25 mM MgCl$_2$	3 μL
2.5 mM dNTP	4 μL(每种 dNTP 终浓度 0.2 mM)
10 μM 上游引物	2 μL(12.5—25pmoles)
10 μM 下游引物	2 μL(12.5—25pmoles)
DNA 模板	1 μL(1×10^{-3} pmoles)
3 U/μL Taq 酶	1 μL(3U)
总体积	50 μL

（3）PCR 反应

根据厂商的操作手册设置 PCR 仪的循环程序。

①94 ℃ 5 min。

②94 ℃ 1 min。

③x ℃ 1 min,x 为退火温度,根据引物序列选择最佳退火温度。

④72 ℃ 2 min。

⑤重复②到④步骤 29 次。

⑥72 ℃ 10 min。

PCR 结束后,取 10 μL 产物进行琼脂糖凝胶电泳。用核酸染料染色后观察胶上是否有预计的主要产物带。

五、思考题

①复性温度如何确定?

②引物过长或过短会有什么影响?

第13章　物质代谢调控

【学习目标】

➤ 掌握酶水平调节的方式、原理。

➤ 熟悉物质代谢的定义及四大物质相互之间的转化关系。

➤ 了解物质代谢调节的方式和水平。

【知识点】

物质代谢定义;四大物质之间的转化关系;物质代谢调节的方式和水平。

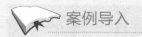

吃糖为什么会长胖

众所周知,肥胖与人们日常生活中摄入脂肪的多少有密切的关系,如果人体摄入的脂肪超过需要量时就会在人体贮存起来。可现实生活中,人们发现不仅摄入过量的脂肪会长胖,摄入过量的糖类也会长胖,这是什么原因呢? 难道糖类在人体内会转化成脂肪吗?

答案是肯定的。

原来机体摄入的糖类在体内分解代谢时会产生大量的能量物质ATP,当摄入的糖类分解代谢产生的ATP浓度达到一定程度时,反过来就会抑制中间代谢物乙酰辅酶A进一步分解代谢,而中间产物乙酰辅酶A正是合成脂肪酸与胆固醇的主要原料,因此大量多余的糖类都转化成脂肪贮存起来了。

因此人就会长胖。

13.1　物质代谢调控概述

13.1.1　物质代谢概述

生物体与外界环境之间不断进行的物质交换称为物质代谢,由分解代谢与合成代谢组成。物质代谢是新陈代谢的重要组成部分,是生命的重要特征,是生命活动的物质基础,物质代谢的过程中伴随着能量代谢。

生物体细胞一方面从外界吸收营养物质,通过消化吸收,将其转化为机体自身的组成成分,称为合成代谢(同化作用);另一方面生物体将自身的组成成分分解并加以利用,称为分解代谢(异化作用)。在上述的代谢过程中,生物体内的各种物质之间就存在着相互的转化,现就生物体内的四大生物大分子之间的转化作一概述。

13.1.2　物质代谢的相互关系

1)糖类与脂类的联系

在生物体内,当生物体摄入的糖类过量时,少量的葡萄糖可以转化为糖原储存起来,但是糖原的生成是有限的,过量的葡萄糖不管是在有氧或者无氧分解过程中,均会产生重要的中间代谢产物乙酰辅酶 A,而乙酰辅酶 A 又是胆固醇及脂肪酸合成的原料,所以过量的糖类就大量的转化为了脂肪。

脂肪在生物体内降解的过程中会产生甘油及脂肪酸,其中甘油作为糖异生的前体可以生成葡萄糖,而脂肪酸氧化分解的产物乙酰辅酶 A 却并不能转化为丙酮酸,因为生物体内丙酮酸氧化脱羧反应是不可逆的,所以脂肪酸不能大量的转化为糖类。

总之,在生物体内糖类可以大量的转化为脂肪,而脂肪却不能大量的转化为糖类。

知识链接

鹅肝是法国大餐中的顶级美食,口感细腻入口即化,但昂贵的价格却让普通人难得一品其美味,而实际上鹅肝所使用的原料就是鹅所形成的脂肪肝。为了获取鹅的脂肪肝,每天早中晚,农场主会把过量的玉米等饲料通过管道强行塞到成年鹅的胃里,使鹅摄取的食物中的糖类远远大于自身的需要量,过多的糖类在鹅体内就会转化为脂肪,18 天以后,一副比正常鹅肝肿大 6～10 倍的脂肪肝就"大功告成"。这种病态肥胖的鹅肝,被用来制造法国的顶级鹅肝美味。利用这种方法得到鹅肝,对于动物来说是异常残忍的,因而受到很多国家和人民的抵制。

2) 糖类与蛋白质的联系

生物体内的非必需氨基酸可由生物体内糖代谢过程中产生的一些 α-酮酸,如丙酮酸,α-酮戊二酸,草酰乙酸等通过转氨基作用生成。但是必需氨基酸则只能由食物获得,而不能在生物体内合成。

生物体内生糖氨基酸脱去氨基后可以生成 α-酮酸,进而转化为糖类。如丙氨酸脱氨生成丙酮酸,进一步生成葡萄糖。所以当生物体内糖类缺乏时,蛋白质在一定程度上可以替代糖类,为生物体提供少量的能量;而为了生成糖类,生物体就会动用体内或者器官中的蛋白质,从而对器官造成危害。减肥节食的危害就与这种蛋白质的消耗有关。

当生物体同时摄入糖类和蛋白质时,其需要的能量主要由糖类提供,从而减少蛋白质的消耗,这种现象生理学上称为糖类节约蛋白质的作用。

 课堂活动

蛋白质作为生物体最重要的营养物质,既可以作为生物体的组成成分,又可以为生物体提供能量。那早餐的时候,食物中是否只含蛋白质就可以了? 这样做是否合理,为什么?

3) 蛋白质与脂类的联系

无论是生糖或生酮氨基酸在生物体内分解后均可以产生乙酰辅酶 A,而乙酰辅酶 A 作为胆固醇及脂肪酸合成的原料,进而可以转化为脂肪。除此之外,氨基酸还可以作为合成磷脂的原料,如丝氨酸可分别用于合成脑磷脂和卵磷脂。

脂肪水解产生的甘油可以转化生成磷酸甘油醛,再通过糖酵解途径可以生成丙酮酸,丙酮酸又可以生成其他 α-酮酸,这些酮酸可转化生成非必需氨基酸。但是脂肪分子中甘油所占比例很小,所以从甘油转变成氨基酸的量也很少。而脂肪水解产生的脂肪酸几乎不转化生成的氨基酸。

4) 核酸与蛋白质、糖类及脂类代谢的相互联系

氨基酸是体内合成核酸的重要原料,如甘氨酸、天冬氨酸、谷氨酰胺及一碳单位等是嘌呤合成的重要原料,同时天冬氨酸、谷氨酰胺及一碳单位也是合成嘧啶的原料,而一碳单位又来自于某些氨基酸的代谢。核酸几乎参与蛋白质的合成的全过程,而核酸的复制及转录中又需要一些蛋白因子的参与。核苷酸合成所需的戊糖则来自于磷酸戊糖途径。

作为核酸基本组成单位的核苷酸在物质代谢中起着重要的作用:如作为生物体通用能源的 ATP,能与 ADP 相互转化,从而实现贮能和放能,从而保证细胞各项生命活动能量的供应。此外,核苷酸也是体内许多辅酶,如辅酶 A、FMN、FAD、辅酶 I、辅酶 II 等的组成成分。

总之,糖类、脂类、蛋白质及核酸等物质在生物体内的代谢是相互联系、相互影响、相互转化、相互制约,四大类物质的代谢关系如图 13.1 所示。其中三大营养物质具有共同的代谢中间产物乙酰辅酶 A,然后进入共同的代谢枢纽三羧酸循环,从能量供应的角度看,三大营养物质可以互相代替,互相制约,但是一般供能以糖类及脂类为主,尽量避免蛋白质的消耗。

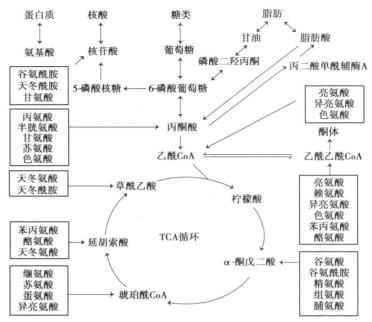

图 13.1　糖类、脂类、蛋白质及核酸代谢的相互关系示意图

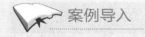 案例导入

恶狗为什么吓死兔子

　　据报道,2011 年 8 月 7 日浙江温岭海新村,3 只恶狗闯进了一养兔场,结果造成将近 1000 只兔子在这场意外中死掉了,只剩 500 多只活着。结果清理的时候,发现有将近 400 只兔子的身上,能找到狗的牙印;剩下将近 600 只兔子,身上什么伤都没有。那么身上没有伤口的兔子是怎么死掉的呢?

　　原来很多在自然环境中处于弱势的动物,在受到惊吓后,都会有不同程度的神经过敏现象,这种现象在科学上称为"应激反应"。比如兔子,一旦遇到剧烈的声响或者突发情况,肾上腺素就会突然大量分泌,交感神经处于极度兴奋状态,心跳急速加剧,体内各项指标也急剧上升。体内肾上腺素短时间内超量分泌,有可能会让这些身体弱小的动物身体难以承受,最终引发器官功能障碍,导致一系列后果,甚至死亡。

13.2　物质代谢调控的方式

　　生物体作为一个统一的有机体,其内部的各种物质的代谢是互相联系,又互相制约,存在一套完整的代谢调控网络,在不同水平上控制、协调生物体内各种物质的代谢,使生物体内的物质代谢有序进行并保持在合理的水平,从而使生命活动能够正常进行。生物体物质代谢调节在神经水平、激素水平、细胞水平三种不同的水平上进行。

13.2.1　神经水平的代谢调节

高等生物具有复杂的神经系统,其代谢调节都处于神经系统的控制之下。神经系统既可以直接通过神经纤维及神经递质对靶细胞的直接作用而控制代谢活动,还可以通过影响内分泌腺分泌激素以及各种激素的相互协调而间接控制新陈代谢的进行。

神经调节作用往往具有整体性,协调整个代谢途径,作用效果短而快;而激素调节往往是局部的,通常只调节部分代谢,其作用效果缓慢而持久。下面以常见的饥饿及应激为例来说明神经系统的调节作用。

1) 饥饿

(1) 短期饥饿

当人体处于短期饥饿时(1~3 d),糖原消耗,血糖降低,胰岛素分泌减少,胰高血糖素分泌增加,两种激素分泌量的变化就引起一系列的代谢反应:蛋白质分解代谢加强,氨基酸异生成糖;糖异生加强,组织对葡萄糖的利用降低;脂肪动员加强,酮体生成增多。

(2) 长期饥饿

蛋白质分解减少以保证机体正常的生理活动;肝肾糖异生增强,糖异生的原料是乳酸和丙酮酸;脂肪动员进一步增强,脑组织利用酮体增加。

2) 应激

应激指人或生物体受到异常刺激时,比如,创伤、剧痛、中毒、感染及剧烈情绪波动等,所做出的一系列反应的"紧张状态"。这时交感神经兴奋,肾上腺激素及皮质激素增多,胰高血糖素、生长激素分泌增多,胰岛素分泌减少,从而引起一系列的代谢变化:血糖升高;脂肪动员增强;蛋白质分解增强。

13.2.2　激素水平的代谢调节

激素是生物体内特殊组织或腺体产生的,直接分泌到体液中,通过体液运送到特定作用部位,从而引起特殊激动效应的一群微量有机化合物。按其化学本质,可将激素分为蛋白类激素(如胰岛素、生长激素)和多肽类激素(如胰高血糖素、催乳素),氨基酸衍生物激素(如肾上腺素、甲状腺素等),类固醇激素(如雌激素、雄激素)以及脂肪族激素(前列腺素)4类。

激素要想发挥调节代谢的作用,首先要与一种特异的蛋白质结合,这种特殊的蛋白质称为受体。不同的激素通过不同的作用方式来实现其生理功能。蛋白质、多肽类激素以及前列腺素首先与靶细胞膜上的特异性受体结合,从而改变细胞膜内侧腺苷酸环化酶的活性。腺苷酸环化酶催化 ATP 转变为 cAMP,cAMP 携带着激素的信息完成激素所产生的各种生理效应。如果把激素看为第一信使,那么 cAMP 可以看为第二信使。而类固醇激素则是一类多环有机化合物,这类分子能够通过细胞膜屏障而进入细胞内,这类激素的受体不在细胞膜上,而是在细胞内。进入靶细胞的激素与胞内的受体结合,形成激素-受体复合物,并转移至细胞核,该复合物直接作用于染色质,进而影响染色质上特定部位基因的表达,从而控制蛋白质的合成和决定细胞的生长和分化。

13.2.3 细胞水平的代谢调节

细胞水平的物质代谢调节是基于酶在细胞内的区域性分布及通过酶与代谢物的相互作用来改变酶促反应速度,这种代谢调节方式主要是在酶水平上进行的,所以也称为"酶水平调节","酶水平"的调节机制在酶促反应的众多影响因素(代谢底物、代谢产物、酶等)中影响是最大的,是代谢最关键的调节。酶与代谢物的相互作用主要通过两种方式:一种是通过激活或者抑制来改变酶分子的催化活性;另一种是通过影响酶分子的合成或降解来改变酶分子的含量。前者对酶促反应起到快速调节作用,后者对酶促反应起到慢速调节作用。细胞内酶的区域性分布进一步强化了细胞对代谢的调节和控制。

1)酶的区域性分布

真核细胞与原核细胞相比具有更为复杂的内膜系统,这些内膜系统将催化细胞内反应的酶隔离在不同的空间区域内(表13.1),从而将细胞内的反应在时间和空间上分开,避免了各种代谢途径的互相干扰。所以细胞内酶催化的物质代谢反应才能得以有条不紊,互不干扰的进行,相互协调和制约,受到精确调节。

表13.1 细胞内酶的区域性分布

酶系	胞内分布	酶系	胞内分布
三羧酸循环	线粒体	脂肪酸合成	胞液
氧化磷酸化	线粒体	胆固醇合成	内质网、胞液
呼吸链	线粒体	磷脂合成	内质网
糖酵解	胞液	DNA 和 RNA 合成	细胞核
磷酸戊糖途径	胞液	蛋白质合成	内质网、胞液
糖异生	胞液	水解酶	溶酶体
糖原合成	胞液	尿素合成	线粒体、胞液
脂肪酸 β 氧化	线粒体	血红素合成	线粒体、胞液

2)酶活性调控

生物体内物质代谢途径由一系列酶促反应组成,在反应中酶为生物催化剂,可以调节物质代谢的速度、方向及其途径。一个酶促反应通常由多种酶催化,而其反应速度及方向则由其中的关键酶决定,所以物质代谢的调节主要通过对关键酶的活性调节来实现。酶活性的调控主要通过酶的变构调节及酶的化学修饰来进行,是酶促反应的一种快速调节方式。

(1)反馈与酶的变构调节

在酶促反应体系中,要调节代谢反应速度,往往不需要改变全部参与反应的酶的活性,只需要改变关键酶的活性即可,所以关键酶又称为限速酶。通过关键酶的调节可以经济有效地调节整个代谢反应体系的进行,防止过多中间代谢物及终产物的积累。同时酶的活性往往反过来也受到代谢终产物的抑制,这种抑制称为反馈抑制。凡能使反应加快的称为正反馈,凡能使反应减慢的称为负反馈。

 课堂活动

代谢终产物对催化反应的酶往往具有反馈抑制作用,那么我们在利用微生物发酵制药时怎样利用这一性质来提高药物的产量?

关键酶活性的调节主要是通过变构调节进行的。所谓变构调节就是指一些底物、终产物及小分子物质可与酶的活性中心以外的部位特异性结合,从而引起酶蛋白分子构象变化,进而引起酶的活性发生变化。这种通过改变构象来改变活性的酶就称为变构酶或别构酶,而使酶发生变构效应的物质称为变构效应剂,其中引起酶活性增加的效应剂称为变构激活剂;引起酶活性降低的效应剂称为变构抑制剂。

变构酶通常由两个亚基组成:一个是催化亚基,通过与底物结合,催化反应进行;另一个是调节亚基,通过与效应剂结合,对反应起调节作用。当酶促反应终产物达到一定浓度的时候,终产物与调节亚基结合,引起酶构象发生变化,酶不能再与底物结合,于是反应减慢或停止。如天门冬氨酸转氨基甲酰酶就是一种变构酶,可以调节 CTP 及蛋白质的合成,CTP 过量时对其有反馈抑制作用。

(2)酶的化学修饰调节

酶分子上某些基团在酶的催化作用下发生可逆的共价修饰调节,从而引起酶活性的改变(激活或抑制),这种调节方式称为酶的化学修饰。常见的化学变化有磷酸化/脱磷酸化、甲基化/脱甲基化、乙酰化/脱乙酰化、腺苷化/脱腺苷化以及-SH 与-S-S-互变等。其中以磷酸化/去磷酸化最为常见,酶蛋白中的丝氨酸、苏氨酸及酪氨酸的羟基是磷酸化的作用位点(图 13.2)。

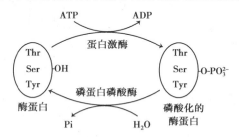

图 13.2 酶的磷酸化与脱磷酸化

酶蛋白的共价修饰是可逆的酶促反应,在不同酶的作用下,酶蛋白的活性状态可互相转变。如肝脏中的磷酸化酶 a 和 b,其中 a 型具有活性,b 型没有活性。无活性的 b 型在激酶和 ATP 的作用下,多肽链上丝氨酸残基的羟基磷酸化,变为有活性的磷酸化酶 a。

催化互变反应的酶在体内可受调节因素如激素的调控,具有放大效应,效率较变构调节高。酶的共价修饰是连锁进行的,一种酶发生共价修饰后,被修饰的酶又可以作用于另一种酶,每修饰一次,就形成一次放大效应,从而形成级联放大效应,迅速实现生理效果。

3）酶含量调控

酶含量的调节主要通过调节酶分子的合成或降解来进行。相对于酶活性的快速调控,酶含量对酶促反应的调控缓慢而持久。

（1）酶蛋白合成的诱导与阻遏

酶的合成是基因表达的结果,基因表达的调节可以发生在转录水平(转录前、转录、转录后)以及翻译水平(翻译以及翻译后)。原核生物由于基因和染色体结构比较简单,基因表达的调节主要发生在转录水平,真核生物由于存在细胞核和细胞器的分化,所以基因表达往往在不同水平上都需要进行调节。基因的表达和酶的合成受到底物、产物等多种物质的影响:一般将加速酶的合成的化合物称为诱导剂,减少酶合成的化合物,称为阻遏剂。诱导剂和阻遏剂对酶的合成表现出来两种效应:诱导与阻遏。

酶的诱导剂主要有底物、激素和药物。对于微生物而言,底物作为酶类的诱导剂,起着非常重要的作用:如以乳糖作为微生物的唯一碳源时,受到乳糖的诱导,β-半乳糖苷酶得以大量的合成。而对于高等动物而言,其体内的激素,同样对酶的合成起着重要的诱导作用:例如糖皮质激素能诱导一些氨基酸分解酶和糖异生关键酶的合成;胰岛素则能诱导糖酵解和脂肪酸合成途径中关键酶的合成。除此之外,很多药物和毒物可以促进肝细胞微粒体中单加氧酶或其他一些药物代谢酶的诱导合成,从而使药物失活,具有解毒作用。受到诱导剂诱导而大量合成的酶称为诱导酶。

知识链接

将两种代谢物投于微生物进行培养时,如果有一种底物的代谢所需酶系必须经过诱导才能形成,则该种微生物的生长分为两个阶段,这种现象称作二次生长。如细菌在含有葡萄糖和乳糖的培养基上生长时,细菌首先利用葡萄糖,葡萄糖用完以后才开始利用乳糖。之所以出现这一现象是因为葡萄糖是结构酶催化利用的,乳糖是诱导酶催化利用的。微生物优先利用结构酶催化的糖类,并抑制诱导酶的产生。只有当第一种糖用完后,第二种糖才能诱导产生诱导酶而利用第二种糖。

酶的阻遏主要包括降解物阻遏、自身阻遏以及终产物阻遏,对应的阻遏剂分别是降解物、自身以及终产物。如细菌在含有葡萄糖和乳糖的培养基上时,通常先利用葡萄糖而不利用乳糖,同时葡萄糖抑制 β-半乳糖苷酶的诱导合成,葡萄糖的这种效应称为葡萄糖效应。因为葡萄糖可由乳糖降解产生,因此又称降解物阻遏。

（2）酶蛋白降解

改变酶蛋白的降解速度也能调节胞内酶的含量。降解蛋白质的蛋白水解酶主要存在于溶酶体中,故凡能改变蛋白水解酶活性或者影响蛋白水解酶从溶酶体中释放速度的因素,都会间接影响到蛋白质的降解速度。除了溶酶体,细胞中还存在着蛋白酶体,由多种蛋白水解酶组成,当蛋白质与细胞内的泛素结合后,即蛋白质被泛素化后,很快被蛋白水解酶水解。通过酶蛋白降解来调节酶的含量远不如酶的诱导和阻遏重要。

·本章小结·

1. 生物体与外界环境之间不断进行的物质交换称为物质代谢。其是生命活动的物质基础。

2. 生物体内糖类、脂类、蛋白质及核酸之间存在着互相联系、互相转化的紧密关系。

3. 生物体物质代谢的调节方式:神经水平、激素水平及细胞水平。

4. 细胞水平的调节是物质代谢最关键的调节方式。调节手段包括:酶的区域性分布、酶活性调节及酶含量调节。

 复习思考题

一、名词解释

1. 诱导酶　　2. 反馈抑制　　3. 限速酶　　4. 共价修饰　　5. 糖类节约蛋白

二、选择题

1. 磷酸化酶通过接受或脱去磷酸基而调节活性,因此它属于(　　)。

　　A. 别(变)构调节酶　　　B. 共价调节酶　　　C. 诱导酶　　　　　D. 同工酶

2. 下列有关糖、脂肪和蛋白质互变的叙述中,错误的是(　　)。

　　A. 脂肪中甘油可转变为糖　　　　　B. 糖可转变为脂肪

　　C. 脂肪可转变为蛋白质　　　　　　D. 蛋白质可转变为糖

3. 糖酵解中,下列哪一个酶催化的反应不是限速反应?(　　)

　　A. 丙酮酸激酶　　　B. 磷酸果糖激酶　　C. 己糖激酶　　　D. 磷酸丙糖异构酶

4. 酶合成的调节不包括下列哪一项?(　　)

　　A. 转录过程　　　B. RNA 加工过程　　C. mRNA 翻译过程　　D. 酶的激活作用

5. 关于共价调节酶下列哪项说法是错误的?(　　)

　　A. 都以活性和无活性两种形式存在　　　B. 常受到激素调节

　　C. 能进行可逆的共价修饰　　　　　　　D. 是高等生物特有的调节方式

6. 被称作第二信使的分子是(　　)。

　　A. cDNA　　　　　B. ACP　　　　　C. cAMP　　　　D. AMP

7. 利用磷酸化来修饰酶的活性,其修饰位点通常在下列哪个氨基酸残基上?(　　)

　　A. 半胱氨酸　　　B. 苯丙氨酸　　　C. 赖氨酸　　　D. 丝氨酸

8. 将乳糖加到以葡萄糖为碳源的大肠杆菌培养基中,则大肠杆菌细胞内参与乳糖代谢的酶(　　)。

　　A. 将被合成,但没有活性

　　B. 将不被合成,因为在葡萄糖存在时,有分解物阻遏作用

　　C. 将部分地被合成,接着在翻译水平上被中断

　　D. 将不受影响,无论葡萄糖存在与否

9. 作用于细胞内受体的激素是(　　)。

A. 类固醇激素　　　　　B. 肾上腺素　　　　　C. 肽类激素　　　　　D. 蛋白质类激素

10. 酶化学修饰的主要方式是(　　)。

A. 磷酸化/脱磷酸化　　　　　　　　B. 甲基化/脱甲基化

C. 乙酰化/脱乙酰化　　　　　　　　D. 腺苷化/脱腺苷化

三、判断题

1. 分解代谢和合成代谢是同一反应的逆转,所以它们的代谢反应是可逆的。　　　(　　)

2. 酶合成的诱导和阻遏作用都是负调控。　　　(　　)

3. 与酶含量调节相比,对酶活性的调节是更灵敏的调节方式。　　　(　　)

4. 酶的共价修饰能引起酶分子构象的变化。　　　(　　)

5. 共价调节是指酶与底物形成一个反应活性很高的共价中间物。　　　(　　)

四、问答题

1. 简述糖代谢与脂类代谢的相互关系。

2. 简述细胞调节的方式。

3. 简要说明什么是"分解代谢产物阻遏效应"?

4. 俗话说"狗急跳墙",意思是在紧急情况下,人和动物可以在短时间内,体内释放出大量的能量,试从分子水平解释这是为什么?

实训 13.1　脂肪转化为糖的定性实验

一、实训目的

① 了解生物体内脂肪转化为糖的基本原理和生理意义。

② 掌握脂肪转化为糖的定性检验方法。

二、实训原理

糖代谢、脂肪代谢和蛋白质代谢是相互联系的,三类物质可以互相转化。本实验以休眠的花生种子和花生的黄化幼苗为材料,以斐林试剂法定性地了解花生种子内贮存的大量的脂肪转化成为黄化幼苗中还原糖的现象。

三、实训仪器和试剂

(1)仪器

试管及试管架、试管夹、研钵、白瓷板、烧杯(100 mL)、小漏斗、吸量管、吸量管架、量筒、水浴锅、铁三脚架、石棉网。

(2)试剂

斐林试剂:试剂 A:将 34.5 g $CuSO_4 \cdot 5H_2O$ 溶于 500 mL 蒸馏水中,加入 0.5 mL 浓 H_2SO_4 混匀;试剂 B:将 125 g 氢氧化钠和 137 g 酒石酸钾钠溶于 500 mL 水中,混匀;临用时将试剂 A 与试剂 B 等量混合。

碘试剂:将碘化钾 2 g 及碘 1 g,溶于 100 mL 水中,混匀。

四、实训材料

花生,花生的黄化幼苗。

五、实训方法和步骤

①取花生 5 粒,黄化幼苗 5 棵。花生用剪刀剪碎,加适量蒸馏水研成浆状。黄化幼苗用剪刀剪碎,不加蒸馏水研成浆状。

②取两种浆状物少许,分别放入白瓷点滴板孔内,各加 1 滴碘试剂,观察有无蓝色产生。

③将余下的两种浆状物分别放入两个小烧杯中,各加 15 mL 蒸馏水煮沸,冷却后过滤,取两种滤液各 1 mL,分别放入两支试管中,每管加入 2 mL 斐林试剂,放入沸水浴中煮 2~3 min,观察哪一管有砖红色沉淀出现。

六、实训注意事项

花生的黄化幼苗要在 25 ℃暗室中培养。

七、思考题

①了解生物体内脂肪转化为糖的基本原理和生理意义。

②步骤②中,有蓝色产生的实验材料是什么?请分析原因。

③步骤③中,出现砖红色沉淀的试管是哪一管?请分析原因。

第14章 基因工程

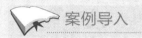【学习目标】

  ➤ 掌握基因工程的基本概念、原理及其操作工具。

  ➤ 熟悉基因工程操作的步骤。

  ➤ 了解基因工程的应用和前景。

【知识点】

基因工程概念;载体;工具酶;表达系统;目的基因的获得;载体构建;重组载体的导入;重组 DNA 的筛选;外源基因的表达;基因工程的应用。

案例导入

重组胰岛素的诞生

胰岛素是人体调控血糖浓度的最重要的一种激素,可以促进肝脏细胞和肌肉细胞将葡萄糖转化为糖原,临床上主要用于糖尿病的治疗。1921 年胰岛素第一次从动物体内被分离提取出来,当时猪和牛是胰岛素的主要来源。1978 年,美国基因泰克和希望之城国家医疗中心首次采用重组 DNA 技术生产出可以大量制造的合成胰岛素。他们首先分离出单链的前体胰岛素原的基因,然后插入大肠杆菌的 DNA。用细菌或酵母作为微型"工厂",合成了人工重组 DNA 胰岛素。

14.1 基因工程概述

14.1.1 基因工程

基因工程又称 DNA 重组技术,是以分子遗传学为理论基础,以分子生物学和微生物学的现代方法为手段,将不同来源的基因按预先设计的蓝图,在体外构建重组 DNA 分子,然后导入活细胞,以改变生物原有的遗传特性,获得新的基因型,生产新产品。基因工程技术为基因的结构和功能的研究提供了有力的手段。

它是用人为的方法将所需要的某一供体生物的遗传物质——DNA 分子提取出来,在离体条件下用适当的工具酶进行切割后,把它与作为载体的 DNA 分子连接起来,然后与载体一起导入某一更易生长、繁殖的受体细胞中,以便让外源物质在其中"安家落户",进行正常的复制和表达,从而获得新物种的一种崭新的技术。

14.1.2 工具酶

基因工程的每一个关键步骤都需要特定酶的参与。基因扩增需要 DNA 聚合酶;基因切割需要限制性核酸内切酶;DNA 的连接需要 DNA 连接酶;DNA 的末端修复需要 DNA 外切酶、多核苷酸激酶、碱性磷酸酶或末端转移酶等。DNA 聚合酶在第 2 章已介绍过,下面就其余几种工具酶的特性、功能和用途作一简介。

1) 限制性核酸内切酶

基因重组涉及最多的还是 DNA 双链的切割和连接。尤其需要在 DNA 的某一已知序列处切开。因此能定点切割 DNA 双链的内切酶就成为基因操作中最有用的酶类之一,这类酶被称为限制性核酸内切酶。限制性核酸内切酶主要是从原核生物中分离纯化出来的。它们是一类能够识别双链 DNA 分子中的某种特定核苷酸序列(一般为 4~8 bp),并在某位点切割 DNA 双链的核酸内切酶。限制酶在特定切割部位进行切割时,按照切割的方式,又可以分为错位切和平切两种。错位切一般是在两条链的不同部位切割,中间相隔几个核苷酸,切下后的两端形成一种回文式的单链末端,这个末端能与具有互补碱基的目的基因的 DNA 片段连接,故称为黏性末端。另一种是在两条链的特定序列的相同部位切割,形成一个平头无黏性末端的平口(图 14.1)。

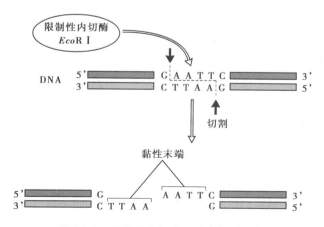

图 14.1 限制性内切酶识别和切割方式

2) DNA 连接酶

要将不同来源的 DNA 片段组成新的杂种 DNA 分子,必须将它们彼此连接并封闭起来。

能将两段 DNA 拼接起来的酶称为 DNA 连接酶。

基因工程中常用的连接酶有大肠杆菌 DNA 连接酶和 T4 噬菌体 DNA 连接酶。大肠杆菌连接酶能够催化两个双链 DNA 片段紧靠在一起的 3'-OH 和 5'-P 基团形成磷酸二酯键。这种酶实际上封闭双螺旋 DNA 上出现的单链切口,而不能填补单链缺口。因此大肠杆菌的 DNA 连接酶只能连接黏性末端退火后形成的瞬时单链切口,它利用 NAD^+ 作为能源,最适反应温度为 37 ℃,但在体外这个温度下黏性末端配对的几个碱基很不稳定。所以人们往往把反应温度控制在 4 ~ 16 ℃,并适当延长反应时间。

T4 噬菌体 DNA 连接酶利用 ATP 提供能量。它既可以连接双链 DNA 的黏性末端,又可以连接双链 DNA 的平末端,但平末端的连接效率比较低。

14.1.3　载体系统

1) 载体的特性

基因工程的目的是要把外源基因转入受体细胞,并使它在受体细胞中得到扩增或表达。然而外源 DNA 片段很难进入细胞,即使进入了细胞,由于它们不带有能在受体细胞中启动复制的复制起始系统,不能进行复制和功能的表达。这样,人们就想到可以对细菌质粒、噬菌体 DNA 或病毒 DNA 进行改造,在保留其转移和扩增能力的基础上,添加能携带人工插入的外源 DNA 片段的位点,把它们改造成可控制的、能携带外源基因转入受体细胞并能维持生存的媒介,这种工具称为载体。

载体必须要具备以下 5 个方面的基本要求:

①具有自主复制能力。

②带有选择性标记。

③含有多种限制性内切酶的单一识别序列(即多克隆位点),以供外源基因插入。

④除保留必要序列外,载体应尽可能小,便于导入细胞和进行繁殖。

⑤使用安全。

2) 载体的分类

载体以应用目的不同可分为克隆载体和表达载体。以宿主细胞的不同可划分为原核生物载体、植物载体和动物载体。根据载体 DNA 的来源又可分为质粒载体、噬菌体载体、病毒载体等。

克隆载体通常是适用于外源基因在受体细胞中复制扩增的载体,常由质粒 DNA 改造而成,特殊的要求时才用噬菌体构建。质粒是染色体 DNA 以外的双链、闭合环状 DNA 分子,能够自我复制。主要存在于细菌、放线菌、真菌等细胞内,在胞内通常具有一定的拷贝数。根据其在胞内拷贝数的多少,将其分为以下两种类型:

①严谨控制型:每个细胞内只有 1 个或几个质粒分子。

②松弛控制型:在一个细胞内有许多拷贝,一般在 20 个以上。

表达载体是适合在受体细胞中表达外源基因的载体,包括原核细胞表达载体和真核细胞表达载体。它们的共同点是:都有强启动子;外源基因插入后有正常的阅读框架;外源基因下游有不依赖于 ρ 因子的转录终止子。

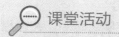

课堂活动

根据载体的结构,谈谈你对转基因食品安全性的认识?

14.1.4　宿主系统

带有外源目的基因的载体,必须导入适当的宿主细胞中才能进行繁殖并获得预期的表达。目前,以微生物为宿主细胞的基因工程在技术上最为成熟,在生物制药中也得到广泛的应用。现有的重组克隆载体受体系统主要有大肠杆菌系统、酵母系统、枯草杆菌系统。作为基因工程的宿主细胞,必须具备以下特性:

①具有接受外源 DNA 的能力,为感受态细胞。

②宿主细胞必须无限制酶。

③宿主细胞应为 DNA 重组缺陷型。

④宿主细胞应易于生长和筛选,克隆载体的选择标志必须与之匹配。

⑤符合安全标准,通常工程菌的生长都必须依赖人工培养基,在自然界不能独立生存。

14.2　基因工程的流程

一个完整的 DNA 克隆过程应包括:目的基因的获取;重组载体的构建;重组载体导入宿主细胞;重组克隆的筛选;克隆基因的表达等。

14.2.1　目的基因的获取

从基因组里分离纯化出所需要的特定基因即目的基因,这是基因工程能否成功的先决条件。获取目的基因的方法主要有 4 种:化学合成法、基因文库法、聚合酶链式反应(PCR)法及 cDNA 文库法。

1)化学合成法

如果已知某种基因的核苷酸序列,或根据某种基因产物的氨基酸序列推导出为该多肽链编码的核苷酸序列,可以利用 DNA 合成仪通过化学合成法合成目的基因。一般用于小分子活性多肽基因的合成。已发展出来的寡聚核苷酸片段的化学合成方法有:磷酸二酯法、磷酸三酯法、亚磷酸三酯法、固相合成法和自动化法等。目前基因的自动化法合成方法已得到广泛的应用,全自动核酸合成仪一次可以合成 100 ~ 200 bp 长的 DNA 片段,将这些合成的 DNA 片段连接即可得到完整的基因。由于化学合成法成本较高,所以往往仅用于小分子量基因的合成或者科学研究。

2)基因文库法

基因文库是指整套由基因组 DNA 片段插入克隆载体获得的分子克隆之总和。在理想情况下基因文库应包含基因组的全部遗传信息。基因文库的构建(以 λ 噬菌体载体为例),大致可以分为 5 个步骤:

①染色体 DNA 的片段化,经常用 *Mbo* I 和 *Sau*3A 等限制酶。

②载体 DNA 的制备。

③体外连接与包装。

④重组噬菌体感染大肠杆菌。

⑤基因文库的鉴定和扩增。

对于文库的鉴定,可以通过随机挑选一定数量的克隆,用限制酶切割、PCR 或其他方法分析其重组体 DNA 来进行。如果需要的时候,可以适当对文库加以扩增。构建基因文库的全部过程如图 14.2 所示。

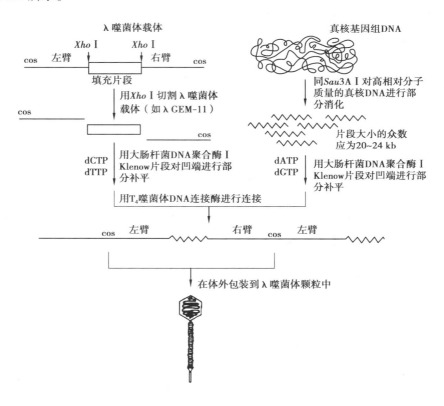

图 14.2　真核生物基因组 DNA 文库的构建

3)聚合酶链式反应法

聚合酶链式反应(PCR)是模仿体内 DNA 反复复制的过程,用 DNA 聚合酶在体外合成 DNA。通常要利用 PCR 方法来扩增基因,往往要知道目的基因序列,根据已知基因两端序列来设计扩增所需的引物,利用聚合酶链式反应即能快速特异地扩增所希望的目的基因或 DNA

片段,利用此方法短时间内可以得到大量复制的目的基因或 DNA 片段。PCR 技术现在已成为现代分子生物学实验工作的基础技术和有效工具,在医学、农业、检验检疫等领域中使用十分广泛。随着科技发展 PCR 技术也越来越细化,根据具体用途不同细分为许多种类,其核心设备——PCR 仪经过不断改进,也越来越完善和智能化。

4) cDNA 文库法

真核生物的基因是断裂的,需经 RNA 转录后加工过程将编码序列拼接在一起。在真核生物基因的研究中由于 mRNA 的不稳定性,通常将其逆转录成 cDNA 再进行研究。为此,人们将细胞全部 mRNA 逆转录成 cDNA,然后再以 cDNA 第一条链为模板合成第二条链,并对双链 cDNA 进行分子克隆。这些克隆的总和称为 cDNA 文库。cDNA 文库的构建与基因文库的构建相似,也是 5 步:

①制备 mRNA。

②合成 cDNA。

③制备载体 DNA。

④cDNA 与载体的重组。

⑤cDNA 文库的鉴定、扩增与保存。

14.2.2　重组载体构建

如前所述,通过不同途径获取含目的基因的外源 DNA,选择或构建适当的克隆载体后,下一步工作是将目的基因 DNA 片段与载体连接在一起,即体外重组 DNA。DNA 体外重组技术,主要是依赖于限制酶和 DNA 连接酶的作用。

当两个被同一酶或同尾酶切割的黏性末端连接的时候,黏性末端单链间进行碱基配对,然后在 DNA 连接酶催化作用下形成共价结合的重组 DNA 分子。平末端连接 DNA 连接酶可催化相同和不同限制性内切核酸酶切割的平末端之间的连接,也可以在末端转移酶作用下,在平末端加上同聚物序列,制造出黏性末端,而后进行黏性末端连接。

14.2.3　重组载体导入宿主细胞

1) 外源基因导入原核细胞

将外源 DNA 导入宿主细胞,以改变细胞遗传形状,称为转化;将病毒 DNA 或病毒重组 DNA 直接导入宿主细胞,称为转染。用氯化钙处理,改变细胞膜通透性,使大肠杆菌细胞处于感受态,从而将外源 DNA 导入细胞,至今仍然是应用最广的方法。还有一种方法是电穿孔法,采用脉冲高压电瞬间击穿双脂层细胞膜能使外源 DNA 高效导入细胞。

2) 外源基因导入真核细胞

基因工程有时需要将外源基因导入真核细胞,以进行基因改造和表达。外源基因导入动物细胞常用的方法有:

①磷酸钙共沉淀法:用 Ca^{2+} 沉淀磷酸离子和 DNA,沉积在细胞质膜上的 DNA 被细胞吸收,可能是通过吞噬作用。

②脂质体法:利用类脂经超声波、机械搅拌等处理,形成双脂层小囊泡,将 DNA 溶液包括在内,它通过与细胞质膜融合而使 DNA 进入细胞。

③脂质转染法:用人工合成的阳离子类脂与外源 DNA 结合,借助类脂穿过质膜而将 DNA 导入细胞内。

④电穿孔法:如上所述在脉冲高压电场作用下质膜瞬间被击穿,DNA 得以进入细胞,细胞膜随即修复正常。

在植物基因工程中目前最常用的基因载体是根瘤土壤杆菌的 Ti 质粒。它有一段转移 DNA(T-DNA),能携带基因转移到植物细胞内并整合到染色体 DNA 中,土壤杆菌本身并不进入植物细胞。花粉管通道法也是比较常用的一种方法。这是我国科学家独创的,一种十分简便经济的方法。植物花粉在柱头上萌发后,花粉管要穿过花柱直通胚囊。花粉管通道法就是在植物受粉后,花粉形成的花粉管还未愈合前,剪去柱头,然后,滴加 DNA(含目的基因),使目的基因借助花粉管通道进入受体细胞。

将外源基因导入植物细胞的还有一种方法需用纤维素酶消化细胞壁,制备原生质体,植物细胞的原生质体经聚乙二醇、磷酸钙、氯化钙等化学试剂处理后,即可有效摄取外源 DNA。电穿孔法和脂质体法也适用于原生质体的转化。

 课堂活动

基因工程中如果目的基因不与载体连接,直接导入受体细胞行不行?

14.2.4　重组克隆的筛选

从通过转化或转染获得的细胞群体中选择出含有目的基因的重组体,这是基因工程操作中一项十分重要的工作。由于连接的产物除了带有目的基因的重组载体 DNA 外,还混杂有其他类型的重组载体 DNA。此外,在转化(或转导)子群体中还有一些没有连接外源基因的空载体转化而成的菌落。因此,必须从群体中分离筛选出带有目的基因的重组体。

1)抗生素抗性基因插入失活法

很多质粒载体都带有 1 个或多个抗生素抗性基因标记,在这些抗药性基因内有多克隆酶切位点。当在此位点插入外源目的 DNA 时,抗药性基因不再被表达,称为基因插入失活。因此,当此插入外源 DNA 的重组质粒载体转化宿主菌并在药物选择平板上培养时,根据对该药物由抗性转变为敏感,便可筛选出重组转化子。pBR322 质粒载体上具有 Amp^r 和 Tet^r 双抗药性标记。当外源目的基因插入时造成 Tet^r 基因失活,转化后的受体细胞在含有 Amp 的培养基上能生长,但不能在含有 Tet 的培养基上生长。

2)β-半乳糖苷酶基因插入失活法

许多载体(如 pUC 系列)除了含有 β-半乳糖苷酶基因(lacZ)的前 146 个氨基酸的编码信息(lacZ')和调控序列(lacⅠ),还插入了一个多克隆位点。如前所述,它能编码 β-半乳糖苷酶 N 端的一个片段。当宿主的 β-半乳糖苷酶基因突变而缺失 N 端的一段氨基酸序列时,载体上的此基因表达的 α-肽与其互补形成具有酶学活性的蛋白质,从而分解底物产生蓝色菌斑。但当外源基因插入到 *lacZ'* 基因中的多克隆位点时,失去编码 β-半乳糖苷酶 N 端的能力。因此,带有重组质粒的细菌将产生白色菌落,从而仅仅通过目测就可轻而易举地识别并筛选出可能带有重组质粒的转化子菌落。

14.2.5　克隆基因的鉴定和表达

鉴定重组体的方法有多种,因设计要求而不同。凝胶电泳是分离、鉴定和纯化 DNA 片段的常用方法。该法操作简便、快速,可以分辨用其他方法无法分离的 DNA 片段。此外,可直接用溴化乙锭或核酸染料进行染色以确定 DNA 在凝胶中的位置,并直接于紫外灯下观察 DNA 条带。还可以用 Southern 印迹杂交法和电镜 R-环检测法鉴定重组体。这两种方法的原理基本上是一样的,前者是利用探针与变性的重组 DNA 进行同源性杂交。经放射自显影后,在 X 光底片上出现黑色区带,证实了该基因片段是目的基因片段。后者则将 DNA 部分变性后与 mRNA 探针结合,形成稳定的 DNA-RNA 杂交分子,而使被取代的另一链处于单链状态。这种由单链 DNA 分支和双链 DNA-RNA 分支形成的泡状体,称为 R-环结构,如图 14.3 所示。R-环结构一旦形成就十分稳定,而且可以在电子显微镜下观察到。

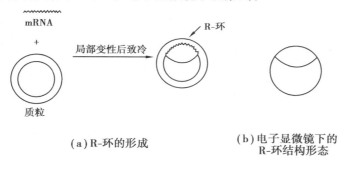

图 14.3　R-环结构的形成

基因重组的主要目的是使目的基因在某一种细胞中能得到高效表达,即产生人们所需要的高产目的基因产物,如多肽、蛋白质类生物药物。基因表达是指结构基因在调控序列的作用下转录成 mRNA,经加工后在核糖体的协助下又翻译出相应的基因产物——蛋白质,再在受体细胞环境中经修饰而显示出相应的功能。从基因到有功能的产物这整个转录、翻译以及所有加工过程就是基因表达的过程,它是在一系列酶和调控序列的共同作用下完成的。

14.3　基因工程在制药领域的应用

基因工程技术的研究和应用是从医药开始的。生物制药是基因工程开发的前沿,已成为生物技术研究与应用开发中最活跃、发展最快的一个高新技术产业。目前,60% 以上的生物技术成果集中应用于医药工业,用以开发特色新药或对传统医药进行改良,由此正在引发医药工业的重大变革。基因工程药物是医药生物技术应用的最成功的领域,基因工程新药不断地进入商品市场,创造了巨大的经济效益和社会效益。

目前已研制成功 100 多种基因工程药物和疫苗,其中销售额较大的是红细胞生成素(EPO)、人胰岛素(Insulin)、人生长激素(huGH)、干扰素(IFN)等,每种药品的年销售额高达数亿美元甚至数十亿美元。此外,几百种基因工程药物及疫苗正处于临床验证的不同阶段。计算机辅助设计疫苗等新技术的应用使得新疫苗开发速度正在加快,抗艾滋病的疫苗正在进行临床试验,抗肝炎的可食马铃薯疫苗已进入了临床研究阶段,抗多种不同致病菌株感染多价疫苗研究获得了重大突破。

知识链接

第二代乙肝疫苗(基因工程疫苗)系采用现代生物技术将乙肝病毒表达表面抗原的基因进行质粒构建,克隆进入啤酒酵母菌中,通过培养这种重组酵母菌来表达乙肝表面抗原亚单位。这种表面抗原不含有病毒遗传物质,不具备感染性和致病性,但保留了免疫原性,即刺激机体产生保护性抗体的能力。

·本章小结·

1. 基因工程是在体外构建重组 DNA 分子并导入活细胞内,以改变生物原有的遗传特性获得新的基因型,进而获得新品种的一种高新技术。

2. 获取目的基因的 3 种主要方法:化学合成法、基因文库法、聚合酶链式反应法和 cDNA 文库法。

3. DNA 克隆过程包括:目的基因的获取;目的基因与载体的连接;重组 DNA 分子导入宿主细胞;筛选含重组分子的受体细胞;克隆基因的表达等。

4. 基因工程广泛地用于药物的生产。

复习思考题

一、名词解释

1. 基因工程　　2. 克隆载体　　3. 表达载体　　4. 限制性核酸内切酶　　5. 基因文库

二、选择题

1. 可识别并切割特异 DNA 序列的酶是(　　)。

　　A. 非限制性核酸外切酶　　　　　　B. 限制性核酸内切酶

　　C. 限制性核酸外切酶　　　　　　　D. 非限制性核酸内切酶

2. 在重组 DNA 技术中催化形成重组 DNA 分子的酶是(　　)。

　　A. 解链酶　　　　B. DNA 聚合酶　　C. DNA 连接酶　　　　D. 内切酶

3. 对基因工程载体的描述,下列哪个不正确? (　　　)

　　A. 可以转入宿主细胞　　　　　　　　B. 有限制酶的识别位点

　　C. 可与目的基因相连　　　　　　　　D. 是环状 DNA 分子

4. 关于 PCR 的描述,下列哪项不正确? (　　　)

　　A. 扩增的对象是 RNA 序列　　　　　　B. 是一种酶促反应

　　C. 扩增产物量大　　　　　　　　　　D. 扩增的对象是 DNA 序列

5. 在重组 DNA 技术中,不常用到的酶是(　　　)。

　　A. 限制性核酸内切酶　　　　　　　　B. DNA 聚合酶

　　C. DNA 连接酶　　　　　　　　　　　D. DNA 解链酶

6. 多数限制性核酸内切酶切割后的 DNA 末端为(　　　)。

　　A. 平头末端　　　　B. 3'突出末端　　　C. 5'突出末端　　　　　D. 黏性末端

7. 在基因工程中通常所使用的质粒存在于(　　　)。

　　A. 细菌染色体　　　B. 酵母染色体　　　C. 细菌染色体外　　　　D. 酵母染色体外

8. 在已知序列信息的情况下,获取目的基因的最方便方法是(　　　)。

　　A. 化学合成法　　　B. 基因组文库法　　C. cDNA 文库法　　　　D. 聚合酶链反应

9. 重组 DNA 的基本构建过程是将(　　　)。

　　A. 任意两段 DNA 接在一起　　　　　　B. 外源 DNA 接入人体 DNA

　　C. 目的基因接入适当载体　　　　　　D. 目的基因接入哺乳类 DNA

10. 以质粒为载体,将外源基因导入受体菌的过程称(　　　)。

　　A. 转化　　　　　　B. 转染　　　　　　C. 感染　　　　　　　　D. 转导

11. 最常用的筛选转化细菌是否含质粒的方法是(　　　)。

　　A. 营养互补筛选　　B. 抗药性筛选　　　C. 免疫化学筛选　　　　D. PCR 筛选

12. 下列常用于原核表达体系的是(　　　)。

　　A. 酵母细胞　　　　B. 大肠杆菌　　　　C. 哺乳类细胞　　　　　D. 真菌

13. 构建基因组 DNA 文库时,首先需分离细胞的(　　　)。

　　A. 染色体 DNA　　　B. 线粒体 DNA　　　C. 总 mRNA　　　　　　D. tRNA　　　　　E. rRNA

14. 在分子生物学领域,重组 DNA 又称(　　　)。

　　A. 酶工程　　　　　B. 蛋白质工程　　　C. 细胞工程　　　　　　D. 基因工程

15. 催化聚合酶链反应的酶是(　　　)。

　　A. DNA 连接酶　　　B. 反转录酶　　　　C. Taq DNA 聚合酶　　　D. 碱性磷酸酶

三、判断题

1. 在基因工程中用来修饰改造基因的工具是限制酶和连接酶。　　　　　　　　　　　　(　　　)

2. DNA 连接酶将黏性末端的碱基对连接起来。　　　　　　　　　　　　　　　　　　(　　　)

3. 蛋白质中氨基酸序列可为合成目的基因提供资料。　　　　　　　　　　　　　　　　(　　　)

4. DNA 克隆过程包括:获取目的基因;选择与构建载体;重组载体导入细胞和合成探针检测基因。　　　　　　　　　　　　　　　　　　　　　　　　　　　　　　　　　　　　　(　　　)

5. 细菌质粒是基因工程常用的载体。　　　　　　　　　　　　　　　　　　　　　　　(　　　)

6. 通常用一种限制性核酸内切酶处理含目的基因的 DNA,用另一种限制酶处理载体 DNA。

　　　　　　　　　　　　　　　　　　　　　　　　　　　　　　　　　　　　　　(　　　)

四、问答题

1. 表达载体应该具备什么条件?
2. 什么是基因组文库? 其构建方法是怎样的?
3. 试述转基因药物的生产过程。

实训 14.1 感受态细菌的制备、转化和筛选

一、实训目的

①学会 CaCl₂ 法制备大肠杆菌感受态细胞。
②掌握质粒 DNA 转化感受态受体菌的技术。
③学会用酶切法筛选重组质粒转化成功的克隆菌。

二、实训原理

细菌在 0 ℃ CaCl₂ 低渗溶液中胀成球形,丢失部分膜蛋白,成为容易吸收外源 DNA 的状态。质粒 DNA 黏附在其表面,经过 42 ℃ 短时间的热击处理,容易被感受态细胞吸收。由于 pUCm-T 载体带有氨苄青霉素抗性基因,接受此载体的细菌在含有氨苄青霉素的培养基上能生长。少量自连的载体产生的克隆会由于编码了 *lacZ'* 基因,在 IPTG/X-gal 平板上呈现蓝色克隆。大部分重组的载体,由于插入片断破坏了 *lacZ'* 基因,因而在 IPTG/X-gal 平板上呈现白色克隆。这样就可以通过蓝白斑非常容易地筛选出重组克隆。

三、实训器材与试剂

(1)器材

台式冷冻离心机、制冰机、恒温摇床、恒温培养箱、恒温水浴锅、超净工作台、旋涡混合器、移液器、摇菌试管、三角烧瓶、接种环、培养皿、酒精灯、玻璃涂棒。

(2)试剂

LB 培养基,氨苄青霉素,质粒提取用试剂,酶切需要的限制性内切酶及其缓冲液,65% 甘油(65% 甘油,0.1 mol/L MgSO₄,0.025 mol/L Tris-HCl pH 8.0),无菌超纯水,IPTG,X-gal,pUCm-T 重组载体,LB 培养基,0.1 mol/L CaCl₂ 溶液。

四、实训材料

大肠杆菌 DH5α。

五、实训方法与步骤

①取一支无菌的摇菌试管,在超净工作台中加入 2 mL LB(不含抗菌素)培养基。
②从超低温冰柜中取出大肠杆菌(DH5α),放置在冰上。在超净工作台中用烧红的接种环插入冻结的菌中,然后接入含 2 mL LB 培养基的试管中,37 ℃ 摇床培养过夜。
③取 0.5 mL 上述菌液转接到含有 50 mL LB 培养基的三角烧瓶中,37 ℃ 下 250 rpm 摇床培养 2 ~ 3 h。

④将菌液分装到 1.5 mL 预冷无菌的聚丙烯离心管中,于冰上放置 10 min,然后于 4 ℃,5 000 rpm 离心 10 min。

⑤将离心管倒置以倒尽上清液,加入 1 mL 冰冷的 0.1 mol/L CaCl$_2$ 溶液,立即在涡旋混合器上混匀,插入冰中放置 30 min。

⑥4 ℃,5 000 rpm 离心 10 min,弃上清液后,用 1 mL 冰冷的 0.1 mol/L CaCl$_2$ 溶液重悬,插入冰中放置 30 min。

⑦4 ℃,5 000 rpm 离心 10 min,弃上清液后,用 200 μL 冰冷的 0.1 mol/L CaCl$_2$ 溶液重悬,超净工作台中按每管 100 μL 分装到 1.5 mL 离心管中。

⑧在制备好的感受态细菌细胞中加入 5 μL 已插入目的基因片段的 pUCm-T 载体(DNA 含量不超过 100 ng),轻轻震荡后放置冰上 20 min。

⑨轻轻摇匀后插入 42 ℃ 水浴中 1~2 min 进行热休克,然后迅速放回冰中,静置 3~5 min。

⑩向上述管中加入 500 μL LB 培养基(不含抗菌素)轻轻混匀,然后固定到摇床的弹簧架上 37 ℃ 震荡 45 min。

⑪在超净工作台中取上述转化混合液 50~150 μL,分别滴到含合适抗菌素(Amp 100 mg/L)的固体 LB 平板培养皿中。用玻璃涂布棒涂布均匀(注意:从酒精中取出玻璃涂布棒,在火上点燃,熄灭后稍等片刻,待其冷却后再涂)。

⑫滴完菌液后再在平板上滴加 40 μL 2% X-gal,7 μL 20% IPTG,用酒精灯烧过的玻璃涂布棒涂布均匀。

⑬在涂好的培养皿上做上标记,先放置在 37 ℃ 恒温培养箱中 30~60 min 直到表面的液体都渗透到培养基里后,再倒置过来放入 37 ℃ 恒温培养箱培养约 18 h。

⑭观察平板上长出的菌落克隆,以菌落之间能互相分开为好。白色菌斑为接受重组载体的菌落。

六、思考题

①制作感受态菌的过程中,应注意哪些关键步骤?

②CaCl$_2$ 溶液的作用是什么?

部分参考答案

第1章　绪论

一、名词解释:(略)

二、选择题:1. B　2. B　3. C　4. A　5. B

三、判断题:1. √　2. √

四、问答题:(略)

第2章　糖类化学

一、名词解释:(略)

二、选择题:1. C　2. B　3. A　4. B　5. A　6. D　7. B　8. A

三、判断题:1. √　2. √

四、问答题:(略)

第3章　脂类化学

一、名词解释:(略)

二、选择题:1. B　2. A　3. D　4. A　5. D　6. A　7. D　8. C

三、判断题:1. ×　2. ×　3. √　4. √　5. √　6. √

四、问答题:(略)

第4章　蛋白质化学

一、名称解释:(略)

二、选择题:1. D　2. B　3. D　4. C　5. C　6. B　7. A　8. D　9. A　10. B　11. D　12. C
13. A　14. B　15. A　16. B　17. B　18. B　19. C　20. D　21. C　22. D　23. A

三、判断题:1. ×　2. √　3. √　4. √　5. ×　6. ×　7. ×　8. ×　9. ×　10. ×

四、问答题:(略)

第5章　核酸化学

一、名词解释:(略)

二、选择题:1. D　2. C　3. D　4. D　5. A　6. D　7. B　8. C　9. C　10. B　11. D　12. D
13. D　14. C　15. C　16. C　17. C　18. B　19. C　20. C　21. D　22. B

三、判断题：1. × 2. √ 3. × 4. × 5. √ 6. × 7. √ 8. √ 9. √ 10. √

四、问答题：(略)

第6章 酶

一、名词解释：(略)

二、选择题：1. D 2. A 3. D 4. D 5. B 6. B 7. B 8. C 9. C 10. A 11. D 12. C
13. A 14. C 15. A 16. D 17. D 18. D 19. D

三、判断题：1. × 2. × 3. √ 4. √ 5. ×

四、问答题：(略)

第7章 维生素与辅酶

一、名词解释：(略)

二、选择题：1. A 2. C 3. A 4. B 5. C 6. C 7. A 8. D 9. A 10. B

三、判断题：1. × 2. × 3. √ 4. √ 5. ×

四、问答题：(略)

第8章 生物氧化

一、名词解释：(略)

二、选择题：1. D 2. C 3. A 4. B 5. C 6. B 7. A 8. C 9. B 10. A

三、判断题：1. √ 2. × 3. √ 4. × 5. ×

四、问答题：(略)

第9章 糖代谢

一、名词解释：(略)

二、选择题：1. C 2. A 3. C 4. D 5. B 6. A 7. B 8. A 9. B 10. B 11. D 12. C
13. B 14. C 15. C 16. C

三、判断题：1. √ 2. √ 3. × 4. × 5. × 6. × 7. × 8. × 9. ×

四、问答题：(略)

第10章 脂代谢

一、名词解释：(略)

二、选择题：1. C 2. B 3. C 4. C 5. A 6. C 7. B 8. D 9. C 10. C

三、判断题：1. √ 2. × 3. √ 4. × 5. ×

四、问答题：(略)

第11章 蛋白质代谢

一、名词解释：(略)

二、选择题:1. A　2. D　3. C　4. B　5. D　6. A　7. B　8. A　9. D　10. D　11. A　12. C　13. B　14. A

三、判断题:1. √　2. ×　3. √　4. √　5. ×

四、问答题:(略)

第12章　核酸代谢

一、名词解释:(略)

二、选择题:1. D　2. C　3. D　4. A　5. B　6. C　7. C　8. D　9. B　10. A　11. B　12. B　13. D　14. C　15. D　16. A　17. D　18. C

三、判断题:1. ×　2. ×　3. ×　4. ×　5. ×　6. ×　7. ×

四、问答题:(略)

第13章　物质代谢调控

一、名词解释:(略)

二、选择题:1. B　2. C　3. D　4. D　5. D　6. C　7. D　8. B　9. A　10. A

三、判断题:1. ×　2. √　3. √　4. √　5. ×

四、问答题:1—3. (略)

4. "狗急跳墙"从生物学角度来看,是形容人和动物在紧急情况下,在短时间内,体内产生丰富的能量,做到平时做不到的事。这个过程主要是由肾上腺髓质分泌的"肾上腺素"起作用,肾上腺素是一种含氮激素,当肾上腺素到达靶细胞后通过与受体结合,激活环化酶,生成cAMP,经一系列的级联放大作用,在极短时间内,提高血糖含量,促进糖的分解代谢产生大量的 ATP 释放出能量。

第14章　基因工程

一、名词解释:(略)

二、选择题:1. A　2. C　3. D　4. A　5. D　6. D　7. C　8. D　9. C　10. A　11. B　12. B　13. A　14. D　15. C

三、判断题:1. √　2. ×　3. √　4. ×　5. √　6. ×

四、问答题:(略)

参考文献

[1] 王镜岩.生物化学[M].北京:高等教育出版社,2004.

[2] 李清秀.生物化学及技术[M].北京:人民卫生出版社,2013.

[3] 吴梧桐.生物化学[M].5 版.北京:人民卫生出版社,2003.

[4] 黄纯.生物化学[M].北京:科学出版社,2005.

[5] 许激扬.生物化学[M].南京:东南大学出版社,2005.

[6] 郝乾坤.生物化学[M].西安:第四军医大学出版社,2011.

[7] 张洪渊.生物化学教程[M].成都:四川大学出版社,1994.

[8] DavidL. Nelson. Lehninger principles of biochemistry.[M].W. H. Freeman&Company,2013.

[9] 尹俊.基因工程[M].呼和浩特:内蒙古大学出版社,2006.

[10] 郭勇.酶工程[M].2 版.北京:科学出版社,2004.